La poétique d'Empédocle

ECHO echo ἠχώ

Collection de l'Institut d'Archéologie et des Sciences de l'Antiquité de l'Université de Lausanne

*Directrices de la collection:*

Regula Frei-Stolba et Anne Bielman Sánchez

*Maquette et composition du texte:*

Olivier Bianchi

*Ont aussi participé à l'élaboration de cet ouvrage:*

Florence Loup, Lara Sbriglione et Camille Semenzato

# La poétique d'Empédocle

## Cosmologie et métaphore

Annette Rosenfeld-Löffler

PETER LANG
Bern · Berlin · Bruxelles · Frankfurt am Main · New York · Oxford · Wien

**Information bibliographique publiée par «Die Deutsche Bibliothek»**
«Die Deutsche Bibliothek» répertorie cette publication dans la «Deutsche National-bibliografie»; les données bibliographiques détaillées sont disponibles sur Internet sous ‹http://dnb.ddb.de›.

Ouvrage publié avec le soutien de la Commission des publications et du Rectorat de l'Université de Lausanne

ISBN 3-03910-659-7
ISSN 1424-3644


Hochfeldstrasse 32, Case postale 746, CH-3000 Bern 9
info@peterlang.com, www.peterlang.com, www.peterlang.net

# REMERCIEMENTS

Je remercie Claude Calame, mon directeur de thèse, de m'avoir permis de développer cette recherche dans les meilleures conditions, ainsi qu'André Laks et Glenn Most, membres du jury, dont les remarques m'ont permis d'améliorer la version définitive de ce travail.

La thèse a bénéficié d'une bourse de la Fondation Lagonico et d'un séjour dans le Centro Studi Ligure per le arti e le lettere à Bogliasco.

Au cours de plusieurs séjours d'études à l'étranger – aux Universités de Princeton et de Harvard, à l'Université Libre de Bruxelles et à l'Université Charles de Gaulle, Lille III – j'ai eu l'occasion de présenter des parties de cette étude et j'ai bénéficié de discussions avec les chercheurs. Je remercie en particulier J. Bollack et D. Obbink.

Merci à Mouna Chercher, à Eric Le Berre, à Paola Ceccarelli, à Frank Muller ainsi qu'à mon père Felix Löffler, qui ont pris le temps de relire mes textes et de me faire part de leurs remarques! Je remercie enfin Oliver Bianchi qui s'est chargé de la mise en page et de l'édition de ce texte.

# TABLE DES MATIÈRES

# LISTE DES ABRÉVIATIONS

| | |
|---|---|
| A&A | Antike und Abendland. Beiträge zum Verständnis der Griechen und Römer und ihres Nachlebens. Berlin/New York, de Gruyter |
| AGPh | Archiv für Geschichte der Philosophie. Berlin, de Gruyter |
| AncPhil | Ancient Philosophy. Pittsburgh (Pa.), Duquesne University, Departement of Philosophy |
| ANSP | Annali della Scuola Normale Superiore di Pisa. Pisa, Classe di Lettere e Filosofia |
| BAGB | Bulletin de l'Association Guillaume Budé. Paris, Les Belles Lettres |
| C&M | Classica et Mediaevalia. Revue danoise d'Histoire et de Philologie publiée par la Société danoise pour les Etudes anciennes et médiévales. Copenhague, Gyldendal |
| CJ | The Classical Journal. Athens, Ga., University of Georgia |
| CPh | Classical Philology. Chicago, University of Chicago Press |
| CQ | Classical Quarterly. Oxford University Press |
| EL | Etudes de Lettres. Bulletin de la Faculté des Lettres de l'Université de Lausanne et de la Société des Etudes de Lettres. Lausanne |
| GRBS | Greek, Roman and Byzantine Studies. Durham, N.C., Duke University |
| ICS | Illinois Classical Studies. Urbana, Champaign & Chicago, University of Illinois Press |
| JHS | Journal of Hellenic Studies. London, Society for the Promotion of Hellenic Studies |
| MD | Materiali e discussioni per l'analisi dei testi classici. Pisa, Istituti Editoriali e Poligrafici Internazionali |
| OSAPh | Oxford Studies in Ancient Philosophy. Oxford University Press |
| QUCC | Quaderni Urbinati di Cultura classica. Roma, Ed. dell'Ateneo |
| SCO | Studi Classici e Orientali. Pisa, Giardini |
| SPAW | Sitzungsberichte der Preussischen Akademie der Wissenschaften. Berlin |

# INTRODUCTION

Empédocle est connu comme l'auteur d'une théorie qui voit à l'origine de l'ensemble de la vie cosmique six différentes notions : quatre espèces élémentaires – eau, air, terre et feu – et deux forces complémentaires – Amour et Haine – qui les mettent en mouvement[1]. C'est ainsi que, lorsque Amour prédomine, différentes particules se réunissent pour donner forme à une créature. Lorsqu'en revanche c'est Haine qui l'emporte, la créature se défait, et chaque élément rejoint ceux de sa propre espèce : l'eau rejoint l'eau, la terre retourne à la terre, etc. Puisque les deux puissances cosmiques sont de force égale, la matière est maintenue en un mouvement perpétuel qui anime la vie cosmique dans toute sa diversité et son évolution.

Cette théorie, une parmi les autres qui sont proposées à l'époque et dans le contexte culturel d'Empédocle, est exposée en vers hexamétriques, un mode d'expression qui, à première vue, peut paraître troublant. C'est peut-être la raison pour laquelle cette théorie a attiré l'attention d'Aristote, un siècle seulement après sa composition en vers : dans un passage du début de la *Poétique*, le Stagirite oppose Empédocle à Homère et précise que, malgré la forme hexamétrique de son œuvre, le premier est à considérer non pas comme un poète, mais comme un naturaliste (Arist. *Po.* 1447b.17 *sq.*) :

> Οὐδὲν δὲ κοινόν ἐστιν Ὁμήρῳ καὶ Ἐμπεδοκλεῖ πλὴν τὸ μέτρον· διὸ τὸ μὲν ποιητὴν δίκαιον καλεῖν, τὸν δὲ φυσιολόγον μᾶλλον ἢ ποιητήν.

1. Suivant Bollack (1969b), « Amour »/« Haine », écrits avec une majuscule, font référence aux deux concepts de la doctrine d'Empédocle (Φιλότης/Νεῖκος). Je les écris avec une minuscule (« amour »/« haine ») lorsqu'il s'agit de désigner les deux concepts en dehors de leur signification spécifiquement liée à la doctrine d'Empédocle. En ce qui concerne la traduction de ses vers, les pronoms personnels avec une majuscule se réfèrent, toujours conformément à Bollack (1969b), aux éléments. Je tiens encore à préciser que le terme « élémentaire » sera toujours employé au sens premier de « relatif aux éléments ».

« Et pourtant il n'y a rien de commun à Homère et à Empédocle sinon le mètre, si bien qu'il est légitime d'appeler l'un poète et l'autre naturaliste plutôt que poète. »

Quand Aristote parle de l'usage des métaphores, il insiste plus explicitement encore sur le fait que l'expression poétique de l'œuvre d'Empédocle ne convient pas bien à son contenu (Arist. *Mete.* 2.3.357a) :

Ὁμοίως δὲ γὲ γελοῖον κἂν εἴ τις εἰπὼν ἱδρῶτα τῆς γῆς εἶναι τὴν θάλατταν οἴεταί τι σαφὲς εἰρηκέναι, καθάπερ Ἐμπεδοκλῆς· πρὸς ποίησιν μὲν γὰρ οὕτως εἰπὼν ἴσως εἴρηκεν ἱκανῶς (ἡ γὰρ μεταφορὰ ποιητικόν), πρὸς δὲ τὸ γνῶναι τὴν φύσιν οὐχ ἱκανῶς.

« Il est ridicule également de penser qu'en disant de la mer, comme le fait Empédocle, qu'elle est la sueur de la terre, on exprime quelque chose de clair. Une telle formule est peut-être valable en poésie (la métaphore a un caractère poétique), mais elle ne suffit pas pour pénétrer le secret de la nature. »

Par la suite, les critiques modernes semblent s'être inspirés du jugement d'Aristote[2]. Depuis l'édition des fragments des présocratiques par Hermann Diels et Walther Kranz, l'œuvre d'Empédocle est considérée comme faisant partie de l'histoire de la philosophie, tout en étant en même temps écartée de l'histoire de la littérature[3]. La majorité des études consacrées à ses vers traitent de la doctrine sans tenir compte de l'expression poétique de l'œuvre ainsi que des circonstances de communication qui y sont attachées. La discussion scientifique porte en effet essentiellement sur un nombre limité de problèmes. Elle examine notamment la question de savoir si l'ensemble des fragments restants provient d'un seul poème ou de deux œuvres distinctes. Deux titres sont en effet, selon les anciennes sources, attestés – un *Poème sur la nature* et des *Purifications*. Or, comme les titres en général et ces deux intitulés en particulier

2. Pour l'histoire du jugement négatif à l'égard de la forme poétique des œuvres présocratiques, cf. Wöhrle 1993b, 167 *sq.* ; Havelock 1996, 15–22 ; Most (1999). L'étude de Van Groningen (1971) est quant à elle bien représentative de ce courant. Dans son article consacré à Empédocle poète, l'auteur soulève en effet le grand nombre de répétitions, d'énoncés métaphoriques et d'effets phoniques, des particularités discursives qui semblent toutes augmenter l'expressivité du texte. Malgré son jugement positif, l'auteur ressent une opposition entre cette diction et l'enjeu didactique de l'œuvre : « L'emploi de celles-ci (des métaphores) est d'autant plus remarquable que le genre didactique recherche en principe, dirait-on, la précision matérielle et évite les circonlocutions et les suggestions indirectes ; les faits de la réalité lui importent davantage que leur présentation. Mais (!) le texte d'Empédocle abonde en métaphores. » (Van Groningen 1971, 182).

3. Cette tendance, qui détermine, en plus de celle d'Empédocle, sans doute également la réception des œuvres de tous les autres « philosophes présocratiques », se reflète par exemple dans deux volumes parus en 1997 dans la même collection PUF : ceux consacrés à l'histoire de la littérature (Saïd/Trédé/Le Boulluec 1997) et de la philosophie grecques (Canto-Sperber 1997).

ont dans l'Antiquité un statut très fragile, il est possible de défendre l'hypothèse selon laquelle *Περὶ Φύσεως* et *Καθαρμοί* désigneraient une seule et même œuvre. Le débat reste cependant ouvert et suscite différentes reconstructions du déroulement, tantôt d'un seul, tantôt de deux récits « originaux »[4]. Un autre point sur lequel portent les études des fragments d'Empédocle concerne l'aspect cosmogonique de la doctrine. On s'interroge ainsi sur le nombre de cycles cosmogoniques qui précèdent l'état cosmique du moment, et sur son évolution future. La discussion porte également encore sur l'identité des « démons », figures traditionnelles semi-divines, dont le statut dans la doctrine d'Empédocle paraît difficile à définir.

Aucun de ces trois problèmes n'a jusqu'à présent trouvé de solution définitive. La publication du *Papyrus de Strasbourg* ne semble pas non plus apporter les réponses espérées[5]. Cette aporie pourrait pourtant s'expliquer à mon avis par le fait que la diction spécifique, poétique, significative à plusieurs égards, de l'œuvre n'est pas suffisamment prise en considération. Et quand elle l'est – les publications sur ce sujet existent en effet –, on a étrangement tendance à la tenir à l'écart de la discussion[6].

4. Je mets entre guillemets la notion d'original puisque à mon avis le concept est inadapté à l'époque et à l'œuvre du poète d'Agrigente. Cette opinion est justifiée à la fin de mon étude, *infra*, chap. VI, 3.

5. Cf. à ce sujet le commentaire d'Osborne (2000, 331, 334 et 353 *sq.*). Rappelons que ce papyrus, trouvé à Panopolis en Egypte, fournit une version du texte d'Empédocle datée de la fin du Ier siècle de notre ère.

6. L'aspect significatif de la diction des œuvres présocratiques est soulevé par von Fritz (1938, 11) qui remarque : « *Denn wo das Neue der Erkenntnis so übermächtig wird, dass es sich einen neuen sprachlichen Ausdruck schaffen muss oder dass die alten Worte unter seiner Berührung neues Leben und neuen Inhalt bekommen, da kann man sicher sein, etwas von dem Eigensten, Ursprünglichsten der Philosophie zu fassen, die aus dieser Erkenntnis erwachsen ist oder der diese Erkenntnis angehört. Hier kann die sprachliche Betrachtung unter Umständen geradezu verhelfen, sich des Standpunktes zu bemächtigen, von dem aus einer bestimmten Philosophie die Gegenstände, mit denen sie sich beschäftigt, perspektivisch zugeordnet sind.* » En 1967, Hershbell avance quant à lui l'hypothèse d'une poésie d'Empédocle qui serait orale et dont la diction révèlerait précisément l'appartenance à une culture orale. Son idée n'a toutefois pas eu beaucoup d'écho. De nombreuses autres remarques plus ponctuelles se trouvent dans le commentaire de Bollack (1969b), ainsi que dans une série de publications consacrées à des traits discursifs particuliers, comme l'article de de Rubeis (1991) sur les répétitions, ou bien celui de Bremer (1980) sur les métaphores dans le corpus d'Empédocle. Le problème est également encore explicitement soulevé par Most (1999) et par Wright (1998). Pour Most, (1999, 350) l'expression poétique permet à Empédocle de s'attribuer une autorité divine, alors que Wright (1998, 5 *sq.*) insiste sur l'efficacité de l'expression poétique au niveau de la diffusion de l'œuvre.

Or, l'expression dactylique à elle seule rattache l'œuvre d'Empédocle à une tradition de poésie d'occasion. Toute la production poétique grecque archaïque est en effet intimement liée à des circonstances rituelles. Celles-ci forment le contexte d'une performance orale des vers et éclairent en même temps les paroles prononcées à ces occasions [7]. Ceci semble également avoir été le cas des vers d'Empédocle, comme le suggère une excellente étude due à E. A. Havelock, un volume posthume et consacré à l'ensemble des auteurs qu'on nomme « philosophes présocratiques » [8]. Havelock commence par critiquer la notion même de « philosophes présocratiques ». Celle-ci fausse en effet selon lui notre imaginaire à deux égards : d'une part l'activité de ces savants était indissociablement liée à des préoccupations pratiques, comme la navigation, par exemple. Le terme moderne de « philosophe » fournit donc un concept anachronique et trop théorique concernant l'activité des auteurs ainsi désignés. D'autre part, la plupart de ces savants étaient en réalité non pas précurseurs, mais contemporains de Socrate. On peut donc raisonnablement supposer qu'ils ont pratiqué un mode d'enseignement similaire à celui que les sources anciennes attribuent à ce dernier : un enseignement oral [9]. C'est aussi la conclusion à laquelle est arrivé G. Cerri, qui suppose que tous les traités des « présocratiques » ont été à l'origine composés en vers dactyliques. Si, pour un certain nombre d'auteurs, nous disposons aujourd'hui de fragments en prose, ceux-ci remontent selon Cerri à des recueils de maximes qui n'étaient pas destinés à être communiqués sous cette forme. Ils auraient plutôt, d'après le savant italien, servi de support à des discours plus suivis et plus explicites, exposés dans le cadre de représentations orales [10]. Toutes ces hypothèses suggèrent que, conformément à leur diction hexamétrique, les

7. Cf. à ce sujet GENTILI 1995, 165 *sq.*; CALAME 2000a, 31 *sq.* En admettant que la poésie grecque archaïque était destinée à une performance orale, je n'exclus naturellement pas qu'au moment de la composition certains auteurs recouraient à l'écriture. Sur cette importante précision, cf. THOMAS 1992, 3 *sq.* et 88 ; GENTILI 1990. PAVESE (1972, 204–207) ajoute que l'intervention de l'écriture lors de la composition ne devait pas modifier l'expérience du public.

8. Je me réfère à HAVELOCK 1996, 15 *sq.*

9. Il est sans doute significatif que, par sa forme dialogique, l'œuvre de Platon, destinée à la lecture, mette en scène une situation de communication orale. Cf. à ce sujet HAVELOCK 1963 et 1996, 56 *sq.* ; PAVESE 1972, 204–207.

10. Cette hypothèse est exposée par CERRI (1999) dans la préface de son édition de Parménide. OSBORNE (1997, 25) propose un même point de vue : *« My claim is that Parmenides and Empedocles are as unconsciously and naturally poets as Hesiod and Homer were, and that like the earlier poets they formulate their thought directly in the familiar language of poetry.* [...] *These thinkers plainly do not start with our assumption that one writes philosophy normally in prose, and that only for special effect might it be 'put into' poetry. »*

vers d'Empédocle seraient plutôt à rapprocher d'autres productions poétiques grecques de l'époque archaïque, à propos desquelles nous savons qu'une prise en considération du contexte prévu pour leur communication éclaire essentiellement leur signification [11].

Un autre trait discursif de l'œuvre d'Empédocle, qui appartient à la tradition poétique grecque archaïque, concerne la situation d'enseignement mise en scène. On trouve en effet dans d'autres poésies dactyliques le même cadre d'exposition de diverses connaissances. C'est notamment le cas des *Travaux* d'Hésiode et du corpus des *Théognidées*, deux œuvres destinées à être produites oralement, dans des cadres rituels: dans les deux cas, comme dans les fragments d'Empédocle d'ailleurs, c'est en effet un *je*-énonciateur qui s'adresse à un *tu*, parfois appelé par son nom propre, l'exhorte régulièrement à être attentif, et évoque même sa propre activité comme un enseignement [12].

Une autre approche met quant à elle en évidence l'importance que représente l'aspect formel dans ce corpus. J'ai en effet constaté – et cette observation forme le noyau du présent travail – que les vers d'Empédocle sont marqués par des expressions et traits distinctifs conformes au savoir cosmologique enseigné. On trouve par exemple un grand nombre de répétitions agencées de manière concentrique. Or, d'après la théorie cosmologique, les reprises et circuits sont des structures cosmiques significatives qui reflètent des mouvements élémentaires bien déterminés. Au moment où les vers sont actualisés, le locuteur-énonciateur est ainsi amené à effectuer un acte cosmique significatif dans lequel il inclut également le public [13].

11. L'hypothèse d'une poésie d'Empédocle destinée à la performance orale trouve un appui dans une série de traits discursifs du texte. On peut par exemple évoquer les nombreuses incitations à la participation active du public, un phénomène commenté par FINNEGAN (1988, 78–83) et par MARTIN (1989, 4 *sq.*). De plus, NÜNLIST (1998, 179) avance l'idée que les métaphores poétiques qui rapprochent la communication des vers d'un liquide qui coule – images fréquentes dans les vers d'Empédocle – seraient propres aux textes destinés à la performance orale. Finalement, il est sans doute significatif que Lucrèce, qui réactualise à beaucoup d'égards le style d'Empédocle, ne reprend pas, dans son poème destiné à la lecture, les répétitions fréquentes qu'il doit avoir trouvées dans les vers de son prédécesseur. Cf. à ce sujet SEDLEY 1998, 29. Pour une étude sur les signes d'un « style oral » dans la poésie grecque archaïque en général, cf. GENTILI 1990, 2 *sq.*; GAGARIN 1999, 168 *sq.* L'hypothèse d'une poésie d'Empédocle destinée à la performance orale est au contraire explicitement contestée par ERREN (1990, 196) et BRISSON (1990), qui prennent la mise en scène orale de l'enseignement comme un argument en faveur d'un texte destiné à la lecture.

12. Cf. Hes. *Op.* 27, 213, 274 *sq.* etc.; *Th.* 1235 *sq.*, 1319 *sq.* etc. A propos de l'éventail des différents contextes de communication orale de la poésie grecque ancienne, cf. CALAME 2000a, 55 *sq.*

13. Cette correspondance de circularité est soulevée par OSBORNE (1998, 32) et par MOST (1999, 357).

Ce constat se voit de plus confirmé par les énoncés à référence énonciative. Ces renvois à la situation présente évoquent en effet souvent aussi la valeur cosmologique de l'acte de la communication en cours [14]. On peut par exemple évoquer un passage qui montre l'apprentissage de l'élève-énonciataire «augmenter» sa pensée. Or, le même verbe «augmenter», qui dans ce contexte paraît par ailleurs plutôt étrange, fait partie du vocabulaire technique. Il décrit alors la procédure cosmique précise de l'assemblage élémentaire qui est déterminé par la force Amour. J'en déduis que ce même mouvement élémentaire doit être considéré comme sous-jacent à l'apprentissage de l'élève.

C'est la présence de ces nombreux liens significatifs entre diction et doctrine, qui deviennent manifestes au moment de et par l'acte de la communication des vers, qui m'a permis de saisir une dimension supplémentaire de l'argumentation. En effet, celle-ci éclaire d'une part les principes de la doctrine élémentaire et confirme d'autre part la parenté entre l'œuvre d'Empédocle et celle d'autres poètes grecs archaïques.

Aussi, la présente étude s'organise concrètement comme suit: j'exposerai dans le premier chapitre les réflexions qui conduisent à supposer l'existence d'un lien entre la diction de l'œuvre d'Empédocle et la doctrine enseignée. Une série d'énoncés métaphoriques permettent en effet de démontrer que ce geste discursif apte à exprimer deux argumentations en même temps se prête particulièrement bien à communiquer une évaluation cosmologique de la situation de communication. Une première étude d'énoncés métaphoriques à référence énonciative révélera alors l'acte de la communication en cours comme un événement déterminé par la force cosmique Amour. Le second chapitre, construit sur ce résultat, sera consacré quant à lui à une étude systématique du statut qui, pendant la communication des vers, est accordé à cette force cosmique Amour. Cette recherche m'amènera ensuite à déterminer d'autres gestes discursifs – tels que la structure annulaire ou l'écho phonique – qui s'inscrivent dans ce projet d'évaluation cosmologique du moment présent, de la même manière que celui présenté dans le premier chapitre. Le troisième chapitre traitera de la représentation du locuteur-énonciateur dans le texte. Le texte évalue en effet l'attitude de ce dernier d'après les critères cosmologiques, et suggère également à l'élève de le considérer comme un modèle. Ainsi le portrait du *je* décrit-il indirectement l'attitude que l'élève, d'après la doctrine cosmologique, devrait adopter lors de

14. En ce qui concerne la définition des marques énonciatives, je me réfère à Calame 2000a, 18 *sq*.

l'apprentissage des vers. Le quatrième chapitre s'intéresse pour sa part essentiellement à un seul fragment qui est consacré à la notion de mort. Cette étude révélera un lien direct entre l'apprentissage des vers par l'élève et son statut face à la mort, et éclairera en même temps la valeur énonciative d'une série d'échos phoniques et étymologiques, qui par là s'ajoutent au catalogue des procédés discursifs aptes à commenter le statut cosmologique de l'acte de la communication des vers. Au cinquième chapitre, j'aborderai la question de la valeur cosmique de la situation présente à l'aide d'une étude des différents paramètres temporels qui entrent en jeu pendant la communication des vers. Cette approche, inspirée des réflexions de P. Ricœur retravaillées par C. Calame, permettra de déterminer des traits discursifs particuliers – c'est-à-dire les reprises et structures annulaires – qui, du point de vue temporel, transforment l'acte de la réception des vers en un événement cosmologique significatif[15]. Finalement, le sixième et dernier chapitre résumera les résultats obtenus au cours des analyses précédentes. Cette récapitulation me permettra alors de déterminer ma propre position par rapport au débat scientifique actuel. J'y ajouterai encore un bref commentaire du plus long passage suivi qui complète depuis la publication du *Papyrus de Strasbourg* le corpus des fragments d'Empédocle. Ainsi cette lecture finale confirmera-t-elle les observations précédemment exposées. Elle me permettra également d'avancer une série d'hypothèses concernant la forme de l'œuvre perdue de même que les circonstances extérieures qui pourraient avoir convenu à la communication des vers d'Empédocle.

Il s'agit encore, avant de commencer véritablement l'étude des vers et de la doctrine d'Empédocle, de définir une série de concepts linguistiques employés.

Cette définition essentielle qu'il convient de faire concerne principalement deux différents aspects de l'enseignement des vers d'Empédocle. Dans le texte faisant référence à l'enseignement, lorsqu'il y a mention d'un enseignant, d'un public ou du cadre spatio-temporel de cet événement, je parle de l'enseignement tel que le texte le met en scène. A côté de cet enseignement fictionnel, existe également l'enseignement «réel» qui se produit lors d'une réception des vers d'Empédocle[16]. Chacune de ces deux situations de communication implique

15. Je me réfère à Ricœur 1983, dont les réflexions ont été reprises par Calame (2000c). Celui-ci les intègre dans son étude sur la nature du récit historique grec ancien, tout en les modifiant quelque peu.

16. En ce qui concerne le concept de fiction, je me réfère à Calame (2000b, 43), qui avance une définition fondée sur l'étymologie du terme «fiction». Il insiste ainsi sur le fait que, conformément à la signification première du terme, la fiction n'*imite* pas une réalité mais *construit* des

la participation d'une instance enseignante ainsi que celle d'un ou de plusieurs élèves. J'appelle *je/nous* ou « locuteur(s) » et *tu/vous* ou « allocuté(s) » les protagonistes de l'enseignement fictionnel. Au niveau de l'enseignement « réel », je parle d'« énonciateur(s) » ou de « rhapsode » d'un côté, et d'« énonciataire(s) », de « public » ou de « lecteur(s) », voire d'« auditeur(s) » de l'autre [17].

Il s'agit ensuite d'être conscient du fait que les innombrables actes de la réception « réelle » des vers d'Empédocle, qui ont eu lieu depuis leur composition et qui continuent à se produire de nos jours, ne correspondent jamais à la situation de la communication telle que le texte la présente.

Diogène Laërce, de même qu'Athénée, mentionne par exemple un certain rhapsode Cléomène qui aurait chanté des vers d'Empédocle devant un public à Olympie [18]. Or, entre cette situation de communication des vers située vers la fin du IV^e^ siècle et celle que nous connaissons, en tant que lecteurs modernes, se trouvent au moins deux différences essentielles : comme nous disposons facilement aujourd'hui d'un exemplaire écrit de ces textes, nous pouvons d'une part renoncer à l'idée de la présence physique d'un énonciateur qui réciterait les vers, et d'autre part prendre connaissance du texte, non pas réunis en groupe, mais chacun pour soi, lors d'une lecture personnelle. Une troisième situation apparaît grâce au *Papyrus de Strasbourg*. Comme le papyrus servait de support à une couronne funéraire, il est probable que le texte ait été destiné à être communiqué dans le cadre d'un rite. Aussi ce papyrus montre-t-il un contexte complètement différent des deux situations précédemment mentionnées [19].

Il n'y a de plus aucune raison de croire que les différences entre l'apprentissage mis en scène et l'apprentissage « réellement » vécu se réduisent et finissent même par disparaître à mesure qu'on remonte dans le temps et qu'on se rapproche de

représentations vraisemblables qui, grâce à leur cohérence interne, deviennent sources de connaissance et accèdent ainsi au monde réel. L'auteur décrit ce mouvement comme suit : « Dans sa dimension pragmatique l'artefact de fiction induit un retour à la réalité dont il dépend et, notamment dans l'aspect modelant auquel les Grecs anciens semblent avoir été si sensibles, il éclaire cette réalité en contribuant à la transformer. »

17. Il va de soi que le locuteur n'est pas forcément le porte-parole du poète historique Empédocle. Ce dernier peut très bien mettre en scène un *je* qui défend des positions auxquelles il ne consentirait que partiellement ou même pas du tout. Quant à l'identité de l'énonciateur, celui-ci a peut-être été incarné par le poète lui-même, mais toute autre personne pouvait et peut évidemment actualiser les vers. Sur ce point, cf. Ford 1988, 301.

18. Je me réfère à D. L. 8.63 (= DK fr. A 1) et à Ath. 14.620d. Voir à ce propos Obbink 1993, 56 n. 15 ; Herington 1985, 171.

19. A propos du contexte archéologique dans lequel le papyrus aurait été découvert, cf. Martin/Primavesi 1999, 27 *sq*.

la première performance des vers. Si la scène à Olympie ressemble, en ce qui concerne le contexte de la performance orale, à l'enseignement mis en scène, elle en diverge néanmoins à plusieurs égards, notamment par l'identité du rhapsode Cléomène qui incarnait alors un *je* appelé Empédocle. La multitude des instances allocutées réunies dans le corpus d'Empédocle exclut à elle seule en effet un recoupement total entre les figures auxquelles s'adresse le *je/nous* et un quelconque public historique[20].

Il serait cependant tout aussi erroné de penser que l'expérience du public antique était entièrement indépendante du modèle fictionnel exposé dans les vers. De nombreuses études ont démontré que, lors de la réception d'un texte, même s'il s'agit d'un texte grec antique, les auditeurs ont tendance à assimiler le locuteur à l'énonciateur et à s'identifier eux-mêmes avec le public mis en scène dans le texte. Ils calquent ainsi la situation historique sur celle que, sous forme d'événement fictionnel, les paroles en communication leur soumettent[21]. A l'intérieur des énoncés énonciatifs, ce sont notamment des déictiques personnels ou spatio-temporels qui nous invitent en tant que public à effectuer ce genre de glissements énonciatifs, de passages entre la situation fictionnelle et la situation vécue[22]. Lorsque à l'intérieur de mon commentaire je présuppose que le public effectue un tel glissement énonciatif entre les situations de communication fictionnelle et «réelle», je parle de «locuteur-énonciateur» ou de «*je*-énonciateur» d'une part et d'«allocuté-énonciataire» ou de «*tu*-énonciataire» de l'autre.

20. En ce qui concerne la diversité des allocutés, cf. Obbink 1993, 58 *sq.* Notons encore que la différence entre le nombre des énonciateurs, des énonciataires, des protagonistes mis en scène et le nombre de ceux qui «réellement» remplissaient ces rôles n'a rien de surprenant pour les textes grecs anciens. Le même phénomène apparaît clairement dans la poésie chorale ou dans les parties chorales des tragédies dont nous savons qu'un groupe de plusieurs interprètes «incarnait» le *je* locuteur. Cf. à ce propos Calame 1999, 131 et n. 11.

21. Cf. Calame 1987, 8 et, à propos de la poésie didactique antique, Konstan 1993, 12: «*Beyond these two personae implicit in the didactic text, there is also the generalised audience of the readers, who may themselves be independently projected by the text or else identified to a greater or lesser extent with the personal adressee.*»

22. Cf. sur ce point Bertrand (1985, 31 *sq.*), qui décrit le glissement énonciatif comme un passage de la référentialisation (renvois qui assurent la cohérence à l'intérieur d'un discours) à la référenciation (renvois du discours au monde naturel). A sa suite, Calame (2000a) propose une étude plus particulièrement consacrée à la poésie grecque ancienne. Quant à la nature des déictiques, cf. Benveniste 1966, 251 *sq.* et 1974, 74 *sq.* Entre ses deux publications, l'auteur élargit l'éventail des marques énonciatives, un effort qui influencera également les travaux publiés à sa suite. Sur l'histoire de cette évolution, cf. Kerbrat-Orecchioni 1980, 68 *sq.*

En résumé, voici donc la terminologie que je propose :

| ENSEIGNEMENT FICTIONNEL | ENSEIGNEMENT « RÉEL » |
| --- | --- |
| – locuteur/*je* | – énonciateur/rhapsode |
| – allocuté/*tu* | – énonciataire/public (auditeur/lecteur) |

ENSEIGNEMENT « RÉEL » AVEC GLISSEMENT ÉNONCIATIF

– locuteur-énonciateur/*je*-énonciateur
– allocuté-énonciataire/*tu*-énonciataire

Vu le soin avec lequel la situation de communication fictionnelle est représentée dans le corpus d'Empédocle, il est à mon avis légitime d'admettre que le public peut facilement reconnaître sa propre situation dans celle que le texte décrit. Toutes les hypothèses que j'avancerai au sujet de l'expérience « réelle » du public présupposent donc que ce glissement entre les situations fictionnelle et vécue, dans le cadre d'une communication orale en tout cas, se produit régulièrement.

Comme conclusion à ces remarques introductives, voici encore quelques indications pratiques : en ce qui concerne la citation des fragments d'Empédocle, de leurs sources ainsi que de leur traduction, je me réfère toujours aux éditions de J. Bollack (1969a et 2003)[23]. A propos de la désignation de fragments particuliers, je renvoie constamment en premier à la numérotation la plus usuelle, celle de H. Diels et W. Kranz (1951). Mais si le passage figure aussi dans le volume de J. Bollack (1969a), j'ajoute le numéro correspondant, étant donné que je reproduis son texte et sa traduction. De plus, comme dans son édition des *Purifications* J. Bollack (2003) reprend la numérotation de H. Diels et W. Kranz (1951), les passages cités selon cette édition ne portent qu'un seul numéro.

Finalement, lorsque je cite des textes grecs qui n'appartiennent pas au corpus d'Empédocle, je m'en tiens aux éditions et aux traductions indiquées dans la bibliographie sous le chiffre II. Quant aux revues citées dans la bibliographie, je suis les abréviations proposées par l'*Année philologique*. Le volume de Simon Trépanier ne m'est parvenu qu'au dernier moment avant la publication du livre. Je n'ai donc malheureusement pas pu l'insérer dans mon texte[24].

23. Pour mettre en évidence mes interprétations, je me suis permis d'introduire ponctuellement de légères modifications à la traduction proposée par l'auteur.

24. Cf. Trépanier 2004.

CHAPITRE PREMIER

# ÉNONCÉS MÉTAPHORIQUES ET ENSEIGNEMENT COSMOLOGIQUE

Il s'agit dans ce chapitre initial de saisir une première trace discursive d'une relation : celle que le texte établit entre la doctrine cosmologique et l'acte de la communication instaurée par les vers. Une telle relation, qui constitue la force persuasive du texte, se manifeste notamment au niveau de certains énoncés métaphoriques.

## 1. La valeur argumentative des énoncés métaphoriques

Que ce soit dans les commentaires antiques ou aujourd'hui, les énoncés métaphoriques font l'objet de multiples études visant à définir leur nature [1]. Aristote, qui est l'auteur du premier témoignage, dans notre tradition, d'une réflexion théorique à ce sujet, propose notamment deux commentaires, qui ont ensuite fondamentalement déterminé la discussion de ses successeurs.

Il décrit d'abord l'énoncé métaphorique, conformément à sa signification étymologique, comme le déplacement d'un terme dans un contexte qui lui est

1. A propos de l'histoire de l'étude des métaphores depuis Aristote, cf. Ricœur 1975, 13 *sq.* L'auteur insiste sur un aspect qui a très souvent été négligé dans les études de rhétorique traditionnelles : par leur double référence, les énoncés métaphoriques sont créateurs de sens. Laks (1994) précise que les deux conceptions de la métaphore – la métaphore comme ornement et la métaphore créatrice de significations – sont déjà distinguées par Aristote, qui évalue leur utilité par rapport au mode de discours à l'intérieur duquel elles figurent. En ce qui concerne la valeur cognitive du discours métaphorique chez Empédocle en particulier, cf. Bremer 1980. Pour Lloyd (1993, 32 *sq.*), cet usage de la métaphore est naturel dans le contexte d'une culture préscientifique, mais il prend fin au moment où la discussion sur le phénomène démarre.

étranger[2]. Cette première définition est à l'origine de tout un imaginaire fondateur de l'enseignement rhétorique depuis l'Antiquité jusqu'au début du XXe siècle au moins. Ainsi la métaphore a-t-elle été décrite comme un trope, figure discursive limitée à un seul mot. Le terme en question serait remplacé par un mot inattendu, et l'auditeur ou le lecteur inverserait la substitution au moment de la réception du texte. Ainsi conçu, le mode métaphorique non seulement troublerait la clarté d'un énoncé, mais n'ajouterait rien de plus à la signification du message communiqué.

Le Stagirite précise ensuite dans le même développement qu'il existe des métaphores où le terme qui paraît être substitué est inexistant. Il admet ainsi qu'une expression métaphorique ne peut parfois pas être remplacée par un autre énoncé, et est par là même fondatrice de signification[3]. Cet ajout important est également à son tour le point de départ de nombreuses études publiées au cours du XXe siècle. Les auteurs de ces travaux démontrent de manière plus précise que la mention du terme inattendu à l'intérieur d'une expression métaphorique entraîne l'évocation de tout un champ sémantique dans lequel celui-ci figure habituellement. Chaque énoncé métaphorique fait donc simultanément référence à deux contextes sémantiques distincts : au contexte de l'exposé qui contient cet énoncé et à celui qui d'habitude accompagne le terme inattendu. L'auditeur ou le lecteur ressent alors une tension entre les deux différents champs sémantiques évoqués ; et c'est cette tension qui détermine la réception du texte, même en dehors de l'expression métaphorique comme telle.

L'étude du corpus d'Empédocle confirmera la pertinence de cette seconde approche plus complexe des énoncés métaphoriques. On verra que tout examen d'une expression métaphorique révèle un enseignement qui ne peut être communiqué autrement. Je constaterai également qu'il est impossible de saisir le message communiqué par un énoncé métaphorique lorsqu'il est détaché du contexte de l'exposé entier. Il y a souvent en effet un renvoi entre les contextes sémantiques évoqués par les différents énoncés métaphoriques. Apparaissent alors de véritables réseaux métaphoriques qui traversent le corpus et font qu'une seule métaphore peut toucher à la signification de l'ensemble du savoir exposé[4].

2. Cf. Arist. *Po.* 1457b : Μεταφορὰ δέ ἐστιν ὀνόματος ἀλλοτρίου ἐπιφορὰ ἢ ἀπὸ τοῦ γένους ἐπὶ εἶδος, ἢ ἀπὸ τοῦ εἴδους ἐπὶ τὸ γένος ἢ ἀπὸ τοῦ εἴδους ἐπὶ εἶδος, ἢ κατὰ τὸ ἀνάλογον.

3. Cf. Arist. *Po.* 1457b.25 : Ἐνίοις δ' οὐκ ἔστιν ὄνομα κείμενον τῶν ἀνάλογον, ἀλλ' οὐδὲν ἧττον ὁμοίως λεχθήσεται. Pour une étude détaillée des passages d'Aristote qui permettent de voir que le Stagirite ne réduit pas la métaphore à un trope de substitution, cf. LAKS 1994.

4. Pour une illustration détaillée de ce phénomène, cf. *infra*, chap. II, 1.

Je tiens ici à signaler que, pour éviter, au niveau de la terminologie scientifique, toute allusion possible à la notion de métaphore conçue comme le résultat d'un acte de substitution, je suis P. Ricœur qui, par référence à I. A. Richards, appelle *teneur* l'idée sous-jacente évoquée par une expression métaphorique et *véhicule* l'idée sous le signe de laquelle l'idée sous-jacente est appréhendée[5].

## 2. Le discours métaphorique dans l'œuvre d'Empédocle

Nombreux sont les énoncés métaphoriques qui, dans les parties narratives du texte d'Empédocle, communiquent l'exposition de la doctrine cosmologique. Un examen systématique de ces passages révèle que les deux propos évoqués par un énoncé métaphorique font à chaque fois référence à deux imaginaires opposés : le *véhicule* évoque d'une part les notions qui, conformes à la cosmologie traditionnelle, sont familières au public ; la *teneur* fait d'autre part en même temps référence aux concepts de la doctrine élémentaire, de la vision cosmologique dont le *je*-énonciateur se fait le porte-parole.

Ce même double rôle revient aux énoncés métaphoriques qui figurent à l'intérieur des passages à référence énonciative, soit à l'intérieur des paroles qui renvoient au *hic et nunc* de la communication en cours. Or, dans ce cas-là, ce n'est pas l'exposé théorique, mais la situation présente qui fait l'objet d'un double commentaire cosmologique, d'une part du point de vue des concepts traditionnels, et d'autre part d'après les nouveaux paramètres. Ainsi, au niveau de la *teneur*, les énoncés métaphoriques à référence énonciative révèlent-ils comment la situation de la communication en cours se présente du point de vue de la cosmologie enseignée.

Ces remarques sur la situation présente interrompent donc en quelque sorte la suite de l'exposé cosmologique, et c'est sans doute pour cette raison qu'elles étaient et sont encore souvent négligées par les commentateurs des vers. Pourtant ces mêmes énoncés fournissent eux aussi des informations hautement instructives qui complètent l'apprentissage théorique de la doctrine au moyen d'une expérience immédiatement significative.

5. Cf. Ricœur 1975, 105 *sq.* L'auteur traduit de cette manière les termes « *tenor* » et « *vehicle* » proposés par Richards (1936, 90) et justifie son choix comme suit : « L'avantage de ce vocabulaire ésotérique est d'écarter toute allusion à un sens propre, tout recours à une théorie non contextuelle de l'idée… »

## 3. Enoncés métaphoriques à l'intérieur de l'exposé narratif

Pour commencer ce petit parcours à travers les expressions métaphoriques à l'intérieur de l'exposé scientifique, je propose la lecture du fragment B 83/471 qui présente un extrait d'un commentaire zoologique :

**B 83/471** … αὐτὰρ ἐχίνοις
**ὀξυβελεῖς χαῖται** νώτοις ἐπιπεφρίκασιν.

« … chez les hérissons
Se dresse sur le dos **une crinière aux pointes aiguës.** »[6]

Cet énoncé métaphorique d'apparence banale réunit différents arguments qu'il s'agit maintenant successivement de commenter.

Au niveau du *véhicule*, l'expression « crinière pointue » (ὀξυβελεῖς χαῖται, v. 2) établit une similitude, facilement compréhensible, entre les piquants du hérisson et la crinière d'un cheval par exemple. C'est le message que nous retenons en tant que public non-initié à la doctrine. D'après la *teneur* en revanche, le même énoncé contient un autre argument, à savoir que les pointes du hérisson *sont* une espèce de crinière aux poils particulièrement pointus.

Ce deuxième argument, suggéré par le même énoncé métaphorique, n'est nullement secondaire, comme le révèle le fragment B 82/477 qui est consacré au même phénomène :

**B 82/477** **ταὐτὰ** τρίχες καὶ φύλλα καὶ οἰωνῶν πτερὰ πυκνὰ
καὶ φλονίδες γίγνονται ἐπὶ στιβαροῖσι μέλεσσιν.

« **Les mêmes** naissent cheveux, feuilles, ailes drues des oiseaux,
Ecailles sur les corps vigoureux. »[7]

En raison de leurs « excroissances », quatre espèces de créatures sont mises ici en parallèle : les hommes pour leur chevelure, les arbres pour leur feuillage, les oiseaux pour leur plumage et les poissons pour leurs écailles. Or, d'après le texte c'est par leur origine commune (cf. γίγνονται, v. 2) que ces différentes « excroissances » sont ici réunies. Toutes sont en effet issues de la même matière

6. Le fragment B 83/471 est transmis par Plutarque (*Moralia* 98d) pour soutenir la thèse que, par leur nature, la plupart des animaux sont mieux équipés à se défendre que les hommes, qui ne sont supérieurs aux autres que par leur raison.

7. Aristote (*Mete.* 387b) cite le fragment B 82/477 au sujet d'une analogie entre les créatures animales et végétales qui, selon le Stagirite, se manifesterait dans les « corps ligneux » énumérés dans le passage d'Empédocle.

élémentaire (cf. ταὐτὰ, v. 1), et cette identité morphologique se manifeste à son tour dans leur aspect similaire.

Ainsi, sur le fond de cet enseignement, la *teneur* de l'énoncé métaphorique du fragment B 83/471 trouve-t-elle sa justification : en raison de la similarité entre une crinière et des piquants, leur structure élémentaire est la même. Aussi, aux deux idées exprimées par l'énoncé métaphorique correspondent deux points de vue cosmologiques distincts : le *véhicule* évoque une *ressemblance* qui correspond au regard du public non initié ; au niveau de la *teneur*, le même fragment affirme en revanche une *identité* conforme à la cosmologie enseignée, qui décrit pour sa part le monde dans sa structure élémentaire[8]. L'énonciataire qui connaît la doctrine d'Empédocle peut donc saisir le double propos et en déduire qu'un aspect similaire est signe d'une structure élémentaire analogue.

Le même passage B 83/471 contient encore un troisième propos qui est évoqué dans le terme ὀξυβελής, « pointu ». Ce terme n'est attesté qu'une fois dans la poésie antérieure à Empédocle : dans un passage de l'Iliade où ὀξυβελής désigne, dans la même position hexamétrique, la flèche du guerrier Pandaros.

Hom. *Il.* 4.124–126 :

αὐτὰρ ἐπεὶ δὴ κυκλοτερὲς μέγα τόξον ἔτεινε,
λίγξε βιός, νευρὴ δὲ μέγ' ἴαχεν, ἄλτο δ' **οἰστὸς**
**ὀξυβελής**...

« Mais, à peine a-t-il courbé l'arc immense, que l'arme retentit, la corde rend un son terrible, et le **trait acéré** s'élance... »

Vu la rareté du mot, il paraît correct d'affirmer que l'expression du texte d'Empédocle fait référence à la tradition homérique et assimile ainsi indirectement également les piquants du hérisson à cette arme pointue qu'est la flèche. Ainsi l'expression ἐχίνοις ... ὀξυβελεῖς χαῖται, « la crinière pointue des hérissons » rapproche-t-elle à elle seule, par l'intermédiaire de trois objets similaires (la crinière, les pointes du hérisson et la flèche), plusieurs contextes différents[9].

Ce passage d'Empédocle révèle en outre que, d'après le système cosmologique, il peut y avoir parenté morphologique, du moment qu'ils se ressemblent, entre des êtres vivants et des inventions techniques.

8. Cette argumentation sous-jacente aux énoncés métaphoriques d'Empédocle est déjà mise en évidence par Guthrie (1965, 136).

9. Ce rapprochement est relevé par Bollack (1969b, 395).

L'exemple suivant, extrait du fragment B 27/92a, expose une argumentation analogue, mais au sujet de l'astronomie cette fois :

B 27/92a 1 ἔνθ' οὔτ' **Ἠελίοιο** διείδεται **ὠκέα γυῖα**
…

1 « On ne voit point là **les membres rapides du soleil**
… »[10]

L'absence de commentaire sur l'expression « les membres du soleil » suggère soit que Simplicius, qui cite ce fragment, ne lui assignait pas de valeur argumentative, soit qu'elle ne l'intéressait pas dans ce contexte. Penser que le rapprochement entre rayons solaires et membres humains était moins étrange pour le public ancien qu'il ne l'est pour nous, lecteurs modernes, est également une explication possible, et ce pour deux raisons : d'une part le même parallèle est évoqué par des représentations iconographiques de coureurs, dont les bras et les jambes ressemblent à quatre rayons ; il y a d'autre part une expression épique, se trouvant comme ici en fin de vers, qui qualifie les extrémités (γυῖα) du coureur-guerrier de « brillants » (φαίδιμα), un attribut qui les rapproche du corps céleste[11].

Ces deux modèles, en admettant qu'ils sont sous-jacents aux paroles d'Empédocle, seraient en quelque sorte réactualisés et réévalués d'après les critères de la doctrine cosmologique. Car, en dehors de sa signification du *véhicule* – le soleil avance en se déplaçant avec ses rayons tel un coureur à l'aide de ses membres –, la *teneur* est probablement également significative. Les membres du coureur seraient alors – du point de vue de leur structure élémentaire – *égaux* aux rayons du soleil. Comme dans l'exemple précédent, le passage enseigne, au niveau du *véhicule* d'une part, une similarité perceptible entre deux phénomènes ; au niveau de la *teneur* d'autre part, les mêmes paroles affirment cependant une identité qui

10. Le fragment B 27/92a est cité par Simplicius (*in Ph.* 1183.28) à propos de la question de savoir si le passage du pouvoir de l'Amour à celui de la Haine et vice-versa implique à chaque fois un arrêt du mouvement élémentaire. Cette discussion prend une place importante à l'intérieur des études des vers d'Empédocle, mais ne m'intéresse pas dans le contexte de la présente étude. Sur l'histoire de ce débat, cf. Martin/Primavesi 1999, 72 *sq.*

11. Pour une représentation picturale d'un coureur dont les membres ressemblent aux rayons du soleil, cf. par exemple Bérard 1984, fig. 53. La coupe en question représente un guerrier qui court en ayant les quatre extrémités « en rayons ». Dans sa main gauche, il tient un bouclier orné à son tour d'un coureur-guerrier qui se trouve dans une posture similaire. Chez Homère, l'expression φαίδιμα γυῖα (« les membres brillants ») apparaît, toujours en fin de vers, à plusieurs reprises dans l'*Iliade.* Les sept références sont : Hom. *Il.* 6.27, 8.452, 10.95, 13.435, 16.805, 23.63, 23.691. Cf. à ce sujet Kirk 1990, 158.

se réfère quant à elle à la structure élémentaire des deux entités rapprochées. La métaphore évoque ainsi deux propos distincts et, pour cette raison, se prête aussi à décrire le cosmos dans sa double nature : celle qui se présente à la perception nourrie de l'imaginaire traditionnel et celle qui transparaît en plus pour celui qui connaît la doctrine d'Empédocle.

Le fragment B 40/360, également consacré à l'étude des corps célestes, forme une sorte d'articulation entre les deux énoncés métaphoriques étudiés jusqu'ici.

B 40/360 **Ἠλιος ὀξυμελὴς** ἠδ' ἱλάειρα Σελήνη.

« **Le soleil, qui darde de ses membres pointus**, et la lune douce. »[12]

L'attribut qui qualifie ici le soleil – un hapax volontiers éliminé par les éditeurs d'Empédocle – suggère encore un rapprochement entre les rayons solaires et les extrémités d'un homme[13]. Le terme ὀξυμελής rappelle en outre également, par référence phonique la « crinière » du hérisson, qualifiée en B 83/471 d'ὀξυϐελής. Ce réseau d'échos de différentes natures peut être résumé dans le schéma suivant :

| Homère | | Empédocle | |
|---|---|---|---|
| I | II | III | IV |
| οἰστὸς **ὀξυϐελής** → | **ὀξυϐελεῖς** χαῖται | Ἥλιος **ὀξυμελής** | Ἠελίοιο … γυῖα |
| flèche pointue | crinière pointue | soleil aux membres pointus | membres du soleil |
| (Hom. *Il.* 4.126) | (B 83/471) | (B 40/360) | (B 27/92a) |

La série d'expressions illustre bien comment se présente l'argumentation de l'œuvre d'Empédocle : en réactualisant un hapax homérique (I), le texte rapproche dans une expression métaphorique les piquants du hérisson des pointes de flèches (II). Par une assonance phonique, les rayons du soleil, qualifiés de « membres pointus » (III), sont à leur tour mis en rapport avec les piquants du hérisson (II) ainsi qu'indirectement, toujours par assonance, avec les pointes de flèches (I). Le rapprochement rayons solaires et membres humains est réaffirmé plus explicitement par une expression métaphorique qui, dans un troisième

12. Le fragment B 40/360 est transmis par Plutarque (*Moralia* 920c) dans le cadre d'une comparaison entre les lumières solaire et lunaire.

13. DK 1951 change ὀξυμελής en ὀξυϐελής, correction inutilement suivie par Wright (1981) et par Inwood (1992).

passage du corpus d'Empédocle, présente le soleil comme un coureur aux membres rapides (IV). Ainsi le texte soulève-t-il un véritable réseau d'entités similaires, de phénomènes qui, d'après la doctrine cosmologique, sont toujours le reflet de structures élémentaires analogues.

Au niveau du discours, ce sont surtout des expressions métaphoriques qui assurent cet enseignement. Deux autres gestes discursifs sont cependant ici aussi à l'œuvre pour communiquer ce double message au moyen d'un seul énoncé : la reprise d'un terme homérique et des échos phoniques.

Les assonances phoniques font ainsi apparaître une correspondance significative entre la morphologie élémentaire des phénomènes décrits et la « morphologie textuelle » des paroles qui les décrivent. La même analogie qui, au niveau de leur structure élémentaire, rapproche par exemple flèches, crinière et rayons solaires, qualifie en effet également la structure phonique de leurs attributs, ὀξυϐελής, ὀξυϐελεῖς, ὀξυμελής. Aussi, par le biais de cette correspondance entre la structure des objets décrits et celle de leur description, le texte devient par moments une sorte de construction microcosmique, reflétant lui-même par là fidèlement le monde qu'il expose.

Je passe maintenant, après ces premières évaluations, à un autre énoncé métaphorique qui établit, toujours à propos de la « chevelure », un lien entre le genre humain et les végétaux. Voici le fragment B 127 :

**B 127**

1 ἐν θήρεσσι λέοντες ὀρειλεχέες χαμαιεῦναι
2 γίγνονται, δάφναι δ' ἐνὶ **δένδρεσιν ἠυκόμοισιν**.

1 « Parmi les bêtes ils deviennent les lions gîte-montagne,
2 Dormant par terre et, parmi **les arbres**, des lauriers **à la belle chevelure**. »[14]

Ces deux vers énumèrent les espèces considérées comme les plus précieuses des genres animal et végétal. L'attribut du laurier, ἠύκομος, qualifie dans l'épopée la chevelure d'un être humain ou d'une divinité[15]. Rapportée au laurier, cette épithète souligne, toujours conformément à la règle exposée en B 82/477, la similitude d'aspect et la parenté structurelle des composantes des corps végétaux et humains. L'exemple du laurier est particulièrement suggestif dans la mesure où l'affinité entre cette plante et le monde des hommes connaît, notamment

14. Le fragment B 127 est cité par Elien (*NA* 7.7) à propos d'une hiérarchie des différentes espèces d'êtres vivants qui, d'après l'auteur, intéresse Empédocle au sujet de la réincarnation.
15. Cf. Hom. *Il.* 1.36, 2.689 ; Hom. *Od.* 12.389.

dans les milieux orphico-pythagoriciens, une longue tradition qui confirme ici en quelque sorte la thèse cosmologique[16].

Dans l'exemple suivant, une expression métaphorique souligne à son tour également l'aspect similaire, voire la parenté morphologique, entre les corps des créatures humaines et végétales. Voici le fragment B 29/98, passage consacré à une description approximative du Σφαῖρος :

**B 29/98**
1 οὐ γὰρ **ἀπὸ νώτοιο δύο κλάδοι** ἀίσσονται,
2 οὐ πόδες, οὐ θοὰ γοῦν', οὐ μήδεα γεννήεντα,
3 ἀλλὰ Σφαῖρος ἔην καὶ ἶσος †ἐστὶν αὐτῷ†.

1 « **De son dos** ne jaillissent point **deux rameaux**,
2 Point de pieds, point de genoux rapides, point de sexe qui engendre,
3 Mais il était Sphère, égal à lui-même. »[17]

Ce récit concerne, comme le précise Hippolyte en citant ce fragment, la forme du cosmos lorsqu'il est entièrement dominé par la force cosmique Amour. Comme cet état de non-distinction, le Σφαῖρος, échappe à toute description affirmative, le texte ne peut qu'énumérer les qualités qui lui font défaut afin d'arriver à communiquer l'idée de cette situation cosmique extrême[18].

Dans le cadre de la recherche présente, l'expression qui importe figure au premier vers : le texte renie la présence de deux rameaux jaillissant du dos de cet être anthropomorphe. Or, ces branches sont à assimiler sans aucun doute aux bras de la créature qui est ici évoquée. Grâce à la diction métaphorique, le texte nous rappelle cependant en même temps qu'il y a aussi, conformément à la doctrine élémentaire, parenté entre ces deux excroissances, parenté que l'élève initié reconnaît grâce à leur aspect similaire.

L'énoncé métaphorique suivant traite toujours du statut cosmique des plantes qui sont définies ici par rapport au monde animal. Voici le fragment B 79/588 :

**B 79/588**
1 οὕτω δ' **ᾠοτοκεῖ** μακρὰ δένδρεα πρῶτον **ἐλαίας**.

1 « Ainsi les grands arbres **pondent** d'abord leurs **olives**. »[19]

16. Cf. à ce sujet l'étude de Eitrem 1991, 177 *sq.*

17. Le fragment B 29/98 est transmis par Hippolyte (*Haer.* 7.29) à l'intérieur d'un résumé de la doctrine d'Empédocle.

18. Ce n'est en effet que dans l'état cosmique déterminé par la coprésence des deux forces antagonistes qu'il est possible de penser et de percevoir (cf. à ce propos les fragments B 109/522 et B 107/523). Aussi n'est-ce que par opposition à cette disposition du monde qu'une situation cosmique autre – ici le règne total d'Amour – peut être décrite.

19. Le fragment B 79/588 est transmis par Aristote (*GA* 731a.5) de même que par Théophraste (*CP* 1.7.1) au sujet du mode de la reproduction animale et végétale.

Dans cette image plutôt amusante, le texte rapproche l'olivier et l'oiseau dans la mise au monde de leurs rejetons. Comme Théophraste le suggère dans le *De causis plantis*, Empédocle aurait dû élargir sa thèse aux œufs de toutes les créatures, leur nature étant toujours analogue. C'était vraisemblablement également l'opinion du savant d'Agrigente. Mais, si le texte évoque œuf et olive comme exemples représentatifs des genres animal et végétal, ce choix s'explique sans doute par leur aspect particulièrement similaire. Et la similitude, on le sait désormais, est selon la doctrine élémentaire un trait significatif. Elle témoigne en effet de structures morphologiques analogues.

Comme les énoncés métaphoriques étudiés jusqu'ici, le fragment B 83/471 transmet à son tour un double propos : au niveau du *véhicule* premièrement, il suggère une similitude entre l'oiseau et l'olivier quant à la mise au monde de leurs rejetons. Ce constat correspond à la vision cosmologique traditionnelle d'après laquelle la reproduction animale et la reproduction végétale se ressemblent à certains égards. Deuxièmement, au niveau de la *teneur*, le même énoncé abolit la distinction entre les deux créatures sur ce plan du mode de production de rejetons. Cette confusion reflète à son tour la vision conforme à la doctrine cosmologique enseignée, qui décrit quant à elle le monde d'après la structure élémentaire des entités qui le constituent. De ce point de vue-là, la génération d'olives et d'œufs reflète apparemment un même processus élémentaire dont témoignent l'aspect et la fonction similaires des deux « fruits »[20].

Le même mode d'argumentation est à l'œuvre dans l'exemple suivant, un énoncé métaphorique extrait du fragment B 93/685 :

**B 93/685** βύσσῳ δὲ γλαυκῆς κόρκου **καταμίσγεται** ἀκτίς.

« Au lin **se mêle** le rayon du safran brillant. »[21]

Pour interpréter cet énoncé, j'inverse ma démarche habituelle. Je m'appuie en effet cette fois-ci sur la structure discursive du passage qui véhicule en un seul énoncé deux propos différents, afin d'en tirer une conclusion sur sa nature métaphorique.

20. Ce n'est sans doute pas un hasard si l'auteur évoque l'olivier pour souligner l'analogie entre les genres végétal et animal. Plusieurs récits traditionnels comparent cette plante excellente par sa puissance et par sa persistance à un jeune homme qui, par sa force physique et son ascendance royale, se distingue parmi les humains. Cf. à ce sujet Detienne 1989, 71 *sq.*

21. Le fragment B 93/685 est transmis par Plutarque (*Moralia* 433b) dans le cadre d'une discussion sur les effluves divinatoires et les éventuelles réactions chimiques qui seraient alors à l'œuvre. Après quelques remarques plus générales sur les rencontres entre les différentes matières, dont celles qui favorisent le processus de teinture, l'auteur cite le vers d'Empédocle.

La double argumentation se manifeste au sujet du verbe καταμίσγεσθαι, « se mêler », dont plusieurs lexèmes étymologiquement apparentés désignent, ailleurs dans le corpus, différentes procédures similaires. Pour commencer, voici un parcours à travers ces énoncés qui traitent également de « mélanges ».

Au fragment B 23/64, le texte décrit, dans le cadre d'une comparaison, l'activité des peintres :

**B 23/64**

ὡς δ' ὁπόταν γραφέες ἀναθήματα ποικίλλωσιν
ἀνέρες ἀμφὶ τέχνης ὑπὸ μήτιος εὖ δεδαῶτε,
οἵ τ' ἐπεὶ οὖν μάρψωσι πολύχροα φάρμακα χερσίν,
ἁρμονίῃ **μείξαντε** τὰ μὲν πλέω ἄλλα δ' ἐλάσσω
ἐκ τῶν εἴδεα πᾶσιν ἀλίγκια πορσύνουσι,
δένδρεά τε κτίζοντε καὶ ἀνέρας ἠδὲ γυναῖκας
θῆράς τ' οἰωνούς τε καὶ ὑδατοθρέμμονας ἰχθῦς
καί τε θεοὺς δολιχαίωνας τιμῇσι φερίστους.
...

« Comme on voit les peintres, quand, sur les tableaux, ils varient la couleur,
Les maîtres savants dont l'intelligence a formé la main ;
Ils saisissent les drogues multicolores de leurs doigts,
**Mêlent** en les arrangeant tantôt plus, tantôt moins de parts,
Et, de ces pâtes, ils composent les figures à l'image de toute chose,
Donnant forme aux arbres, aux hommes et aux femmes,
Aux bêtes, aux oiseaux et aux poissons que nourrit l'eau
Et aussi aux dieux longévifs, les premiers par le rang.
... »[22]

Ainsi que je l'ai présenté, le début de ce fragment qui s'étend sur onze vers évoque les peintres qui, avant de réaliser leurs œuvres, combinent différentes couleurs. Il y est question, comme dans le fragment B 93/685, d'un mélange de peintures. Le texte ici insiste cependant davantage sur l'effet créateur de cette procédure qui s'accomplit selon le principe de l'Amour (cf. ἁρμονίῃ ... κτίζοντε, v. 6), un aspect dont on verra plus tard dans cette même section qu'il est hautement significatif[23].

22. Simplicius (*in Ph.* 159.27) cite le fragment B 23/64 et précise que le travail du peintre sert à illustrer le déroulement de l'activité cosmique.

23. Sur la procédure concrète du travail du peintre dans l'Antiquité, cf. Müller 1974, 186 *sq.* L'auteur relève notamment que ces artistes travaillaient avec quatre différentes couleurs. Ce détail souligne la pertinence de la comparaison vu que, d'après la théorie d'Empédocle, il y a quatre sortes d'éléments qui, mélangés et réunis, forment toutes les créations. Wright (1981, 38 *sq.*) précise que la technique de peinture décrite ici ressemble à la mise en place d'une mosaïque, ce qui souligne encore la signification cosmologique de l'activité artistique évoquée. Sur la relation entre Harmonie et Philotês, cf. *infra*, chap. II, 1.1.

Dans un autre extrait encore, le fragment B 9/56, le verbe μείγνυμι reçoit une signification plus spécifique et fréquente dans la poésie hexamétrique antérieure à Empédocle : celle de l'union physique et productrice de descendance[24].

**B 9/56**
1 οἱ δ' ὅτε μὲν κατὰ φῶτα **μίγεν** †φῶς αἰθέρι† [...]
2 ἢ κατὰ θηρῶν ἀγροτέρων γένος ἢ κατὰ θάμνων
3 ἠὲ κατ' οἰωνῶν, τότε μὲν τὸν [...] †γενέσθαι†
...

1 « Quand **ils se mêlent** dans leur espèce d'homme [...]
2 Dans la race rustique des bêtes, des arbres,
3 Dans la tribu des oiseaux, ils disent : cela [...] naît,
... »[25]

Les sujets qui se réunissent ici ne sont plus des matières mortes mais des créatures vivantes – animaux ou plantes – qui se mélangent à l'intérieur de leurs espèces. Comme dans le cas des couleurs mélangées, l'auteur relève probablement l'effet créateur du processus qui, dans l'exemple présent, se manifeste sous forme d'une reproduction biologique.

Un quatrième passage, extrait du fragment B 8/53, parle finalement de mélange, mais dans une toute autre perspective cette fois-ci :

**B 8/53**
1 ἄλλο δέ τοι ἐρέω. φύσις οὐδενός ἐστιν ἁπάντων
2 θνητῶν, οὐδέ τις οὐλομένου θανάτοιο τελευτή,
3 ἀλλὰ μόνον **μίξις** τε διάλλαξίς τε **μιγέντων**
4 ἔστι, φύσις δὲ βροτοῖς ὀνομάζεται ἀνθρώποισιν.

1 « Je te dirai encore : il n'est de naissance pour aucun,
2 Tous mortels, point de fin à la mort funeste,
3 **Mélange** seulement, échange de **mélanges**.
4 Naissance est son nom pour les hommes. »[26]

24. Cf. à ce sujet CALAME 1996a, 49.

25. Le fragment B 9/56 est transmis par Plutarque (*Moralia* 1113a–b). L'auteur cite les vers à l'intérieur d'une argumentation destinée à défendre la pertinence du texte d'Empédocle contre la critique avancée par Colotès. Il s'agit plus précisément de démontrer que les paroles d'Empédocle ne mettent pas en doute l'existence des créatures, comme le prétendent les critiques avancées par Colotès.

26. Le fragment B 8/53 énonçant un des fondements de la doctrine cosmologique d'Empédocle, les auteurs postérieurs y font souvent allusion. L'ensemble du passage est cité d'une part par Plutarque (*Moralia* 1111f) dans le cadre de la même discussion que je viens d'évoquer au sujet du fragment B 9/56, d'autre part par Aëtius (1.30.1), qui cite les quatre vers et précise qu'ils sont extraits d'un premier livre de *Φυσικά*.

Dans ce discours directement adressé à l'allocuté-énonciataire, le *je* parle du mélange des éléments. Ce processus déclenche, quand il se déroule au niveau morphologique du cosmos, des manifestations précises dans le monde sensible : une naissance, lorsque différents éléments se réunissent ; une mort, lorsqu'ils se démêlent à nouveau afin de participer plus tard à un autre mélange. Or, ce « mélange de base » semble être à l'œuvre au cours de tous les « mélanges » particuliers décrits dans les différents passages cités. L'acte sexuel, le mélange de peintures ou la teinture de tissus représenteraient ainsi trois manifestations différentes d'un même processus élémentaire. De plus, par les termes issus du même radical μιγ- le texte attesterait la parenté cosmique entre les différents processus évoqués.

Aussi, je pense que, sur la base des mécanismes discursifs analysés dans les pages précédentes, la notion de mélange fournit un exemple supplémentaire de double argumentation par discours métaphorique. La *teneur* dans toutes les occurrences de termes issus du radical μιγ- désignerait alors le processus cosmique qui, d'après la doctrine enseignée, est en cours : le mélange élémentaire. Quant au *véhicule* des mêmes expressions, il décrirait à son tour la même action selon les paramètres propres à la vision cosmique traditionnelle. De ce point de vue, ce même mouvement élémentaire est différemment perçu selon le contexte particulier dans lequel il se manifeste. Ainsi le *véhicule* désigne dans le fragment B 93/685 l'acte de « teindre », tandis qu'en B 9/56 il décrit l'union procréatrice des créatures vivantes. Finalement, en B 23/64, *teneur* et *véhicule* coïncident et désignent l'activité du peintre dont les mains « mélangent » ses couleurs.

Cette dernière série d'énoncés, et notamment l'extrait du fragment B 9/56, m'amène ainsi en quelque sorte aux limites du phénomène discursif qualifiable de « métaphorique ». Un aspect supplémentaire de l'argumentation d'Empédocle devient alors manifeste : dans tous les passages métaphoriques discutés jusqu'ici, j'ai pu saisir dans une seule expression la description d'un même processus selon les deux visions cosmologiques opposées. Dans les exemples que je viens de discuter, et surtout en B 23/64, le timbre métaphorique n'est en effet presque plus perceptible : lorsque les mains du peintre « mélangent » différentes couleurs – ceci est la description du processus selon la vision cosmologique traditionnelle –, différents éléments se « mélangent », selon la cosmologie d'Empédocle, également. Le mélange élémentaire sous-jacent à tout acte créateur se manifeste donc, dans ce cas particulier, également sous forme d'un mélange, celui des différentes couleurs. Le peintre lui-même devient ainsi le personnage qui, pendant et par son travail, imite en quelque sorte le processus élémentaire en cours ; et, conformément à ce recoupement entre l'acte effectué et le mouvement élémentaire, le peintre crée à son tour un microcosme fictionnel, une reproduction fidèle du monde qui l'entoure ![27]

Cette série d'exemples a, je l'espère, suffisamment bien illustré le fait que les énoncés métaphoriques, extraits de l'exposé scientifique, réunissent à chaque fois des descriptions du monde des phénomènes suivant deux points de vue cosmologiques complémentaires : d'une part d'après les paramètres traditionnels et d'autre part selon la vision conforme à la doctrine élémentaire. Il s'avère donc, toujours selon la même démarche, que ce geste discursif actualise l'enseignement de la doctrine. Chaque énoncé métaphorique rapproche autrement dit, par le double champ de référence qui lui est propre, deux entités ou processus qui, suivant la cosmologie enseignée, se conforment à un schéma élémentaire analogue : ponte chez les ovipares et production d'un fruit à noyau chez les plantes (B 79/588) ; membres d'un coureur et rayons du soleil (B 27/92a) ; lance, crinière et piquants du hérisson (B 83/471) ; teinture d'un tissu, mélange de couleurs et union sexuelle (B 93/685). Les entités ou processus rapprochés par ces énoncés sont toujours présentés comme similaires à la fois dans leur aspect et dans leur fonction : l'olive et l'œuf sont des rejetons qui se ressemblent par leur forme et par leur surface lisse ; le soleil avance comme un coureur sur une piste céleste alors que les membres de l'athlète rappellent les rayons solaires ; les piquants du hérisson forment à la fois sa chevelure, dont les poils ressemblent à des flèches, et en même temps lui servent d'armes. Finalement, un acte de mélange est constitutif de la teinture comme de la peinture et de l'union sexuelle, et les trois activités amènent la création d'une entité nouvelle.

Selon le phénomène dont traitent les énoncés métaphoriques, les descriptions correspondant aux deux visions cosmologiques distinctes peuvent plus ou moins diverger. Dans le cas de l'œuf et de l'olive par exemple, le regard conforme à la cosmologie enseignée se distingue nettement du nôtre, mais probablement aussi de celui du public ancien. Dans le cas du peintre qui prépare ses couleurs, il y a en revanche un quasi total consensus entre l'évaluation selon les deux points de vue opposés : aussi bien l'énonciataire ignorant que le *je*-énonciateur comme porte-parole de la nouvelle doctrine considèrent qu'il s'agit ici d'un acte de mélange. Loin d'être contradictoires, les points de vue conformes aux

27. Cette correspondance maximale entre le travail du peintre et le processus élémentaire à l'œuvre est évidemment significative : tel le peintre, le poète va lui-même se présenter comme un créateur qui dans son activité suit le modèle du processus cosmique décrit dans le texte. Je reviens sur ce portrait *infra*, chap. II, 1.1.

deux approches cosmologiques opposées sont au contraire complémentaires et même sont indispensables à l'apprentissage de la doctrine élémentaire. Pour se familiariser avec la nouvelle perspective cosmologique, le public ne doit en effet pas abandonner le point de vue qui lui est familier. Il doit, au contraire, prendre conscience de la tension entre les deux visions soulevées par les métaphores et s'apercevoir que la structure élémentaire transparaît, tantôt plus clairement, tantôt moins, à travers les phénomènes tels qu'il les perçoit normalement.

Sur la base de ces premières conclusions sur l'argumentation véhiculée par les énoncés métaphoriques à l'intérieur du récit cosmologique, j'aborde maintenant la seconde partie de l'étude sur les métaphores dans le corpus d'Empédocle consacrée aux passages à référence énonciative.

## 4. Quand l'enseignement fait l'objet de commentaires métaphoriques

Dans les passages qui renvoient, d'une manière ou d'une autre, à l'acte de la communication en cours se trouvent également des énoncés métaphoriques. Ainsi s'agit-il de porter maintenant, par ce biais, un regard sur la situation d'enseignement, telle qu'elle est présentée du point de vue de la cosmologie d'Empédocle.

### 4.1. *L'apprentissage qui « augmente la pensée »*

Un premier énoncé métaphorique à référence énonciative figure au fragment B 17/31. C'est sous forme d'un appel directement adressé à l'allocuté-énonciataire que le passage évoque le moment présent de l'enseignement. Voici les trente-deux premiers vers du fragment :

B 17/31

δίπλ' ἐρέω· τοτὲ μὲν γὰρ ἓν **ηὐξήθη** μόνον εἶναι
ἐκ πλεόνων, τοτὲ δ' αὖ διέφυ πλέον' ἐξ ἑνὸς εἶναι·
δοιὴ δὲ θνητῶν γένεσις, δοιὴ δ' ἀπόλειψις·
τὴν μὲν γὰρ πάντων σύνοδος τίκτει τ' ὀλέκει τε,
ἡ δὲ πάλιν διαφυομένων δρυφθεῖσ' ἀποδρύπτει
καὶ ταῦτ' ἀλλάσσοντα διαμπερὲς οὐδαμὰ λήγει,
ἄλλοτε μὲν Φιλότητι συνερχόμεν' εἰς ἓν ἅπαντα,
ἄλλοτε δ' αὖ δίχ' ἕκαστα φορεύμενα Νείκεος ἔχθει.
ᾗ δὲ πάλιν διαφύντος ἑνὸς πλέον' ἐκτελέθουσι,
τῇ μὲν γίγνονταί τε καὶ οὔ σφισιν ἔμπεδος αἰών.
ᾗ δὲ διαλλάσσοντα διαμπερὲς οὐδαμὰ λήγει,
ταύτῃ δ' αἰὲν ἔασιν ἀκίνητοι κατὰ κύκλον.
ἀλλ' ἄγε μύθων κλῦθι· μάθη γάρ τοι **φρένας αὔξει**.

ὡς γὰρ καὶ πρὶν ἔειπα πιφαύσκων πείρατα μύθων
δίπλ' ἐρέω. τοτὲ μὲν γὰρ ἓν **ηὐξήθη** μόνον εἶναι
ἐκ πλεόνων, τοτὲ δ' αὖ διέφυ πλέον' ἐξ ἑνὸς εἶναι
Πῦρ καὶ Ὕδωρ καὶ Γαῖα καὶ Ἠέρος ἄπλετον ὕψος,
Νεῖκός τ' οὐλόμενον δίχα τῶν ἀτάλαντον ἁπάντῃ
καὶ Φιλότης ἐν τοῖσιν ἴση μῆκός τε πλάτος τε.
τὴν σὺν νόῳ δέρκευ μηδ' ὄμμασιν ἧσο τεθηπώς·
ἥτις καὶ θνητοῖσι νομίζεται ἔμφυτος ἄρθροις,
τῇ τε φίλα φρονέουσι καὶ ἄρθμια ἔργα τελοῦσι
Γηθοσύνην καλέοντες ἐπώνυμον ἠδ' Ἀφροδίτην·
τὴν οὔ τις μετ' ὅσοισιν ἑλισσομένην δεδάηκε
θνητὸς ἀνήρ· σὺ δ' ἄκουε λόγου στόλον οὐκ ἀπατηλόν.
ταῦτα γὰρ ἶσά τε πάντα καὶ ἥλικα γένναν ἔασι,
τιμῆς δ' ἄλλης ἄλλο μέδει, πάρα δ' ἦθος ἑκάστῳ,
ἐν δὲ μέρει κρατέουσι περιπλομένοιο χρόνοιο
καὶ πρὸς τοῖς οὔτ' ἄρ τι ἐπιγίγνεται οὐδ' ἀπολήγει·
εἴ τε γὰρ ἐφθείροντο διαμπερές, οὐκέτ' ἂν ἦσαν·
τοῦτο δ' **ἐπαυξήσειε** τὸ πᾶν τί κε καὶ πόθεν ἐλθόν;
πῇ δέ κε κῆρ' ἀπόλοιτο, ἐπεὶ τῶνδ' οὐδὲν ἐρῆμον;
…

« Double ce que je vais dire : tantôt l'un **croît** pour seul être,
De plusieurs qu'il était, tantôt il se sépare et devient pluriel, d'un qu'il fut.
Double la naissance des choses mortelles, double leur dépérissement.
L'une, la rencontre de tous l'enfante et l'emporte à la fois,
L'autre, dispersant, se disperse, quand Ils se séparent à nouveau.
Et jamais Ils ne cessent d'échanger leurs chemins ;
Tantôt, par Amour, se rencontrant tous dans l'un,
Tantôt emportés chacun au loin par la haine de Discorde ;
Et, quand l'un se sépare encore, le multiple s'accomplit.
C'est comme cela qu'ils deviennent, et la vie ne leur est pas donnée
[pour toujours ;
Mais pour autant que jamais Ils ne cessent d'échanger leurs chemins,
Ils sont toujours, immobiles, dans le cercle.
Mais allons, écoute ce récit : d'écouter, **plus riche deviendra ta pensée.**
Je te l'ai dit, quand j'éclairais les confins de mon récit :
Double ce que je vais dire : tantôt l'un **croît** pour seul être
De plusieurs qu'il était, tantôt il se sépare et devient pluriel, d'un qu'il fut,
Feu, Eau et Terre, et les cimes de l'Air, immenses,
Et la funeste Haine, séparée d'Eux, les vaut bien partout,
Et l'Amitié, qui est en Eux, leur est égale en longueur et en largeur.
Elle, regarde-la avec ta pensée, ne reste pas là, les yeux éblouis,
Elle qu'honorent les hommes, plantée dans leurs jointures ;
Par elle, ils méditent l'amour, ils accomplissent les œuvres qui joignent,
L'appelant de son nom de Gêthosyne et d'Aphrodite.
Personne ne l'a reconnue, comme elle tournoie dans les yeux,

Pas un mortel ; mais toi écoute l'équipée de ces paroles sûres.
Tous, Ils sont égaux et de même noblesse ;
Chacun règne avec d'autres honneurs, à chacun sa nature ;
Mais ils dominent tour à tour dans les cercles du temps,
Rien ne s'ajoute à Eux, rien ne leur fait défaut.
S'Ils périssaient sans fin, Ils ne seraient plus.
Ce tout, qu'est-ce qui viendrait **l'accroître** ? Surgissant d'où ?
Le moyen qu'il meure ? Ils sont partout.
. . . »[28]

L'énoncé clé pour cette étude se trouve au vers 13 dans lequel le locuteur-énonciateur incite son interlocuteur à être attentif et immédiatement après justifie son exhortation par une remarque d'apparence peu significative : l'élève est prié d'être attentif pour que, grâce à l'apprentissage de la doctrine, « s'accroisse sa pensée » (cf. φρένας αὔξει, v. 13)[29]. L'expression métaphorique « accroître la pensée » n'a en effet rien de choquant et passe facilement inaperçue.

Le même verbe a une signification tout à fait comparable, même s'il est préfixé, dans le fragment B 106/536 :

**B 106/536** πρὸς παρεὸν γὰρ μῆτις **ἐναύξεται** ἀνθρώποισιν.

« Tournée vers l'Etre qui est là, l'intelligence **croît** dans les hommes. »[30]

La notion d'« accroître » véhicule à nouveau ici l'idée d'un enrichissement intellectuel issu d'un exercice de contemplation.

Quand on examine en revanche les autres occurrences de ce verbe dans le corpus, il apparaît qu'αὐξάνειν décrit le plus souvent un accroissement physique,

28. Le fragment B 17/31 est cité dans son ensemble (v. 1–34) par Simplicius (*in Ph.* 157.25), qui, en outre, le place dans le premier livre des *Φυσικά*. Il évoque les vers comme une illustration du processus élémentaire, source du changement alternant entre « un » et « multiple » voire entre « devenir » et « périr ». Ce passage, qui forme le plus long extrait de l'ensemble du corpus, est maintenant complété par *PStrasb.* fr. a. Vu l'état fragmentaire de cette nouvelle source – qui, me semble-t-il, n'ajoute rien à l'étude particulière exposée ici – je ne la cite pas. Pour une discussion de l'ensemble du passage, cf. *infra*, chap. VI, 2.

29. Le terme de « pensée » ne traduit en fait qu'un aspect de cet organe essentiellement réceptif qui, selon la qualité de l'objet (surtout phonique) dont il est « rempli », est tantôt « riche » (cf. par exemple φρένες ἐσθλαί, Hom. *Od.* 11.367), tantôt aveuglé de fureur (cf. φρεσὶν ἔμβαλον ἄγριον ἄτην, Hom. *Il.* 19.88). Sur cette définition des φρένες, cf. SNELL 1978, 53 *sq.* complété par BRILLANTE 1992, 28 *sq.*

30. Le fragment B 106/536 est cité à deux reprises par Aristote (*Metaph.* 1009b.17, *de An.* 427a.23) comme illustration d'un lien qui, selon la doctrine d'Empédocle, existe entre pensée, perception et disposition élémentaire.

un processus élémentaire précis d'après le modèle cosmique enseigné. C'est le cas par exemple au premier distique du fragment B 17/31 qui, en deux vers, résume les lois principales de la doctrine élémentaire. Dans cette « version minimale » de la cosmologie – reprise mot par mot aux vers 15 à 16 – le verbe αὐξάνειν désigne l'« accroissement » d'une créature. La suite du texte précise qu'il s'agit d'un processus élémentaire déterminé par la force cosmique Amour (cf. Φιλότητι, v. 7), résultat de la réunion de plusieurs éléments (cf. σύνοδος, v. 4 ; συνερχόμεν', v. 7) qui débouche sur un acte de création (cf. γένεσις, v. 3 ; γίγνονται, v. 10).

La même signification du verbe αὐξάνειν apparaît lors de sa quatrième occurrence, au vers 31 du fragment B 17/31. Le passage traite du système cosmologique et précise que le cosmos, en tant que système élémentaire accompli, ne peut être complété par aucun ajout. A l'intérieur d'une question rhétorique, αὐξάνειν désigne ainsi cet « accroissement » élémentaire inimaginable dans un tel système cosmologique.

Finalement, dans le contexte du fragment B 26/68, αὐξάνειν décrit encore une fois l'accroissement issu d'une accumulation élémentaire :

**B 26/68**

1 ἐν δὲ μέρει κρατέουσι περιπλομένοιο κύκλοιο
2 καὶ φθίνει εἰς ἄλληλα καὶ **αὔξεται** ἐν μέρει αἴσης.
...

1 « Ils (les éléments) dominent tour à tour dans la course du cercle,
2 Ils se perdent l'un dans l'autre, Ils **croissent** à leur tour, suivant la part reçue.
... »[31]

La nature de l'« accroissement » élémentaire est ici précisée par opposition au mouvement inverse – la dispersion des éléments –, qui déclenche à son tour la destruction d'une créature.

Ainsi tous ces passages, et notamment ceux qui entourent directement l'interpellation de l'élève au vers 13 du fragment B 17/31, suggèrent-ils que, dans ces paroles directement adressées à l'allocuté-énonciataire, αὐξάνειν communique également un message cosmologique. Sous forme d'une expression métaphorique d'apparence banale se présente alors une double évaluation de l'acte de la réception poétique en cours : d'une part, au niveau du *véhicule*, le vers exhorte

31. Le fragment B 26/68 comprend douze vers dans lesquels l'auteur expose la relation entre le monde perceptible et sa structure élémentaire. Au mélange de différents éléments correspond la naissance d'une créature, tandis que leur dispersion entraîne sa dissolution. Au nombre fini d'éléments éternels d'un côté correspondent donc d'innombrables créations successives d'êtres mortels de l'autre. Simplicius (*in Ph.* 33.18) cite le fragment dans son ensemble pour illustrer que, selon la doctrine d'Empédocle, Amour et Haine coexistent dans chaque créature mortelle.

l'élève à être attentif, afin qu'il enrichisse sa pensée. Cette perception correspond aux concepts familiers du public qui n'est pas expert dans la doctrine cosmologique enseignée. D'autre part, au niveau de la *teneur*, les mêmes paroles exhortent le disciple déjà instruit à être attentif afin que, entrant sous le pouvoir de la force cosmique Amour, sa pensée devienne l'endroit et l'objet d'une accumulation élémentaire, c'est-à-dire d'une nouvelle création[32].

Une lecture analogue peut s'appliquer au fragment B 106/536. Le texte énoncerait alors une double promesse : tournée vers l'être, l'intelligence humaine « croît » en qualité, tel que l'enseigne le *véhicule*, comme en quantité – c'est-à-dire par un ajout élémentaire –, tel que le suggèrent, au niveau de la *teneur*, les mêmes paroles.

La promesse, qui, au vers 13 du fragment B 17/31, décrit l'apprentissage comme une confluence élémentaire vers la pensée de l'élève – confluence déterminée par Amour –, est explicitement liée à une condition qui va apparemment de soi : l'allocuté-énonciataire enrichira sa pensée d'un savoir et d'éléments à la seule condition qu'il écoute attentivement les paroles en communication (cf. μύθων κλῦθι, v. 13). La place qui, dans le contexte de l'argumentation, revient à cette exhortation est tellement significative qu'il ne peut guère s'agir d'un geste uniquement conforme au discours du traité didactique. En effet, elle attire l'attention du public précisément sur l'énoncé métaphorique qui suit, sur les paroles qui, pour être pleinement entendues, demandent une bonne et véritable écoute ! Ainsi l'enrichissement intellectuel annoncé au vers 13 consiste-t-il en la prise de conscience de la signification cosmologique de la promesse comme telle. C'est autrement dit en comprenant que le moment présent – l'enseignement des vers – est lui-même un acte cosmologique significatif que le public entre sous le pouvoir créateur de la force cosmique Amour.

32. Le fragment B 37/140, v. 1 donne à αὐξάνειν une autre signification : αὔξει δὲ Χθὼν μὲν σφέτερον γένος, Αἰθέρα δ' Αἰθήρ (« Terre **accroît** sa propre race, Ether **accroît** Ether »). Le vers décrit ici un processus élémentaire déterminé non pas par Amour, mais par la force cosmique complémentaire, Haine. En résulte non pas l'« accroissement » d'une créature, mais celui d'un ensemble d'éléments de même nature. Ce passage pourrait mettre en question mon interprétation du fragment B 17/31, v. 13, fondée sur l'emploi du verbe dans le contexte de la force cosmique Amour. Deux arguments parlent néanmoins en faveur de la lecture que je propose : d'une part, le sujet « croissant », c'est-à-dire la pensée de l'élève, est déjà une entité composée d'éléments mixtes, de sorte que son « accroissement » supplémentaire doit se faire sous la puissance de l'Amour. D'autre part, les trois autres occurrences d'αὐξάνειν dans le contexte immédiat de l'énoncé métaphorique décrivent toutes l'accroissement élémentaire tel qu'il se produit sous la force de l'Amour, ce qui suggère qu'il en va de même dans le passage en question. Le lien entre croissance élémentaire et apprentissage est déjà soulevé par Long (1966, 270).

Le passage suivant dévoile un second « regard cosmologique » sur l'événement de la communication des vers.

### 4.2. *« Percevoir les choses avec chaque paume »*

J'appuie mon argumentation sur une partie du fragment B 3/14, qui comprend plusieurs vers directement adressés à l'élève :

B 3/14

ἀλλ' ἄγ' **ἄθρει πάσῃ παλάμῃ**, πῇ δῆλον ἕκαστον,
μήτε τιν' ὄψιν ἔχων πίστει πλέον ἢ κατ' ἀκουὴν
ἢ ἀκοὴν ἐρίδουπον ὑπὲρ τρανώματα γλώσσης·
μήτε τι τῶν ἄλλων, ὁπόσῃ πόρος ἐστὶ νοῆσαι,
γυίων πίστιν ἔρυκε, νόει θ' ᾗ δῆλον ἕκαστον.

« Va, **vois par toute paume** comme chaque chose apparaît.
Ne te fie pas plus à tes yeux qu'à ce que tu entends,
A l'ouïe sonore avant les gages de la langue ;
D'aucun autre membre, pour étroit que soit le chemin de l'intelligence,
N'écarte ta foi, et connais, en suivant l'apparence. »[33]

Dans cette longue exhortation, le locuteur-énonciateur s'adresse directement à l'élève en précisant comment celui-ci doit investir ses différents sens. Le terme παλάμη, qui désigne ici l'ensemble des organes de perception, signifie dans un premier temps uniquement « la paume », c'est-à-dire le sens du toucher[34]. Comme dans l'exemple précédent, l'expression métaphorique n'a rien de choquant et passe facilement inaperçue. L'enseignement gagne cependant en épaisseur lorsque, sur fond des autres occurrences de παλάμη dans le corpus, on prend en considération également l'argumentation évoquée au niveau de la *teneur* par le même énoncé.

33. Le fragment B 3/14 est transmis par Sextus Empiricus (*M.* 7.124). Le sceptique évoque le passage à l'intérieur d'un discours qui devrait prouver – à tort, je pense – qu'Empédocle accorde à la perception sensorielle, au niveau de la capacité de saisir la vérité, un statut inférieur à l'intelligence humaine. Comme l'unité du fragment pose un problème, l'extrait cité ci-dessus ne suit peut-être pas les vers qui, dans l'édition de Bollack (1969a) le précèdent. Sur ce problème, cf. Wright 1981, 51. Je traite toutefois, dans le cadre de cette étude, les deux parties du fragment séparément.

34. Pour la signification première du terme – « la paume », « la main » – cf. p. ex. Hom. *Il.* 1.238 ; Hom. *Od.* 1.104. Au niveau étymologique παλάμη repose, selon Chantraine (1968–1980, 854), sur une racine qui exprime la notion de « plat ». L'emploi de ce terme dans le texte d'Empédocle élargit donc sans doute son sens premier qui convenait au sens du toucher uniquement.

Voici les autres passages qui mentionnent le terme παλάμη, et tout d'abord un extrait du fragment B 2/10:

B 2/10
1 στεινωποὶ μὲν γὰρ **παλάμαι** κατὰ γυῖα κέχυνται·
...

1 « Des **paumes** étroites sont répandues sur les membres;
... »[35]

Ce fragment s'ouvre sur une description du corps humain, couvert de multiples organes de perception. Exactement comme dans le passage précédent, le contexte suggère, à l'intérieur ici de l'exposé scientifique, que παλάμη évoque non seulement « la paume », mais l'ensemble des sens dont le corps humain est pourvu.

Dans les deux occurrences suivantes en revanche, le même terme est employé dans un sens restreint. Il s'agit des fragments B 95/439 et B 75/465 qui, dans différents contextes, mentionnent par une même formule des actes créateurs accomplis par la force cosmique Amour:

B 95/439
1 **Κύπριδος ἐν παλάμησιν** ὅτε ξύμ πρῶτ' ἐφύοντο.

1 « Quand, dans les **paumes de Cypris**, Ils croissaient pour la première fois. »

B 75/465
1 τῶν δ' ὅσ' ἔσω μὲν πυκνά, τὰ δ' ἔκτοθι μανὰ πέπηγε
2 **Κύπριδος ἐν παλάμησι** πλάδης τοιῆσδε τυχόντα.

1 « Parmi Eux, les uns, au fond, devinrent denses, les autres, au dehors, [lâches, en se caillant
2 Pour avoir, dans les **paumes de Cypris**, trouvé cette moiteur. »[36]

A deux reprises donc, le texte évoque les « paumes de Cypris » qui, telle une sculptrice, modèle différentes parties du corps humain. Le premier passage traite probablement de la création de l'œil, le second de celle du sang[37].

Sur fond de ce double portrait d'Aphrodite sculptrice, l'emploi de παλάμη dans les deux occurrences précédemment évoquées reçoit une signification plus prononcée. Si les sens qui couvrent le corps humain (cf. B 2/10) sont désignés de « paumes », c'est qu'ils sont en effet équivalents, d'après la doctrine cosmologique,

35. Le fragment B 2/10 est cité par Sextus Empiricus (*M.* 7.122) dans le même contexte de discussion que le fragment B 3/14 cité précédemment.

36. Les fragments B 95/439 et B 75/465 sont cités dans le même contexte, à propos du nom de Cypris, par Simplicius (*in Cael.* 529 *sq.*).

37. Sur cette interprétation du fragment B 95/439, voir Bollack 1969b, 369.

à tous ces « instruments de travail » de l'instance créatrice, c'est-à-dire aux paumes d'Aphrodite. Aussi, les multiples sens du corps humain disposent tous, sur fond de leur structure élémentaire, d'une puissance créatrice analogue à celle des paumes de Cypris. Or, cette parenté morphologique suggère à son tour que l'allocuté-énonciataire doit, pour exploiter ses sens convenablement, y recourir de la même manière qu'Aphrodite dispose de ses mains[38].

Cette instruction, sous-jacente aux paroles du fragment B 2/10, devient un ordre dans le fragment B 3/14 : le public est explicitement exhorté à investir sa vue, son ouïe et sa langue « en tant que paumes », est autrement dit incité à exploiter ses sens de manière créative, en suivant le modèle de l'Amour cosmique.

Comme dans le cas du fragment B 17/31, ce n'est pas sans raison que l'exhortation à l'élève du B 3/14 se trouve à cet endroit précis du récit. Pour saisir le renvoi implicite à Cypris, l'énonciataire doit en effet être attentif.

Il est finalement significatif que l'avertissement exposé dans le fragment B 3/14 serve à la fois d'instruction générale et d'exhortation particulière : l'énonciataire doit mieux exploiter tous ses sens, notamment au moment même de l'apprentissage des vers. Ainsi, le fait que la réception poétique et la perception du monde semblent demander de sa part une même attitude – une activité sensorielle maximale – accorde à nouveau au texte le statut d'une sorte de système microcosmique.

J'arrive ici à la fin du parcours interprétatif auquel j'ai destiné ce premier chapitre. Il est apparu que plusieurs énoncés métaphoriques offrent la possibilité de saisir une double argumentation, autrement dit un reflet de deux vues distinctes sur un même propos. La première perspective d'argumentation qui correspond aux concepts de l'imaginaire traditionnel résulte du *véhicule* des énoncés. L'autre point de vue reflète une vision conforme aux paramètres de la doctrine élémentaire et correspond à la *teneur* de ces mêmes paroles.

A force de suivre deux points de vues cosmologiques opposés en même temps, le public s'habitue à percevoir la tension entre les deux approches cosmiques et, pour ainsi dire, à traduire entre les deux systèmes de pensée : celui qui lui est familier et celui qui est conforme à l'approche cosmologique dont il est en train de prendre connaissance. Ainsi apprend-il notamment que ce qui se présente

38. Cratinus fr. 70 Kassel-Austin emploie παλάμη dans un contexte similaire, mais en désignant l'outil créateur du poète-énonciateur et non pas celui de l'élève allocuté. Sur les divers emplois métaphoriques de παλάμη, cf. Müller 1974, 16 *sq.*

comme des similarités entre différentes entités ou processus témoigne, d'après la cosmologie d'Empédocle, d'analogies morphologiques.

Le double point de vue régulièrement véhiculé par les énoncés métaphoriques du corpus révèle un intérêt particulier dans les passages à référence énonciative. Il apparaît alors une évaluation de l'acte de la communication des vers selon les paramètres de la nouvelle doctrine cosmologique. L'analyse de deux énoncés métaphoriques à référence énonciative m'a ainsi permis de démontrer que l'apprentissage est présenté comme un acte créateur destiné à se dérouler sous la force cosmique Amour. Il est en outre apparu que cette même puissance créatrice doit également servir de modèle, en ce qui concerne l'activité de ses sens, au lecteur ou à l'auditeur.

Un indice supplémentaire a confirmé l'importance qui revient à la force cosmique Amour pendant la communication des vers : le fragment B 23/64 décrit le peintre, un artiste emblématique, comme un homme qui, pendant son travail, imite l'attitude d'Aphrodite créatrice. A l'exemple d'Amour qui mélange différents éléments pour former les créatures peuplant le monde, le peintre mélange différentes peintures pour créer sa propre représentation du monde.

Cette première évaluation cosmologique de l'acte de la communication des vers m'amène au chapitre suivant entièrement consacré au statut qui, à l'intérieur de cette manifestation, revient à la force cosmique Amour.

CHAPITRE II

# COMMUNICATION POÉTIQUE ET AMOUR COSMIQUE

Je m'appuie encore essentiellement, dans ce deuxième chapitre, sur des énoncés métaphoriques à référence énonciative afin de poursuivre l'évaluation cosmologique de la communication des vers. Les analyses exposées jusqu'ici m'ont amenée à constater que l'Amour cosmique détermine aussi bien l'attitude du public actif que l'enrichissement intellectuel de l'énonciataire, pour autant qu'il se conforme aux instructions adressées au *tu*.

Dans les pages suivantes, ce seront trois autres passages qui me permettront de préciser, selon la démarche désormais habituelle, la nature du lien entre l'Amour cosmique et l'acte d'enseignement de la doctrine. A travers cette évaluation cosmologique de l'enseignement, il deviendra alors possible de saisir une série de traits supplémentaires qui, d'après le texte lui-même, caractérisent les circonstances de la communication des vers. Il s'agit en fait d'informations qui sont précieuses dans le cas d'un corpus de vers dont le contexte prévu pour son actualisation nous est à peine connu.

Pour compléter ces réflexions, j'ajouterai encore à la fin du chapitre une petite étude comparative. Etant donné que toute une série de textes grecs archaïques présentent l'acte poétique comme un événement étroitement lié à la puissance divine de l'amour et aux effets de celle-ci sur l'être humain, il est intéressant d'examiner quelle est la place qui revient aux vers d'Empédocle à l'intérieur de cette tradition.

## 1. La métaphore du « char-poème »

Un premier passage, qui est significatif par son énoncé métaphorique à référence énonciative, figure au fragment B 3/14 :

**B 3/14**

ἀλλὰ θεοὶ τῶν μὲν μανίην ἀποτρέψατε γλώσσης,
ἐκ δ' ὁσίων στομάτων καθαρὴν ὀχετεύσατε πηγήν.
καὶ σέ, πολυμνήστη λευκώλενε παρθένε Μοῦσα,
ἄντομαι ὧν θέμις ἐστὶν ἐφημερίοισιν ἀκούειν,
πέμπε παρ' Εὐσεβίης ἐλάουσ' εὐήνιον **ἅρμα**·

« Dieux, éloignez de ma langue cette démence,
Et conduisez la source pure des paroles pieuses.
Et toi, mémoire nombreuse, vierge aux bras blancs, Muse,
Je viens à toi pour les mots que la Loi permet aux hommes d'entendre ;
Mène le **char** d'Eusébie, guide-le, docile aux rênes. » [1]

Le fragment s'ouvre par une invocation complexe impliquant plusieurs instances divines successives. Ces paroles soulèvent à la fois le problème de l'identité des individus auxquels s'adresse le locuteur, et celui du cadre spatial mis en scène.

Avant d'aborder ces questions, je propose cependant un examen du terme ἅρμα, « le char », qui désigne ici le poème. Le verbe ὀχετεύειν qui, au vers 2, décrit l'arrivée des paroles poétiques « véhiculées » des dieux vers le locuteur-énonciateur, met d'ailleurs cette métaphore en évidence.

L'image du « char-poème » est déjà bien connue à l'époque d'Empédocle [2]. On la trouve en effet fréquemment dans les épinicies où l'allusion possible au char de la course sportive lui accorde une signification particulière. Dans les *Epinicies* de Pindare, ce sont différents termes qui se réfèrent au poème en tant que char [3]. Quant à ἅρμα, il désigne à plusieurs reprises les vers en communication. C'est

1. Pour la transmission du fragment B 3/14, ainsi que pour la question concernant son unité, cf. *supra*, chap. 1, 4.2.

2. L'image du char-poème est devenue conventionnelle dans le langage poétique en Grèce ancienne. Cerri (1999, 97 *sq.* et n. 13) donne une liste des occurrences ainsi qu'une vue d'ensemble des études publiées à ce sujet. La même métaphore se trouve dans la poésie avéstique et védique. Cf. à ce propos Burkert 1969, 3 et Nünlist 1998, 255–264.

3. En dehors de ἅρμα, on trouve également δίφρος (Pi. *O.* 9.81 ; Pi. *I.* 2.2) et ὄχημα (Pi. fr. 124a ; 140b) qui, dans les *Epinicies* de Pindare, évoquent, par le nom de ce véhicule lié au monde sportif, le poème en communication. Cf. à ce sujet le commentaire dans Gentili 1995b, 644 et, pour un catalogue d'exemples plus complet, Nünlist 1998, 255–264.

ainsi que dans la *Pythique* X, le *je* se réfère au poème qu'il est en train d'énoncer par l'expression « quadrige des Piérides » :

Pi. *P.* 10.64 *sq.* :

> Πέποιθα ξενίᾳ, προσανέι Θώρακος, ὅσπερ ἐμὰν ποιπνύων χάριν
> τόδ' ἔζευξεν **ἅρμα Πιερίδων** τετάορον…

« Je mets ma confiance en l'hospitalité bienveillante de Thorax, qui dans son zèle pour ma cause, a fait atteler ce char, ce **quadrige des Piérides**… »

Dans l'*Isthmique* VIII, c'est un « char des Muses » qui s'élance pour faire résonner le souvenir d'un vainqueur de boxe :

Pi. *I.* 8.62 *sq.* :

> Τὸ καὶ νῦν φέρει λόγον, ἔσσυταί τε **Μοισαῖον ἅρμα** Νικοκλέος
> μνᾶμα πυγμάχου κελαδῆσαι.

« Il convient de s'en souvenir aujourd'hui, et voici que le **char des Muses** a pris son essor pour célébrer la mémoire de Nicoclès le pugiliste. »

A la fin de l'*Epinicie* V de Bacchylide, on peut lire de manière analogue les paroles suivantes :

B. *Ep.* 5.176–178 :

> Λευκώλενε **Καλλιόπα**
> στᾶσον εὐποίητον **ἅρμα**
> **αὐτοῦ**·

« **Calliope** aux bras blancs, arrête **ton char** bien fait à cette place. »[4]

L'image du char-poème évoque également le fameux prologue de Parménide où le terme ἅρμα désigne par deux fois le char sur lequel le locuteur-énonciateur roule, guidé par des jeunes filles :

Parm. *fr.* B 1 DK 4 *sq.* et 20 *sq.* :

> τῇ φερόμην, τῇ γάρ με πολύφραστοι φέρον ἵπποι
> **ἅρμα** τιταίνουσαι, κοῦραι δ' ὁδὸν ἡγεμόνευον.
> . . . . . . .
> … τῇ ῥα δι' αὐτέων
> ἰθὺς ἔχον κοῦραι κατ' ἀμαξιτὸν **ἅρμα** καὶ ἵππους.

4. L'attribut qui qualifie ici la Muse Calliope – λευκώλενε, « aux bras blancs » – figure également et toujours au vocatif dans le passage d'Empédocle (v. 3). Il y a donc par λευκώλενε … ἅρμα une double référence lexicale des vers d'Empédocle à ceux de Bacchylide. Il est en outre intéressant

> « Par là j'étais porté, car, par là, de très prudentes cavales m'emportaient, tirant **le char**, tandis que des jeunes filles montraient la voie. [...] Par là franchissant la porte, les jeunes filles guidaient, droit sur la grand-route, **le char** et les cavales. »[5]

Ainsi ces quelques passages montrent-ils que l'image du « char-poème » comme telle connaît, à l'époque d'Empédocle déjà, une certaine tradition. Par les contextes particuliers du récit et de la performance, chaque texte accorde en effet à cette image une signification en la nuançant différemment.

Pour déterminer sa valeur dans la poésie du poète d'Agrigente, il convient maintenant d'examiner quelle est la signification précise qui revient à la notion de ἅρμα à l'intérieur de ce corpus. Or, différents termes formés sur la base du radical αρ- figurent dans l'exposé cosmologique et permettent d'éclairer le statut propre à ce « char poétique »[6].

Voici un parcours à travers les passages qui évoquent des termes étymologiquement apparentés au nom du char dans le corpus d'Empédocle.

### *1.1. Les termes « apparentés » à ἅρμα dans l'exposé scientifique*

Pour commencer, voici un extrait du fragment B 71/450 :

**B 71/450**
1 εἰ δέ τί σοι περὶ τῶνδε λιπόξυλος ἔπλετο πίστις,
2 πῶς Ὕδατος Γαίης τε καὶ Αἰθέρος Ἠελίου τε
3 κριναμένων εἴδη τε γενοίατο χροιά τε θνητῶν
4 τοῖ' ὅσα νῦν γεγάασι **συναρμοσθέντ'** Ἀφροδίτη.

1 « Si ta foi, pour Eux que voici, n'avait matière où se fonder,
2 Savoir comment d'Eau, de Terre, d'Ether et de Soleil

de soulever le fait que des représentations de Muses qui accompagnent un char se trouvent aussi au niveau des images. Cf. à ce propos le commentaire de NÜNLIST (1998, 257).

5. La disposition des personnages n'est pas la même chez Empédocle et chez Parménide : dans le proème de Parménide, le poète roule, assis dans un « char-poème » guidé par des jeunes filles ; chez Empédocle en revanche, c'est la Muse invoquée qui amène, de chez Eusébie, le char vers le poète. Je reviens plus en détail sur la notion du char chez Parménide *infra*, chap. II, 1.3.

6. En ce qui concerne l'étymologie des termes apparentés à ἅρμα, cf. CHANTRAINE 1968, 110 *sq.* et 101 *sq.* (*s. u.* ἀραρίσκω), complété par NAGY 1979, 297–300 et 1985, 28 et n. 72. DETIENNE (1962, 75 *sq.*) démontre que la pensée étymologique jouit d'un statut quasi métaphysique chez les pythagoriciens, dans la mesure où elle permet d'accéder à la signification première des choses. Vu l'importance qui revient à la dimension étymologique des mots dans les paroles d'Empédocle, le même commentaire convient sans doute aussi à l'œuvre de l'Agrigentin.

3 Mêlés sont nées formes et couleurs de mortels,
4 Qui, toutes vivent maintenant, **jointes** par Aphrodite. »[7]

Le terme qui est intéressant dans le contexte de cette discussion est συναρμόττειν, « joindre », « agencer ». Même s'il s'agit d'un dérivé incertain, ἁρμόττειν est basé, comme ἅρμα, sur le radical αρ-. Dans ce passage, le texte décrit à l'aide de ce verbe l'activité créatrice d'Aphrodite qui « agence » différents éléments pour former l'ensemble constitutif d'une créature mortelle[8].

Un passage homérique illustre la nature de cette procédure dans son contexte habituel. Il s'agit d'un récit extrait du livre V de l'*Odyssée* et consacré à Ulysse qui, pour partir de l'île de Calypso, construit un radeau :

Hom. *Od.* 5.247 *sq.* :

τέτρηνεν δ' ἄρα πάντα καὶ **ἥρμοσεν** ἀλλήλοισι,
γόμφοισιν δ' ἄρα τήν γε καὶ **ἁρμονίῃσιν ἄρηρεν**.

« Ulysse alors perça et chevilla ses poutres, les **unit** l'une à l'autre au moyen de goujons et fit son bâtiment. »[9]

Sur la base de cette scène, il apparaît que le passage d'Empédocle représente Aphrodite comme une sorte de créatrice-charpentière qui, pour faire naître une créature, « ajuste » différents éléments en une unité accomplie. Il est par ailleurs remarquable que le verbe soit précédé du suffixe συν- dans le passage d'Empédocle ; c'est un détail qui insiste encore sur le fait que les parties élémentaires sont réunies avant d'être « ajustées »[10].

7. Le fragment B 71/450 est transmis par Simplicius (*in Cael.* 529.28), qui cite ces vers parmi d'autres, pour démontrer l'importance qui revient au principe de l'Amour dans le monde des créatures vivantes.

8. L'évocation de la couleur des mortels (χροῖα θνητῶν) rappelle le fragment B 23/64 discuté *infra*, chap. 1, 3 où l'activité créatrice du peintre est explicitement comparée à la création cosmique.

9. Dans le fragment B 47/411, les actes créateurs de la déesse sont également comparés au travail d'un charpentier : Aphrodite joint les éléments avec des chevilles pour créer l'œil (γόμφοις ἀσκήσασα καταστόργοις Ἀφροδίτη), comme Ulysse qui, dans le passage homérique, joint les poutres du radeau par des chevilles (γόμφοισιν, v. 248).

10. On trouve en effet souvent des mots préfixés de συν- lorsque le poète traite du principe de l'Amour. Cf. p. ex. fr. B 17/31 : **σύνοδος** (v. 4) et **συνερχόμεν'** (v. 7) ; fr. B 35/201 : **συνέρχεται** (v. 5) et **συνιστάμεν'** (v. 6). Le préfixe συν- reçoit également une signification cosmologique dans le commentaire du *Papyrus de Derveni*. Cf. à ce propos le commentaire de CALAME (1997a, 72 *sq.*). L'association d'Aphrodite au domaine de la charpente est à la fois surprenante et révélatrice. Comme le démontre DETIENNE (DETIENNE/VERNANT 1974, 224–229), c'est Athéna qui incarne ce rôle dans toute la tradition grecque. Or, si chez Empédocle Aphrodite remplace pour ainsi dire

Le même verbe ἁρμόττειν figure également, dans un contexte similaire, dans le fragment B 107/523 :

B 107/523

ἐκ τούτων <γὰρ> πάντα πεπήγασιν **ἁρμοσθέντα**
καὶ τούτοις φρονέουσι καὶ ἥδοντ' ἠδ' ἀνιῶνται.

« Par Eux, toute chose tient, **ajustée,**
Et, par Eux, elle pense, elle s'éjouit et souffre. »[11]

Ici encore ἁρμόττειν décrit un assemblage élémentaire. En associant les deux verbes « fixer » (πήγνυμι) et « ajuster » (ἁρμόττω) dans une même expression, le texte insiste en effet sur la procédure artisanale de cet acte et sur le soin nécessaire à son accomplissement[12]. Le distique précise en outre que ces assemblages élémentaires ne produisent pas que des créatures-objets, mais également des pensées et des sensations.

Un autre verbe, à peu près synonyme d'ἁρμόττειν, décrit un même processus créateur d'entités mortelles. Il s'agit d'ἀραρίσκειν, également fondé sur le radical αρ-, qui désigne peut-être à l'origine l'assemblage de pierres lors de la construction d'un mur[13]. Voici le fragment B 96/462 dans lequel ce verbe apparaît :

B 96/462

ἡ δὲ Χθὼν **ἐπίηρος** ἐν εὐστέρνοις χοάνοισι
τὰς δύο τῶν ὀκτὼ μοιράων λάχε Νήστιδος αἴγλης
τέσσαρα δ' Ἡφαίστοιο· τὰ δ' ὀστέα λευκὰ γένοντο
**Ἁρμονίης** κόλλησιν **ἀρηρότα** θεσπεσίηθεν.

« Et Terre, **de bonne grâce**, dans ses creusets aux larges flancs,
Sur les huit parts en reçut deux de l'éclat de Nestis,
Quatre d'Héphaistos. Elles devinrent os blancs,
**Ajustés** par les gommes d'**Harmonie**, la déesse. »[14]

Athéna, cela reflète bien les effets de l'adaptation du panthéon traditionnel à un nouveau système cosmologique où la diversité des figures divines est réduite à six notions distinctes seulement. C'est ainsi que le concept d'Amour englobe non seulement les domaines de différentes divinités de l'amour, telles qu'Aphrodite, Eros, Harmonie etc., mais même celui de la déesse Athéna.

11. Le fragment B 107/523 est transmis par Théophraste (*Sens.* 10) dans le contexte d'une discussion sur différents modèles de la perception des sens.

12. La diligence qui accompagne le travail créateur se reflète ensuite dans la beauté des créatures : une fois accomplies, elles sont « une merveille à voir » (θαῦμα ἰδέσθαι, fr. B 35/201, v. 17).

13. Je me réfère pour cette hypothèse au *LfgrE* I, 1955, 1178, *s. u.* ἀραρίσκω.

14. Le fragment B 96/462 est cité partiellement par Aristote (*de An.* 410a.4) et en entier par Simplicius (*in Ph.* 300.19). Dans les deux cas, les vers sont mentionnés au sujet des proportions qui, à l'intérieur d'un mélange, déterminent la nature des créatures particulières.

Par l'exemple des os, ces vers décrivent comment les créations mortelles sont « fabriquées » suivant les lois de la doctrine élémentaire. La fin du fragment réunit en effet, à l'intérieur de la description d'une telle « mise au monde », deux termes fondés sur le radical αρ- : ἀραρίσκειν et Ἁρμονίη.

Dérivé d'ἀραρίσκειν, ἁρμονίη désigne dans un premier temps une sorte de tenon qui sert à assembler des pièces de bois ou de pierre. Le terme est ici personnifié et désigne une femme qui s'est chargée de réunir les éléments constitutifs des os. Vu son identité féminine et sa fonction, il n'y a pas de doute que ce nom traditionnel de divinité désigne la déesse créatrice Aphrodite[15].

Selon la *Théogonie* d'Hésiode, Harmonie est fille d'Arès et d'Aphrodite, à laquelle elle est, d'après les récits, étroitement liée, voire assimilée. C'est ainsi par exemple que l'*Hymne homérique à Apollon* la représente dansant avec plusieurs autres déesses dont aussi sa mère. Dans le *Papyrus de Derveni*, Harmonie est entièrement assimilée à la déesse de l'amour. En outre il y a même eu, d'après Plutarque, une Aphrodite delphique du nom de Ἅρμα[16].

Ces différentes figures traditionnelles sont donc évoquées et en même temps redéfinies par les paroles d'Empédocle où la notion de l'Amour cosmique les engloberait toutes. En outre, c'est la signification étymologique du nom d'Harmonie qui me semble responsable de l'attention que les vers d'Empédocle prêtent à cette figure. Définie comme « celle qui agence », elle incarne en effet parfaitement le principe cosmologique sur lequel le texte insiste par le biais d'une figure étymologique[17].

Un second passage, le fragment B 122, mentionne Harmonie en tant que puissance personnifiée :

**B 122**

ἔνθ' ἦσαν Χθονίη τε καὶ Ἡλιόπη ταναῶπις,
Δῆρίς θ' αἱματόεσσα καὶ **Ἁρμονίη** θεμερῶπις,
Καλλιστώ τ' Αἰσχρή τε, Θόωσά τε Δηναίη τε,
Νημερτής τ' ἐρόεσσα μελάγκουρός τ' Ἀσάφεια.

15. Pour la signification première d'ἁρμονίη, cf. MÜLLER 1974, 53.

16. Cf. Hes. *Th.* 937 ; *PDerv.* 17.5–7 et Plu. *Moralia* 769. Sur l'affinité traditionnelle entre Harmonie et Aphrodite, cf. WEST 1966, 415. A propos de l'éventail des significations attribuées à Ἁρμονία ainsi que de la diversité des domaines auxquels touche le concept qu'elle personnifie, cf. ROCCHI 1989, 12. On peut sans doute suivre l'interprétation de SIDER (1984, 21) qui, sur la base d'un commentaire de Simplicius, suggère de rattacher également l'attribut de la terre, ἐπίηρος, à la racine -αρ.

17. En ce qui concerne la signification étymologique d'« Harmonie » et sa parenté avec le concept de l'Amour, cf. aussi les remarques de NAGY (1985, 28 et n. 72).

1 « Il y avait là Terreuse et Solaire dont l'œil perce loin,
2 Dispute sanglante, **Harmonie**, le regard sévère,
3 Toute Belle et Vilaine, Rapide et Lente,
4 Certitude charmante et confusion à l'œil obscur. »[18]

Harmonie figure ici à l'intérieur d'une énumération de multiples concepts présentés comme des figures féminines. La forme catalogique du passage ne révèle pas facilement son contexte argumentatif. Il ressort toutefois que le récit évoque des entités complémentaires par paire dont l'une est volontiers à connotation positive et l'autre à connotation négative. Opposée à Δῆρις, Harmonie est encore rapprochée de Philotês, le principe cosmologique de l'Amour. L'épithète qui qualifie ici la force créatrice – elle est « douée d'un **regard** posé » (θεμερῶπις, v. 2) – définit le statut de celle-ci vis-à-vis des autres forces féminines mentionnées dans ce passage : Harmonie apparaît proche d'Ἡλι**όπη** ταν**ῶπις**, « la femme Soleil qui **voit** au loin », une personnification, dirait-on, du principe de la vue lui-même. Deux vers plus loin, le texte oppose cette fois à la « Vérité séduisante » (Νημερτής … ἐρόεσσα, v. 4) l'« Obscurité au **regard** sombre » (μελάγκουρος … Ἀ**σάφεια**, v. 4), qui incarne pour sa part une absence totale de vue. Quant à « Beauté » et « Laideur » (Καλλιστώ τ' Αἰσχρή τε, v. 3), elles font toutes deux référence à l'objet perçu par le regard ; il n'y a en effet pas de doute que la fonction de la beauté est de séduire le spectateur[19].

Ainsi l'opposition suivante se dessine-t-elle : avec le soleil, la vue et Harmonie se regroupent Vérité, Séduction et sans doute aussi Kallistô, la beauté. De l'autre côté, il y a l'absence de vue qui est associée à Dispute sanglante, Ignorance et

18. Le fragment B 122 est transmis par Plutarque (*Moralia* 474b), qui cite le passage pour illustrer sa thèse d'après laquelle tout homme est gouverné dès sa naissance par deux tendances, l'une mauvaise et l'autre bonne, qu'il devra gérer pendant sa vie. En *Moralia* 370e, Plutarque identifie l'« Harmonie au regard sévère » du vers 2 avec la force cosmique de l'Amour ; je le suis d'ailleurs dans son interprétation. Au vers 4, je préfère le texte de Tzetzès (*H.* 12.574) à celui de Plutarque retenu par Bollack (2003, 78).

19. Le lien entre beauté (cf. Καλλιστώ, v. 3), perception visuelle (cf. Ἡλιόπη ταναῶπις, v. 1 ; τεμερῶπις, v. 2) et séduction (cf. ἐρόεσσα, v. 4) est attesté dans toute la poésie grecque archaïque. La beauté n'est pas seulement source de désir quand elle est perçue par le regard, mais l'écoute d'une belle mélodie peut inspirer le même plaisir érotique. Ce pouvoir est personnifié par la muse Calliope, la Belle Voix, à laquelle le *je* du fragment B 131 s'adresse explicitement (cf. *infra*, dans cette même section). En ce qui concerne le lien entre beauté, désir et regard dans la poésie mélique, cf. Calame 1996a, 30–33 et, sur l'aspect érotique de la musique et de la poésie, 51.

Laideur[20]. Le regroupement entre lumière et connaissance d'un côté et obscurité physique et intellectuelle de l'autre traverse l'ensemble du corpus comme une isotopie. La clarté, condition première de la perception visuelle, est en effet représentée en tant que partie constitutive de la communication du savoir, comme le fait particulièrement bien ressortir la partie finale du fragment a du *Papyrus de Strasbourg*:

*PStrasb.* fr. a:

a(ii).23 **[δεί]ξ̣ω σοι καὶ ἀν' ὄσσ(ε)** ἵνα μείζονι σωμ̣[⏓——]
a(ii).24 [π]ρῶτον μὲν ξύνοδόν τε διάπτυξίν τ̣[⏓——]
a(ii).25 ὅ̣σ̣[σ]α τε νῦν ἔτι λοιπὰ πέλει τούτοιο τ[⏑——]
a(ii).26 τοῦ̣το μὲν [—] θηρῶν ὀριπλάγκτων ἀγ̣[⏓——]
a(ii).27 τοῦτο δ' ἀν' ἀ[⏓]πω̣ν δίδυμον φύμα [—⏓——]
a(ii).28 ῥιζοφόρων γέ̣ννημα καὶ ἀμπελοβάμ[⏓——]
a(ii).29 **ἐκ τῶν ἀψευδῆ κόμισαι φρενὶ δείγματα μ**[——]
a(ii).30 **ὄψει γὰρ ξύνοδόν τε διάπτυξίν τε γενέθλη̣**[ς].

a(ii).23 «**Je vais montrer pour toi aussi par les yeux** [...] afin que [...] meilleur
a(ii).24 Mais d'abord réunion et déploiement
a(ii).25 Autant que maintenant encore ils restent, de cet [...]
a(ii).26 (Ceci) d'une part [...] des bêtes qui errent dans les montagnes
a(ii).27 (Ceci) d'autre part dans la race double [...]
a(ii).28 Le fruit des [...] qui portent des racines et [...] de vignes [...]
a(ii).29 **De ceux-ci, acquiers pour ta pensée des illustrations sans faute** [...]
a(ii).30 **Car tu verras la réunion et le déploiement de la race.**»[21]

Ce passage montre explicitement qu'à travers des illustrations qui interrompent constamment les explications théoriques, l'enseignement sollicite le regard

20. L'association de Kallistô à la force cosmique Amour est confirmée par le fragment B 131, v. 3 où l'invocation à la Muse Calliope rend explicite le lien entre lumière et beauté. Cf. *infra*, chap. II, 1.1.

21. Dans ma présentation des fragments du *Papyrus de Strasbourg*, je retiens surtout les lettres qui, d'après l'édition de Martin/Primavesi 1999, sont clairement identifiables sur le document original. Cette prudence qui pourrait paraître excessive s'impose, je pense, vis-à-vis d'une édition qui propose des reconstructions fondées sur les reprises de textes et déterminées par un effort de reconstruction d'un récit original. Or, les deux critères me semblent peu fiables dans la mesure où, d'une part, les répétitions dans le corpus d'Empédocle impliquent souvent des variations significatives (cf. *infra*, chap. V, 2.2) et, d'autre part, le concept du «récit original» n'est peut-être pas adapté au corpus d'Empédocle (cf. *infra*, chap. VI, 3). C'est pourquoi les demi-crochets qui, dans l'édition, entourent les restitutions qui sont «les plus sûres» ne figurent pas dans ma transcription; en lieu et place, j'indique les pieds manquant. Ainsi, j'entoure de crochets les lacunes et les restitutions que je reprends au texte tel qu'il est édité. La traduction des paroles transmises par le *Papyrus* est la mienne.

de l'élève-énonciataire pour qu'il apprenne à reconnaître dans le monde qui l'entoure les procédures cosmiques enseignées. Un autre passage témoigne de cette parenté entre perception intellectuelle et visuelle. Il s'agit du début du fragment B 21/63 :

**B 21/63**

ἀλλ' ἄγε, τῶνδ' ὀάρων προτέρων ἐπὶ μάρτυρα **δέρκευ**,
. . . . . .
**Ἠέλιον** μὲν θερμὸν **ὁρᾶν** καὶ **λαμπρὸν** ἁπάντῃ,
Ἄμβροτα δ' ὅσσ' εἴδει τε καὶ **ἀργέτι** δεύεται **αὐγῇ**,
Ὄμβρον δ' ἐν πᾶσιν δνοφόεντά τε ῥιγαλέον τε,
ἐκ δ' Αἴης προρέουσι θελημά τε καὶ στερεωπά·
...

« Mais viens, en confirmation de mes premières confidences, **regarde**
[des témoins supplémentaires,
. . . . . .
Regarde **Soleil**, chaud à **voir**, sa clarté qui **rayonne** en tout lieu,
Les immortels baignés de chaleur et de **brillante lumière**
Pluie partout noire et glaciale.
Et du sol débordent grâce et solidité
... »[22]

L'élève est à nouveau ici incité à assurer par son regard la pertinence de la théorie cosmologique qu'il apprend. Après cette phrase introductive, le locuteur-énonciateur énumère l'éventail des différents éléments que l'élève devra percevoir, une sorte de catalogue des forces cosmiques qui commence par le « soleil lumineux » (v. 3). Or, si l'élève est ainsi invité dans un premier temps à porter son attention sur l'élément lumineux perceptible dans le soleil, c'est que la lumière de celui-ci semble lui fournir l'accès à la connaissance elle-même. Le même privilège revient au Soleil lui-même dans un autre passage, le fragment B 38/320, où le *je*-énonciateur énumère de manière analogue les forces cosmiques représentatives des différents genres élémentaires :

**B 38/320**

εἰ δ' ἄγε τοι λέξω **πρῶθ' ἥλιον †ἀρχήν†**.
ἐξ ὧν δὴ ἐγένοντο τὰ νῦν ἐσορώμενα πάντα
Γαῖά τε καὶ Πόντος πολυκύμων ἠδ' ὑγρὸς Ἀήρ
Τιτὰν ἠδ' Αἰθὴρ σφίγγων περὶ κύκλον ἅπαντα.

« Viens, je te dirai **d'abord**, (posant ?) **Soleil au commencement**,
De quoi naquit toute chose que nous voyons aujourd'hui,

22. L'ensemble du fragment B 21/63 est transmis par Simplicius (*in Ph.* 159.13). Ce dernier le cite pour les vers 3–12 qui donnent une exposition détaillée de la doctrine.

Terre et Mer houleuse, Air trempé d'eau,
Ether, le Titan, qui tient le monde dans son cercle. »[23]

La primauté de l'élément lumineux pour l'apprentissage de la doctrine est exprimée ici du point de vue de l'instance enseignante qui « dira d'abord Soleil » (v. 1). Toujours dans ce même contexte se comprend également, je pense, le fragment B 131 :

**B 131**

εἰ γὰρ ἐφημερίων ἕνεκέν τινος, ἄμβροτε Μοῦσα,
ἡμετέρας μελέτας <μέλε τοι> διὰ φροντίδος ἐλθεῖν,
εὐχομένωι νῦν αὖτε παρίστασο, **Καλλιόπεια**,
ἀμφὶ θεῶν μακάρων ἀγαθὸν λόγον **ἐμφαίνοντι**.

« Car si pour l'amour d'un éphémère, Muse immortelle,
Tu t'es souciée de faire passer mes soucis par une pensée,
Je te prie, assiste-moi encore, Calliope, **Beau-regard**,
Pendant que je **fais briller** au sujet des dieux bienheureux un discours
[salutaire. »[24]

Le locuteur-énonciateur apparaît ici comme inspiré par un « Beau-regard » (cf. Καλλιόπεια, v. 3), ce qui lui permet de se présenter comme « illuminé » et de proférer des « paroles éclairantes » (cf. λόγον ἐμφαίνοντι, v. 4).

A ce champ sémantique qui réunit lumière, beauté, séduction, Amour et connaissance, le texte oppose les notions contraires. Le lien entre l'obscurité physique et intellectuelle devient ainsi particulièrement explicite dans le fragment B 132 :

**B 132**

ὄλβιος ὃς θείων πραπίδων ἐκτήσατο πλοῦτον,
δειλὸς δ', ᾧι **σκοτόεσσα** θεῶν πέρι **δόξα** μέμηλεν.

« Heureux qui a obtenu la richesse d'un diaphragme divin,
Misérable celui qui s'est accroché à une **idée brumeuse** des dieux. »[25]

Ce passage décrit les traits distinctifs de l'homme heureux et de son opposé. Le malheureux est défini comme celui qui a une « opinion obscure » (cf. σκοτόεσσα

23. Le fragment B 38/320 est transmis par Clément d'Alexandrie (*Strom.* 5.48) à propos du vers final qui, à son avis, accorde à juste titre à l'élément air une fonction de « liant cosmique ».

24. Le fragment B 131 est transmis par Hippol. *Haer.* 7.31.3 à propos du statut de la Muse chez Empédocle. Celle-ci préside d'après Hippolyte au δίκαιος λόγος, à la parole qui est, tout en soutenant la force de l'Amour, l'intermédiaire entre les deux principes cosmiques opposés.

25. Le fragment B 132 est transmis par Clément d'Alexandrie (*Strom.* 5.140.5), qui, d'un point de vue chrétien, s'intéresse à l'association entre connaissance et bonheur d'un côté et ignorance et malheur de l'autre.

… δόξα, v. 2) au sujet des dieux, soit manque de lucidité. La cause en est, d'après le portrait de l'homme épanoui, la pauvreté de son activité sensorielle.

Un autre passage, le fragment B 121, fait encore référence à ce recoupement entre obscurité physique et intellectuelle :

**B 121**

… ἀτερπέα χῶρον,
ἔνθα Φόνος τε Κότος τε καὶ ἄλλων ἔθνεα Κηρῶν
αὐχμηραί τε Νόσοι καὶ Σήψιες ἔργα τε ῥευστά
**Ἄτης** ἀν λειμῶνα κατὰ **σκότος** ἠλάσκουσιν.

« … le pays sans joie,
Où Meurtre et Ressentiment et les tribus d'autres fléaux,
Les maladies desséchantes, avec les pourritures et leurs écoulements
Errent dans **l'obscurité** sur le pré de **l'aveuglement.** »[26]

Le vers final de ce récit lugubre nous apprend que l'éventail des figures négatives énumérées jusque-là errent « dans l'obscurité, à travers le pré de l'aveuglement ». Ainsi l'absence de lumière touche-t-elle à nouveau à la fois l'esprit et le corps de ceux qui la subissent[27].

Après cette petite digression, je reviens maintenant à l'étude des occurrences du terme « harmonie » dans le corpus d'Empédocle.

Le terme est évoqué au fragment B 23/64 dans un nouveau contexte :

**B 23/64**

ὡς δ' ὁπόταν γραφέες ἀναθήματα ποικίλλωσιν
ἀνέρες ἀμφὶ τέχνης ὑπὸ μήτιος εὖ δεδαῶτε,
οἵ τ' ἐπεὶ οὖν μάρψωσι πολύχροα φάρμακα χερσίν,
**ἁρμονίῃ** μείξαντε τὰ μὲν πλέω ἄλλα δ' ἐλάσσω
ἐκ τῶν εἴδεα πᾶσιν ἀλίγκια πορσύνουσι,
δένδρεά τε κτίζοντε καὶ ἀνέρας ἠδὲ γυναῖκας
…

« Comme on voit des peintres, quand, sur les tableaux, ils varient la couleur,
Les maîtres savants dont l'intelligence a formé la main ;
Ils saisissent les drogues multicolores de leurs doigts,
Mêlent **avec harmonie** tantôt plus tantôt moins de parts,
Et, de ces pâtes, ils composent les figures à l'image de toute chose,

26. Les vers 1, 2 et 4 du fragment B 121 sont cités par Hiéroclès (*in CA* 54.2 *sq.*) en tant que récit de la vie sur terre. Le vers 3, souvent écarté par les éditeurs modernes, est cité uniquement par Proclus (*in Cra.* 97).

27. Pour un commentaire sur l'opposition « clair-obscur » dans la tradition présocratique en général, cf. Prier 1976, 133 *sq.* et sur son occurrence dans la tradition poétique antérieure à l'œuvre d'Empédocle, cf. Nünlist 1998, 132–177.

Donnant forme aux arbres, aux hommes et aux femmes,
…»[28]

Le passage décrit les peintres qui se préparent à leur activité créatrice en arrangeant les couleurs «avec harmonie». Comme le remarque déjà Simplicius, cette procédure sert à illustrer le déroulement de la vie cosmique. Plus précisément, cette disposition cosmique mise en scène correspond à l'état du monde déterminé par la puissance Amour[29]. Le fait que ces peintres mélangent leurs couleurs «avec harmonie» en est une confirmation. En effet, le mélange est un mouvement déterminé comme tel par la force cosmique Amour; de plus, le terme ἁρμονίῃ lui-même est un des noms propres assignés à cette puissance cosmique, comme le fragment B 96/462 le montre. Ainsi, si les peintres mélangent les couleurs «avec harmonie», c'est qu'ils procèdent selon le modèle et avec l'appui de la force cosmique Amour, en partageant sans doute cette activité avec les artistes musiciens, voire les poètes rhapsodes inspirés par Calliope[30].

Dans le long fragment B 17/31 enfin, deux notions supplémentaires, toujours fondées sur le radical αρ-, établissent un lien significatif avec les autres termes appartenant à cette famille étymologique. Il s'agit d'ἄρθρον, «la jointure», et d'ἄρθμιος, «lié». Les deux mots, évoqués successivement aux vers 21 et 22, se trouvent dans un passage qui décrit l'image que ceux qui ignorent la doctrine élémentaire se font de l'amour:

**B 17/31** 21 ἥτις καὶ θνητοῖσι νομίζεται ἔμφυτος **ἄρθροις**,
22 τῇ τε φίλα φρονέουσι καὶ **ἄρθμια** ἔργα τελοῦσι
…

28. En ce qui concerne la transmission du fragment 23/64, cf. *supra*, chap. 1, 3.
29. Cf. à ce propos *supra*, chap. 1, 3.
30. L'énoncé d'Empédocle rapproche ainsi du principe cosmique créateur Amour plusieurs activités artisanales: celle du charpentier (qui «agence»/ἀραρίσκει le bois), celle du peintre qui «mélange ses couleurs avec harmonie (ἁρμονίῃ)», et celle du poète-musicien dont le mélange des paroles chantées engendre les mêmes images que celles du peintre. Sur le rapprochement poète-charpentier par l'intermédiaire de termes issus de la racine αρ-, cf. Nünlist 1998, 100–107. Dans le contexte musical, la notion d'harmonie, attestée depuis la fin du VI^e siècle avant notre ère, se réfère à la fois aux intervalles entre les sons, à leur hauteur et à la mélodie de la musique, des critères qui tous déterminent l'effet qu'elle exerce sur son auditoire. Même si Pindare semble avoir déjà géré de manière consciente cet aspect éthique de l'harmonie musicale, c'est surtout Damon qui, influencé par la pensée pythagoricienne, a développé au milieu du V^e siècle une théorie sur les aspects éthiques et pédagogiques de l'harmonie musicale. Cette pensée a ensuite nourri les réflexions de Platon exposées dans la *République* (398c–400e). Pour plus de détails sur l'histoire de la notion de l'harmonie musicale, cf. Comotti 1989, 24–26.

« Elle (Amour) qu'honorent les hommes, plantée dans leurs **jointures** ;
Par elle, ils méditent l'amour, ils accomplissent des œuvres **ajustées**,
... »[31]

Ce passage est extrait d'une sorte de digression hymnique consacrée à l'Amour cosmique. Le texte évoque les différentes représentations que s'en font les personnes qui ignorent la doctrine cosmologique enseignée. Toutes ces notions confluent – c'est l'argumentation implicite au texte d'Empédocle – dans le seul principe cosmologique Amour. Une fois de plus l'aspect étymologique des paroles confirme cette thèse, dans la mesure où les termes issus de la même racine αρ- désignent à la fois les articulations – les endroits du corps où l'amour envahit physiquement les hommes – et toutes les « procédures d'assemblage » qui se déroulent sous la direction de cette même puissance cosmique « qui agence »[32].

J'arrive ici à la fin du catalogue de passages qui, à l'intérieur de l'exposé scientifique, évoquent des mots étymologiquement apparentés à ἅρμα, le « char ». Tous ces termes fondés sur le radical αρ-, que ce soit (συν-)ἁρμόττω, Ἁρμονία, ἁρμονία, ἀραρίσκω, ἄρθρον ou ἄρθμιος, décrivent, dans l'exposition de la doctrine, la composition des éléments, l'acte qui déclenche la création de phénomènes appartenant au monde des mortels.

## *1.2. La métaphore réactualisée*

Réinterprétant la métaphore sur la base de ce que je viens d'expliquer, il s'avère que la notion du char-poème évoque également la valeur étymologique du terme ἅρμα, qualifiant par là le poème d'« œuvre agencée ». Cette définition fait à son tour appel à la cosmologie enseignée d'après laquelle toute création est une entité composée de différents éléments.

Remarquons ici que la signification première d'ἅρμα, celle d'« objet agencé », devait en fait s'imposer au public ancien. Pour protéger le matériel, on démontait en effet habituellement le char après usage et on le remontait avant de s'en servir à nouveau[33]. Or, si la signification étymologique du terme venait facile-

31. Pour la transmission du fragment B 17/31, cf. *supra*, chap. 1, 4.1.

32. Le terme λυσιμελής (« qui rompt les membres »), souvent assigné à l'amour, atteste notamment que, d'après la conception grecque archaïque, cette puissance envahit le corps au niveau des articulations. Voir à ce sujet, Calame 1996a, 28 et n. 11. Pour ce qui est de l'expression ἄρθμια ἔργα (v. 22), elle reste tellement générale qu'on peut l'appliquer à toute activité artisanale, y compris celle du poète-rhapsode qui est en train de s'actualiser.

33. Pour l'histoire du char de l'époque mycénienne à l'époque homérique, cf. Ilievski 1993, 21.

ment à l'esprit du public de l'époque, la définition cosmologique devait à son tour être convaincante et pour ainsi dire transparaître à travers la structure des chars en usage. Aussi le sens étymologique comme l'évaluation cosmologique de ἅρμα étaient-ils, je pense, plus naturels pour les anciens qu'ils ne le sont pour nous aujourd'hui.

Cependant, quelle que soit la réception des vers à l'époque antique, le fait que le texte permette, sur la base de l'étymologie du terme ἅρμα, d'interpréter le passage importe plus. Or, puisque toutes les notions fondées sur le radical αρ- concernent, au niveau de la doctrine cosmologique exposée, l'assemblage élémentaire, il doit en être de même pour le poème qualifié de ἅρμα. Les qualités que le texte assigne aux autres « assemblages élémentaires » évoqués par ces termes doivent autrement dit être également pertinentes pour le poème en question [34].

C'est ainsi que, sur la base du récit exposé en B 71/450, le poème peut être considéré comme une création d'Aphrodite. Cette interprétation rejoint les diverses allusions rapprochant la déesse créatrice d'un charpentier, une figure idéale pour l'agencement d'un char-poème [35].

Le renvoi au fragment B 107/523 ajoute quant à lui un élément supplémentaire à la définition du poème qualifié de ἅρμα. On y apprend en effet que la réunion d'éléments engendre non seulement des créatures sous forme d'objets matériels, mais également des pensées et des émotions. Par ce biais, la métaphore poétique traditionnelle reçoit une signification supplémentaire : privé de sa valeur concrète, le char-poème est re-qualifié de construction intellectuelle ou émotionnelle. Ce nivellement entre toutes les créations – qu'elles soient tangibles ou non physiquement – renvoie au fait que, d'après la doctrine, matière et pensée sont déterminées par le système élémentaire de manière semblable.

En ce qui concerne la notion d'harmonie mentionnée dans les fragments B 96/462, B 23/64 et B 122, elle entre par un lien étymologique également en rapport direct avec le poème-char. Harmonie, la déesse traditionnellement proche d'Aphrodite, apparaît dans le contexte musical chez Pindare déjà en désignant

34. Cette définition de l'objet poétique fait penser à la théorie des atomistes, un sujet sur lequel je reviens *infra*, chap. v, 2.2. Chez d'autres auteurs, le verbe ἁρμόττειν désigne d'ailleurs également l'activité du poète-chanteur. Pindare (*P.* 3.113 *sq.*) évoque par exemple des « vers sonores que les charpentiers savants ont ajustés » : ἐξ ἐπέων κελαδεννῶν, τέκτονες οἷα σοφοί ἅρμοσαν.

35. A propos de la métaphore du poète-charpentier dans la poésie archaïque, cf. NÜNLIST 1998, 98. Quant aux différentes expressions qui évoquent dans le corpus d'Empédocle le travail du charpentier, cf. MÜLLER 1974, 19–78. WRIGHT (1998, 18 *sq.*) donne l'éventail des métiers auxquels l'Amour est associé chez Empédocle.

l'accord harmonieux entre différents sons[36]. Assimilée au principe cosmique de l'Amour, l'Harmonie d'Empédocle absorbe et réactualise ainsi ces deux aspects traditionnels. La place qui, d'après le fragment B 23/64, revient à Harmonie dans le travail des peintres suggère que ces artistes s'appliquent comme les poètes à agencer des éléments; ils sont par là également des émules d'Aphrodite[37].

Cette représentation de l'artiste est intéressante à plusieurs égards: il est d'abord remarquable qu'il s'agisse d'un portrait purement positif, pour ainsi dire épuré des traits ambigus qui le caractérisent traditionnellement. Ces passages ont ensuite souvent été considérés comme la manifestation d'un auteur qui, conscient de son métier, aurait acquis une certaine indépendance vis-à-vis de l'autorité divine. Il ne faut cependant pas oublier que le locuteur-énonciateur se soumet par différents gestes à cette même instance: il invoque la Muse, présente Philotês comme son modèle, et donne aux forces élémentaires des noms de divinités[38].

Or, rapprochée de la perception visuelle en B 122, Harmonie évoque non seulement l'aspect créateur de l'agencement poétique, mais également sa réception qui, lorsqu'elle se déroule dans un contexte lumineux, devient à son tour acte conforme à l'Amour cosmique. Si le champ lexical lié à ἅρμα définit le texte en communication comme un événement qui se concrétise par la force cosmique Amour, cette représentation de la situation présente révèle finalement le portrait également de celui qui profère cet «agencement»; du moment que le texte est une œuvre d'Amour, le locuteur-énonciateur apparaît en effet lui-même comme allié ou assimilé à ce principe cosmique créateur.

En m'appuyant sur l'évaluation cosmologique de la métaphore poétique du char, je reviens maintenant au fragment B 3/14:

**B 3/14** ἀλλὰ θεοὶ τῶν μὲν **μανίην** ἀποτρέψατε γλώσσης,
ἐκ δ' ὁσίων στομάτων καθαρὴν ὀχετεύσατε πηγήν.
καὶ σέ, πολυμνήστη λευκώλενε παρθένε Μοῦσα,

36. Pour un commentaire détaillé sur l'histoire et la signification du terme ἁρμονία en tant que notion musicale, cf. Gentili 1995b, 579.

37. Une maxime attribuée à Simonide rapproche, à l'époque d'Empédocle déjà, l'activité du peintre et celle du poète (Plu. *Moralia* 346f): Πλὴν ὁ Σιμωνίδης τὴν μὲν ζωγραφίαν ποίησιν σιωπῶσαν προσαγορεύει, τὴν δὲ ποίησιν ζωγραφίαν λαλοῦσαν.

38. Le caractère ambigu de l'artiste, assimilé à Dédale, est décrit par Frontisi-Ducroux (1975, 191 *sq.*): «Il arrive à faire voir et à rendre vivant par des œuvres qui émerveillent; il maîtrise les différentes forces élémentaires et excelle par ses qualités à la fois artisanales et intellectuelles. Mais en même temps il dissimule, trompe et met son pouvoir au service de la violence.» L'indépendance vis-à-vis des dieux dont les vers d'Empédocle témoigneraient est soulignée par Detienne (1967,

ἄντομαι ὧν θέμις ἐστὶν ἐφημερίοισιν ἀκούειν,
πέμπε παρ' Εὐσεβίης ἐλάουσ' εὐήνιον **ἅρμα**·

« Dieux, éloignez de ma langue cette **démence**,
Et conduisez la source pure des paroles pieuses.
Et toi, mémoire nombreuse, vierge aux bras blancs, Muse,
Je viens à toi pour les mots que la Loi permet aux hommes d'entendre ;
Mène le **char** d'Eusébie, guide-le, docile aux rênes. » [39]

La définition cosmologique du poème en tant qu'œuvre d'Aphrodite se confirme ainsi par l'évocation d'un autre terme : les dieux sont priés, au premier vers, d'écarter de la langue du *je* cette folie (cf. μανίην, v. 1), qui, dans le fragment 115, est directement liée au pouvoir de la force cosmique destructrice :

**B 115**

…
τὴν καὶ ἐγὼ νῦν εἶμι, φυγὰς θεόθεν καὶ ἀλήτης,
νείκεϊ μαινομένῳ πίσυνος.

« …
Moi aussi, maintenant, je vais aller ce chemin, exilé du dieu et errant,
Vassal de Haine la délirante. » [40]

La fin de ce fragment dédié au récit d'un homme déterminé par le pouvoir de la Haine, qualifie la force cosmique elle-même de « délirante ». Ce lien permet d'affirmer que les dieux, invoqués sans précision au premier vers du fragment B 3/14, se conforment au principe cosmique Amour, au même titre que la Muse à laquelle le *je* s'adresse au vers 3. Aussi est-ce pour détourner le *je*-énonciateur de la force de Neikos que ces divinités « acheminent » (cf. ὀχετεύσατε, v. 2) une source pure de paroles vers le *je* et lui inspirent les vers en communication. De plus, un lien entre le « char-poème » et la source des paroles poétiques « véhiculées » s'établit au niveau sémantique [41]. C'est en effet à travers l'image du char

106–109). Pour Graf (1985, 96), Empédocle montre *« wie man die Gestalten des Mythos nur noch als Chiffren für physikalische Aussagen verwenden kann »*. Cette perception du texte tient à mon avis cependant difficilement compte de l'invocation à la Muse (fr. B 3/14, v. 3), de l'opposition θέμις/νόμος (fr. B 9/56, v. 4) – comme le souligne Rath (1992, 79) – ainsi que des noms divins accordés aux forces élémentaires. Sur la « religiosité » d'Empédocle, cf. aussi Guthrie 1965, 143 ainsi que Neschke (1993), qui défend l'idée selon laquelle, chez les philosophes présocratiques en général, un lien étroit relie physique et métaphysique.

39. Au sujet de la transmission du fragment B 3/14, cf. *supra*, chap. I, 4.2.

40. Pour la transmission du fragment B 115, cf. *infra*, chap. III, 1.2, où le passage dans son ensemble est cité.

41. Ὀχετεύω est à rattacher étymologiquement à ὀχέω, « conduire en voiture ». En ce qui concerne l'étymologie de ces termes, cf. Chantraine 1968, 843, *s. u.* ὀχέω.

que le lien entre la Muse (v. 3), les dieux (v. 1) et Eusébie (v. 5), des figures qui sont toutes impliquées dans le « transport » du char-poème vers le *je*-énonciateur, se dessine. Ainsi le geste fondateur de la communication des vers fait-il du locuteur-énonciateur un porte-parole de la divinité créatrice, qui est en même temps opposée à la folie (cf. μανίην, v. 1) propre au pouvoir cosmique de la Haine[42].

Par la suite, inspiré par ces multiples instances divines, le *je*-énonciateur exposera lui-même, à la première personne, en tant que porte-parole de l'Amour, et selon une procédure discursive traditionnelle, les vers consacrés au savoir cosmologique[43].

Le statut cosmique qui revient à l'énonciateur d'après ce récit dépend de la répartition de pouvoir entre l'instance inspiratrice et le *je*: en admettant en effet qu'il y a glissement énonciatif entre la voix de la Muse et celle du locuteur-énonciateur – comme c'est le cas par exemple dans le proème des *Travaux* d'Hésiode – c'est l'enseignant qui « agence » les paroles, de sorte qu'il est lui-même indirectement assimilé au principe créateur divin Amour. Si le locuteur-énonciateur inspiré ne fait en revanche qu'actualiser un poème qu'il reçoit, déjà « agencé », de la part de la Muse, il se met simplement au service de l'instance cosmique créatrice. Quel que soit son degré de dépendance, il est toutefois indéniable que le locuteur-énonciateur apparaît dans ce passage comme inspiré par la puissance cosmique de l'Amour[44].

Je conclus là-dessus mon commentaire du fragment B 3/14 qui, à propos de la notion du char-poème, confirme l'hypothèse d'une communication poétique déterminée par Amour.

La signification spécifique qui revient à cette expression métaphorique dans le contexte d'Empédocle ressort toutefois encore mieux en la comparant à un texte par lequel le poète d'Agrigente a sans doute été influencé, c'est-à-dire le proème de Parménide.

42. Il est intéressant de soulever que la pureté (cf. καθαρήν, v. 2) est également associée au domaine positif de la force cosmique Amour.

43. Sur le glissement énonciatif qui permet de passer de la prière d'inspiration à la preuve de son exaucement, cf. CALAME 2000a, 59–63.

44. Cf. déjà BOLLACK 1957, 54: « ... *fügt auch der Dichter nach der fügenden Aphrodite sein prachtliebendes Gedicht.* » Si on admet que le locuteur-énonciateur est lui-même assimilé à la force divine, ce lien justifierait à lui seul que le *je* du fragment B 112, v. 4 s'introduise comme dieu. Pour plus de commentaire à ce sujet, cf. *infra*, chap. III, 1.1.

### *1.3. Le « char-poème » chez Parménide*

Empédocle est représenté dans l'histoire de la philosophie comme un successeur de Parménide[45]. A une génération de distance, les deux savants vivent en Grande Grèce et composent leurs théories cosmologiques sous forme hexamétrique. Soucieux de distinguer ce qui est éternellement de ce qui devient passagèrement, ils recourent parfois aux mêmes images pour instruire ceux qu'ils jugent avoir des sens obtus parce qu'ils confondent les deux différents niveaux de réalité[46]. Ce sont en l'occurrence de nombreux échos à différents niveaux du texte qui suggèrent qu'Empédocle connaissait réellement les vers de son aîné.

Une de ces reprises concerne justement la notion du char-poème, une image mise en évidence dans le proème parménidien. Je propose ainsi d'étudier maintenant ces vers, afin de déterminer quelle est la valeur qui revient, dans cet autre contexte, à la même image poétique.

Parm. fr. B 1 DK 1–25 :

**ἵπποι** ταί **με φέρουσιν**, ὅσον τ' ἐπὶ θυμὸς ἱκάνοι
πέμπον, ἐπεί μ' ἐς ὁδὸν βῆσαν πολύφημον ἄγουσαι
**δαίμονος**, ἣ κατὰ πάντ' ἄ τ' ἔη φέρει εἰδότα φῶτα·
τῇ φερόμην, τῇ γάρ **με** πολύφραστοι φέρον **ἵπποι**
**ἅρμα** τιταίνουσαι, **κοῦραι** δ' ὁδὸν ἡγεμόνευον.
**ἄξων** δ' ἐν χνοίῃσιν ἵει **σύριγγος** ἀυτήν
αἰθόμενος (δοιοῖς γὰρ ἐπείγετο δινωτοῖσιν
κύκλοις ἀμφοτέρωθεν), ὅτε σπερχοίατο πέμπειν
Ἡλιάδες **κοῦραι**, προλιποῦσαι δώματα νυκτός,
εἰς φάος, **ὠσάμεναι** κράτων ἄπο χερσὶ καλύπτρας.
ἔνθα **πύλαι** νυκτός τε καὶ ἤματός εἰσι κελεύθων,
καί σφας ὑπέρ**θυρον** ἀμφὶς **ἔχει** καὶ λάινος οὐδός·
αὐταὶ δ' αἰθέριαι πλῆνται μεγάλοισι **θυρέτροις**·
τῶν δὲ Δίκη πολύποινος **ἔχει** κληῖδας ἀμοιβούς.
τὴν δὴ παρφάμεναι **κοῦραι** μαλακοῖσι λόγοισιν
πεῖσαν ἐπιφραδέως, ὥς σφιν βαλανωτὸν ὀχῆα
ἀπτερέως **ὤσειε πυλέων** ἄπο· ταὶ δὲ θυρέτρων
χάσμ' ἀχανὲς ποίησαν ἀναπτάμεναι, πολυχάλκους
**ἄξονας** ἐν **σύριγξιν** ἀμοιβαδὸν εἰλίξασαι
γόμφοις καὶ περόνῃσιν ἀρηρότε· τῇ ῥα δι' αὐτέων

45. Le premier auteur à évoquer cette filiation est Théophraste qui, selon Diogène Laërce (8.55), affirmait non seulement qu'Empédocle était élève de Parménide, mais aussi qu'il imitait son maître dans ses poésies (Παρμενίδου φησὶ ζηλοτὴν αὐτὸν γενέσθαι καὶ μιμετὴν ἐν τοῖς ποιήμασι). Cf. à ce sujet Calzolari 1984, 71.

46. Cf. par exemple l'image du σφαῖρος chez Emp. fr. B 2/10, v. 7 *sq.* et chez Parm. fr. 28 B 6 DK, v. 7.

ἰθὺς ἔχον **κοῦραι** κατ᾽ ἀμαξιτὸν **ἅρμα** καὶ **ἵππους.**
καί **με θεὰ** πρόφρων ὑπεδέξατο, χεῖρα δὲ χειρί
δεξιτερὴν ἕλεν, ὧδε δ᾽ ἔπος φάτο καί με προσηύδα·
ὦ κοῦρ᾽ ἀθανάτοισι συνάορος ἡνιόχοισιν,
**ἵπποις ταί σε φέρουσιν** ἱκάνων ἡμέτερον δῶ,
…

« **Les cavales qui m'emportent** m'ont conduit aussi loin que mon désir puisse aller, lorsque, m'amenant, elles me mirent sur la voie aux nombreux signes de **la divinité**, voie qui, à l'égard de tout <ce qu'il y a>, mène à celle-ci l'homme mortel en le rendant savant. Par là j'étais porté, car, par là, les très prudentes **cavales m**'emportaient, tirant le **char**, tandis que **les jeunes filles** montraient la voie. L'essieu, brûlant dans les **moyeux**, émettait le son aigu de la **flûte** (car il était activé, des deux côtés, par les deux roues tournoyant), quand les **Filles** du Soleil, ayant quitté les demeures de la nuit, se hâtaient de me conduire vers la lumière, ayant, des mains, **enlevé** les voiles de leur tête. Là se dresse la **porte** des chemins de la nuit et du jour : un **linteau** en haut, en bas un seuil de pierre la **maintiennent**. Elle-même, éthérée, est remplie par de grands **battants**, dont la Justice, qui châtie fortement, **détient** la clef adaptée. La charmant par de douces paroles, les **jeunes filles**, habilement, la persuadèrent de vite **repousser**, pour elles, de la **porte**, le pêne du verrou. La porte en s'envolant produisit, des **battants**, l'ouverture béante, faisant tourner, l'un après l'autre, dans les **crapaudines**, les **axes** bien cuivrés, munis de clous et de pointes. Par là franchissant la porte, les **jeunes filles** guidaient, droit sur la grand-route, le **char** et les **cavales**. Et la **Déesse m**'accueillit, bienveillante, prit dans sa main ma main droite, parla ainsi et m'adressa ainsi la parole : Jeune homme, compagnon de cochers immortels, toi qui, grâce aux **cavales qui t'emportent**, atteins notre demeure… »[47]

Ce fameux récit justifie l'autorité que s'accorde par la suite le locuteur-énonciateur qui se présente ici comme un voyageur. Porté par un char que tirent des chevaux guidés par des jeunes filles divines, il se laisse conduire vers un portail ouvrant sur cet endroit où lui sera révélé un savoir véridique[48].

Le char, le terme qui m'intéresse dans ce contexte, transporte le locuteur-énonciateur par l'intermédiaire duquel l'allocuté-énonciataire apprendra par la suite les connaissances cosmologiques. Le mot figurant deux fois dans ce passage, la double occurrence révèle la signification spécifique que le texte accorde à cette métaphore traditionnelle. Entourée d'autres renvois concentriques, la mention répétée du char s'insère en effet dans une imposante structure annulaire qui s'étend sur les vingt-cinq premiers vers. La limite extérieure de cette

47. Conformément au commentaire de Cerri (1999), j'introduis quelques modifications dans le texte et la traduction de Conche (1996). Dans l'édition de Cerri (1999, 15–26), on trouve également une mise au point du débat scientifique actuel ainsi qu'un excellent commentaire philologique et philosophique à la fois.

48. Cerri (1999, 96–110 et 166–186) propose une nouvelle interprétation de ce passage difficile en identifiant le lieu de la révélation avec l'au-delà et la déesse révélatrice avec Perséphone.

composition est fortement marquée au vers 25 par la reprise légèrement modifiée du premier hémistiche du vers 1. L'« anneau » suivant est formé par une double référence à la déesse : celle qui, au vers 22, est appelée θεά est en effet la même qui, au vers 3, est désignée comme δαίμονος. Les trois renvois suivants se succèdent de très près : « les chevaux » (ἵππους, v. 21, rappellent ἵπποι, v. 4), « le char » (ἅρμα, v. 21, reprend ἅρμα, v. 5) et « les filles » (κοῦραι, toujours v. 21, renvoient à κοῦραι, v. 5 également). Au vers 19, ἄξονας et σύριγξιν font écho à ἄξων et σύριγγος (v. 6) en rapprochant le mouvement circulaire des axes de la porte de celui des roues du char. Le lien suivant comprend trois termes qui se suivent par deux fois dans le même ordre : les filles (κοῦραι, v. 9 et 15), le verbe « repousser » (ὠσάμεναι, v. 10 et ὦσειε, v. 17) ainsi que « les portes » (πύλαι, v. 11 et πυλέων, v. 17). De cette manière, les vers rapprochent le dévoilement des filles conductrices de l'ouverture du portail qui donne accès aux lieux de la révélation. A l'intérieur de la description détaillée du portail se trouve finalement l'écho central de la structure annulaire, fondé sur la double reprise ὑπέρθυρον … ἔχει (v. 12) θυρέθροις … ἔχει (v. 13 *sq.*).

Le proème avance ainsi en émettant des sons sur un mode circulaire, comme un char roulant à toute vitesse ; c'est sans doute d'ailleurs à cet égard que l'image est ici significative. Le texte y renvoie même explicitement lorsque, aux vers 7 et 8, les roues du char sont désignées comme des « cercles tourbillonnants » (δινωτοῖσιν κύκλοις, v. 7 *sq.*) dont le mouvement crée des sons semblables aux paroles en communication (cf. ἵει σύριγγος ἀυτήν, v. 6) [49]. Aussi y a-t-il analogie entre le mouvement circulaire de la course de char décrite et le mouvement circulaire du discours. Cette correspondance rapproche ainsi indirectement le public du locuteur-énonciateur : de même que le locuteur-énonciateur roule sur un char vers la déesse savante, de même le *je*-énonciateur « roule » à travers le proème vers la révélation des connaissances promises, pendant la réception des vers. Il faut toutefois préciser que le *mode* circulaire du mouvement n'est pas à confondre avec le chemin vers la révélation dont le texte précise qu'il est droit (cf. ἰθὺς, v. 21).

A part le char, une autre construction à mouvement circulaire est évoquée dans ce passage : le portail, dont les battants s'ouvrent par un mouvement de tournure soigneusement décrit dans le texte (cf. ἐλίξαι, v. 19). Ouvrages similaires, charnières et roues sont en outre, je le répète, mises en parallèle par des reprises lexicales mentionnées dans un ordre conforme à la structure annulaire

49. Le parallèle entre le son du char et le son des paroles en communication est soulevé et commenté par CERRI (1999, 102).

(cf. ἄξων … σύριγγος, v. 6 – ἄξονας σύριγξιν, v. 19). La similitude entre les deux « constructions rotatives » est finalement mise en valeur par le renvoi d'ἀρηρότε (« agencé »), qualifiant la charnière, à ἅρμα (la « construction agencée »). Cette isotopie, qui pour sa part ne s'insère pas dans la structure annulaire, est fondée sur la parenté étymologique des termes reliés, un procédé qui, au contraire des vers d'Empédocle où il sert de base à tout un réseau d'isotopies significatives par rapport à la métaphore du « char-poème », est ici isolé.

En admettant que ce passage de Parménide a directement inspiré le poète d'Agrigente, la divergence de signification accordée à la même image dans les deux différents contextes est d'autant plus remarquable : il apparaît d'abord qu'à une référence étymologique unique dans le poème de Parménide répond tout un réseau de termes apparentés à ἅρμα dans les vers d'Empédocle. Cet écart s'explique par le fait que le sens étymologique du char-poème, « l'agencement », détermine l'argumentation chez Empédocle, mais n'intéresse que ponctuellement le contexte de Parménide. Le renvoi entre ἀρηρότε et ἅρμα ne sert en effet dans le proème de Parménide qu'à établir un lien entre le « char-poème » et la charnière du portail, soit entre des constructions qui, l'une comme l'autre, tournent sur elles-mêmes pour avancer, sur un chemin droit, en direction des connaissances à révéler. Dans l'ensemble du corpus de Parménide – contrairement, on le verra, à ce qui se trouve dans la poésie d'Empédocle – il n'y a à ma connaissance que deux constructions annulaires[50]. A part les renvois circulaires qui structurent le proème, un second agencement de ce genre organise le début de la deuxième partie du poème. Il s'agit du récit consacré au passage du monde véridique à celui des apparences, le seul « tournant » décisif dans l'argumentation exposée[51].

Il apparaît maintenant qu'une même métaphore poétique accorde, dans les deux récits cosmologiques comparés, différentes significations à l'acte de communication des vers. Chez Parménide, dont les vers furent composés en premier, l'image du char s'inscrit dans un tableau plus vaste qui représente le *je*-énonciateur roulant sur un char en direction de l'endroit d'une révélation. A sa suite, l'élève-allocuté est amené à parcourir sur un mode discursif circulaire le même

50. Pour une étude systématique des structures annulaires dans le corpus d'Empédocle, cf. *infra*, chap. V, 2.3.

51. Il s'agit de la fin du fragment 28 B 8 DK, structurée par les renvois suivants : βροτῶν, v. 61, renvoie à βροτείας, v. 51 ; διάκοσμον, v. 60, à κόσμον, v. 52 ; δέμας, v. 59, fait écho à δέμας, v. 55 ; τωὐτόν, v. 57 et 58 finalement, forment le centre de cette construction introduite par les paroles suivantes : « Les opinions des mortels, à partir de maintenant, apprends-les, en écoutant les trompeurs arrangements-en-monde de mes paroles » (v. 50 *sq.*).

chemin droit pour arriver à son tour chez la déesse savante. La métaphore du char-poème semble ainsi déclencher de nombreuses remarques sur le mode circulaire de ce moyen de transport, un mouvement que le texte imite au niveau discursif sous la forme d'une vaste construction circulaire, de sorte que le « voyage » révélateur de l'élève ressemble très fortement à celui du *je*, élève fictionnel. Dans le contexte des vers d'Empédocle, la même métaphore du char-poème s'inscrit dans une toute autre définition du poème en communication. Sur fond de la signification étymologique du char, le poème apparaît comme une œuvre qui est composée d'après les lois de l'Amour et dont l'élève-énonciataire est incité à saisir la signification cosmique.

Après cette petite étude comparative, je passe maintenant à une autre image qui, dans les paroles d'Empédocle, rapproche le poème en communication d'une œuvre accomplie sous le règne de la force cosmique Amour.

## 2. La communication poétique en tant que conversation intime

L'image suivante qui, au début du fragment B 21/63, évoque l'acte de la communication des vers est sans doute moins connue que celle du char-poème :

B 21/63
1 ἀλλ' ἄγε, τῶνδ' **ὀάρων** προτέρων ἐπὶ μάρτυρα δέρκευ,
2 εἴ τι καὶ ἐν προτέροισι λιπόξυλον ἔπλετο μορφῇ,
...

1 « Mais viens, à mes premières **confidences**, ajoute pour témoins,
2 La beauté manquerait-elle de corps en ces chants primordiaux,
... »[52]

Simplicius, qui est le seul à avoir transmis ce passage, s'intéresse probablement seulement à la suite du passage qui, en un récit détaillé, dépeint les mouvements cosmiques. Grâce à leur timbre métaphorique, les deux vers introductifs sont cependant tout aussi instructifs.

Le locuteur-énonciateur y annonce en effet des preuves supplémentaires destinées à compléter les vers énoncés à un moment précédent. Ὄαροι, le mot qui se

52. Pour la transmission du fragment B 21/63, cf. *supra*, chap. II, 1.1. Par le biais de l'expression selon laquelle le poème prononcé pourrait encore « manquer de bois » (εἴ τι καὶ ἐν προτέροις λιπό**ξυλον**..., v. 2), le texte est par ailleurs à nouveau comparé à une œuvre de menuiserie. En ce qui concerne l'analogie entre l'activité du poète-énonciateur, celle d'Aphrodite et celle d'un charpentier, cf. *supra*, chap. II, 1.2.

réfère à ces paroles poétiques déjà communiquées, est dérivé d'ὄαρ, l'« épouse », et désigne habituellement une conversation intime[53].

Avant de discuter pourquoi ce terme, qui est au premier abord étranger à la communication poétique, figure dans ce contexte-ci, il s'agit de mieux définir quelle est sa signification dans la poésie de l'époque[54]. Je passe donc à un bref parcours des vers qui évoquent le mot ὄαροι ou des termes étymologiquement apparentés.

### *2.1. Ὄαροι dans la poésie grecque archaïque*

Voici pour commencer un extrait du bref *Hymne homérique à Zeus* (23) qui réunit en une figure étymologique nom et verbe pour décrire l'échange de paroles entre Zeus et son épouse Thémis :

*h. Hom.* 23.1–3 :

1 Ζῆνα θεῶν τὸν ἄριστον ἀείσομαι ἠδὲ μέγιστον
2 εὐρύοπα κρείοντα τελεσφόρον, ὅς τε Θέμιστι
3 ἐγκλιδὸν ἑζομένῃ πυκινοὺς **ὀάρους ὀαρίζει.**

« C'est Zeus que je chanterai, le plus puissant et le plus grand des Dieux, le maître à la vaste voix, qui fait s'accomplir toute chose, celui qui **s'entretient** souvent avec Thémis siégeant à ses côtés. »[55]

53. Les opinions divergent sur l'étymologie d'ὄαρος. Le terme est en général considéré comme dérivé de ὄαρ, l'« épouse » (cf. Chantraine 1968, 771 ; Frisk 1970, 343 *sq.* et 1972, 159). Cette interprétation est contestée par Dyer (1964, 129 *sq.*), bien qu'il accepte tout de même un rapport sémantique entre ces termes (Dyer 1964, 130) : *« It is clear that within this group of words an assumed relationship with ὄαρ colours their meaning. »* Selon une autre explication étymologique, ὄαρ remonterait au radical -ρα et serait ainsi rattaché à ἀραρίσκω ainsi qu'indirectement à tous les termes discutés *supra*, chap. II, 1.2. Ce qui importe dans le cadre de ma recherche est toutefois non pas l'étymologie correcte historiquement, mais la parenté ressentie par les anciens qui, dans ce cas-ci, réunit, je pense, tout naturellement ὄαροι et ὄαρ.

54. L'étrangeté du terme dans ce contexte a été remarquée par Bollack (1969b, 109) et Gallavotti (1975, 209) qui essaient tous deux de la transposer au niveau de leurs traductions : « Mais viens, à **mes premières confidences**, ajoute… » (Bollack 1969b, 32) ; *« Ed ecco infine, in aggiunta **ai precedenti conversari**… »* (Gallavotti 1975, 33). Les traductions de Wright et de Inwood négligent en revanche l'aspect métaphorique de l'énoncé : *« But come, if the form of my **preceding argument**… »* (Wright 1981, 177) ; *« But come! Gaze on this witness to **my previous words**… »* (Inwood 1992, 219).

55. Vu que le recueil réunit des textes dont la date de composition diverge probablement largement et nous est souvent inconnue, il est possible qu'il y ait des textes postérieurs à l'époque d'Empédocle. Puisque le langage est toutefois proche de celui des œuvres homériques, ces textes

Dans l'*Hymne homérique à Hermès* (18), le verbe ὀαρίζειν évoque un contexte similaire. Le texte relate les paroles chantées par Hermès qui racontent l'histoire d'amour de Zeus et Maïa, dont il est lui-même le fruit :

*h. Merc.* 54–58 :

... θεὸς δ' ὑπὸ καλὸν ἄειδεν
ἐξ δ' αὐτοσχεδίης πειρώμενος, ἠΰτε κοῦροι
ἡβηταὶ θαλίῃσι παραιβόλα κερτομένουσιν,
ἀμφὶ Δία Κρονίδην καὶ Μαιάδα καλλιπέδιλον
ὡς πάρος **ὠρίζεσκον** ἑταιρείῃ φιλότητι,
...

« Le Dieu, qui d'une belle voix soutenait ses accords, essayait à improviser – comme les jeunes gens, à l'âge viril, font assaut de railleries dans un festin ; il chantait Zeus le Cronide et Maïa aux belles sandales, et disait comment **ils s'unissaient** naguère en une liaison d'amour... »

Ce passage renvoie implicitement à une nuance souvent évoquée par les termes de cette famille : séductrices, ces « conversations intimes » forment volontiers le prélude à une union sexuelle et sont alors explicitement rapportées au domaine d'Aphrodite.

Cet aspect apparaît clairement aussi dans un passage de l'*Iliade*, au chant XIV, où la « conversation intime », ὀαριστύς, figure à côté de l'engagement (φιλότης) et du désir (ἵμερος) dans le ruban qu'Aphrodite prête à Héra afin qu'elle puisse réaliser tous ses projets dans le domaine de l'amour[56] :

Hom. *Il.* 14.214–216 :

... καὶ ἀπὸ στήθεσφιν ἐλύσατο κεστὸν ἱμάντα
ποικίλον, ἔνθα δέ οἱ θελκτήρια πάντα τέτυκτο·
ἔν θ' ἔνι μὲν φιλότης, ἐν δ' ἵμερος, ἐν δ' **ὀαριστύς**,
...

me semblent néanmoins susceptibles d'illustrer l'usage archaïque du terme ὄαρ. Pour l'histoire de ce recueil, cf. Cassola 1975, lvii–lxvi.

56. Comme dérivé d'ὄαρ, ὀαριστύς désigne la rencontre amoureuse. Pourvu du complément πολέμου (Hom. *Il.* 17.228) ou προμάχου (Hom. *Il.* 13.291), le même terme désigne alors la rencontre guerrière. Cet usage témoigne d'une part de la complémentarité qui définit si souvent, dans la conception de la culture grecque ancienne, le rapport entre les réunions amoureuses et guerrières. Il met d'autre part en évidence que, dans le contexte d'Empédocle où l'emploi ὀαριστύς n'évoque nullement cet aspect guerrier, le domaine de la poésie est essentiellement rattaché à la notion d'Amour.

« … et de son sein elle détache alors le ruban brodé, aux dessins variés, où résident tous les charmes. Là sont tendresse, désir, **entretien amoureux**… »[57]

Dans l'*Hymne homérique à Aphrodite* (5), les ὄαροι sont également directement liés à la sexualité. La déesse rattache en effet au vers 249 ces conversations séductrices à son champ d'action, tout en précisant que c'est ainsi qu'elle charme les dieux et les pousse à s'unir à des femmes mortelles.

*h. Ven.* 249–251 :

οἳ πρὶν **ἐμοὺς ὀάρους** καὶ μήτιας, αἷς ποτε πάντας
ἀθανάτους **συνέμιξα** καταθνητῇσι γυναιξί,
τάρβεσκον·

« Naguère ils (les dieux) craignaient **mes paroles (amoureuses)** et mes desseins, parce que je les **unissais** tous à des femmes mortelles. »

Dans ce contexte, l'échange de paroles amoureuses (ὄαροι) précède directement l'acte sexuel, qui est ici évoqué par une expression pour ainsi dire conforme à la doctrine d'Empédocle (cf. συνέμιξα, v. 250) !

Quant à la *Théogonie* hésiodique, ces échanges de paroles sont propres aux jeunes filles et figurent dans le catalogue des qualités (τιμαί) assignées, dès le jour de sa naissance, à la déesse de l'amour :

Hes. *Th.* 203–206 :

Ταύτην δ' ἐξ ἀρχῆς τιμὴν ἔχει ἠδὲ λέλογχε
μοῖραν ἐν ἀνθρώποισι καὶ ἀθανάτοισι θεοῖσι,
**παρθενίους τ' ὀάρους** μειδήματά τ' ἐξαπάτας τε
τέρψιν τε γλυκερὴν φιλότητά τε μειλιχίην τε.

« Et, du premier jour, son privilège à elle, le lot qui est le sien, aussi bien parmi les hommes que parmi les Immortels, ce sont **les babils de fillettes**, les sourires, les piperies ; c'est le plaisir suave, la tendresse et la douceur. »

Les paroles séductrices apparaissent ici, à côté des tromperies (ἐξαπάτας, v. 205), avec une connotation légèrement péjorative[58].

57. Pour un commentaire plus détaillé des divers aspects de l'amour évoqués dans ce passage, cf. Calame 1996a, 58 *sq.*

58. Cet aspect négatif est encore plus fortement suggéré dans Hes. *Op.* 789, où les ὀαρισμοί sont évoqués en même temps que les mensonges (ψεύδεα) appartenant à leur tour aux attributs de Pandore (cf. Hes. *Op.* 78). Cf. à ce propos Leclerc 1993, 63. Si cette nuance négative est entièrement absente chez Empédocle, la divergence se justifie, je pense, par le fait que ces notions, bien qu'associées au domaine de Philotês, sont par leur définition cosmologique purement positives.

Les extraits cités jusqu'ici donnent une image assez uniforme de la signification des termes étymologiquement apparentés à ὄαροι : les mots figurent dans un contexte d'intimité du couple et désignent des paroles qui visent à séduire l'interlocuteur, notamment dans un but sexuel.

Dans d'autres contextes, la valeur étymologique des termes transparaît cependant moins clairement. C'est le cas du chant XIX de l'*Odyssée* qui mentionne Minos et Zeus comme interlocuteurs d'une telle conversation :

Hom. *Od.* 19.178 *sq.* :

τῇσι δ' ἐνὶ Κνωσός, μεγάλη πόλις, ἔνθα τε Μίνως
ἐννέωρος βασίλευε Διὸς μεγάλου **ὀαριστής**,
...

« Parmi elles Cnossos, grande ville de ce roi Minos que le grand Zeus, toutes les neuf années, prenait pour **confident.** »

Minos, le fils, est ici appelé le « confident » (ὀαριστής) de Zeus, son père, qu'il rencontre régulièrement[59].

L'écart par rapport à la signification première d'ὄαροι est plus grand encore dans la poésie pindarique. On trouve dans les *Epinicies* en effet plusieurs occurrences de mots étymologiquement apparentés à ὄαροι qui ne se réfèrent pas directement au contexte de l'échange intime, ce qui leur confère une signification métaphorique.

C'est le cas par exemple dans la quatrième *Pythique*, où ὄαροι désigne une conversation publique :

Pi. *P.* 4.135–138 :

... τῶν δ' ἀκούσαις αὐτὸς ὑπαντίασεν
Τυροῦς ἐρασιπλοκάμου γενεά· πραῢν δ' Ἰάσων
**μαλθακᾷ φωνᾷ** ποτιστάζων **ὄαρον**
βάλλετο κρηπῖδα σοφῶν ἐπέων·
...

« Quand il les entendit, le fils de Tyrô aux tresses charmantes alla au devant d'eux et Jason, distillant **d'une voix douce des paroles affables**, jeta la base d'un débat conciliant. »

Il est cependant remarquable que par la suite le texte justifie en quelque sorte le choix de ce terme inattendu ; il insiste en effet sur le fait que Jason parle d'une voix douce et cherche à créer l'atmosphère confidentielle de l'unanimité rétablie

59. Ce rapport privilégié pourrait trouver un justification dans Hes. *Th.* 80–103, un passage consacré au rapport privilégié de certains rois avec la Muse Calliope, la fille de Zeus.

après le conflit. Il n'est donc pas exclu que le choix du terme serve à évoquer une tonalité érotique propre à la voix du héros[60].

Dans la troisième *Néméenne*, ὄαροι désigne l'ode même chantée par le chœur. Cet emploi, qui s'écarte de la signification étymologique du terme, autant par le contexte public que par le grand nombre d'interlocuteurs impliqués dans cette « conversation », est par la suite également en quelque sorte justifié dans la mesure où le même chant reçoit un timbre érotique en étant qualifié d'« œuvre de grâce » :

Pi. *N.* 3.10–12 :

ἄρχε δ' οὐρανοῦ πολυνεφέλα κρέοντι, θύγατερ,
δόκιμον ὕμνον· ἐγὼ δὲ **κείνων** τέ νιν **ὀάροις**
λύρᾳ τε κοινάσομαι. πόνον χαρίεντα,
...

« Commence en l'honneur du souverain qui règne sur le ciel peuplé de nuages, toi sa fille, l'hymne précieux que je ferai redire à **leur voix** et à la lyre. Le thème sera doux... »

Un dernier passage pindarique, significatif à cet égard, se trouve dans la première *Pythique* :

Pi. *P.* 1.97 *sq.* :

Οὐδέ νιν φόρμιγγες ὑπωρόφιαι κοινωνίαν
**μαλθακὰν παίδων ὀάροισι** δέκονται.

« Jamais, sous nos toits, les **doux chants des enfants** ne mêlent son nom (celui de Phalaris) aux accents des lyres. »

Ici encore ὄαροι évoque sans doute, à côté des chants symposiaques probablement ainsi désignés, les paroles poétiques chantées au moment même de la performance des vers pindariques[61]. A nouveau, le choix de ce terme peu approprié à la situation de communication publique est justifié par la douceur attribuée aux paroles ainsi désignées (cf. μαλθακὰν, v. 98).

Je retiens de ce survol à travers les différentes occurrences d'ὄαροι – ou de termes étymologiquement proches – dans la poésie grecque archaïque les conclusions suivantes : ces mots désignent le plus souvent – conformément à ce que suggère

60. Une quatrième occurrence du terme se trouve en Pi. *N.* 7.69 et désigne également les paroles du poème ; le choix du terme reste pour moi ici énigmatique.

61. Pour la référence d'ὄαροι à des chants symposiaques, cf. le commentaire de Gentili (1995b, 363).

la proximité au moins phonique avec ὄαρ, « l'épouse » – la conversation intime d'un couple. Cet échange séducteur forme volontiers le prélude à une union sexuelle. Plus rarement, ὄαροι peut désigner des paroles énoncées dans des contextes éloignés de l'intimité conjugale, mais le choix de ces termes est alors en général explicitement justifié par des remarques qui évoquent la douceur ou la grâce, voire le timbre érotique des discours ainsi désignés.

### 2.2. *Les ὄαροι d'Empédocle*

Selon le catalogue des situations évoquées dans les passages que je viens de citer, la signification cosmologique d'ὄαροι me paraît assez nette : ce genre d'échanges intimes se déroule sans doute dans une ambiance déterminée par la force cosmique Amour. Un échange de paroles ou une rencontre sexuelle entre les deux personnes réunies dans le cadre des ὄαροι serait alors le reflet d'un mélange élémentaire lorsque Amour domine la situation cosmique.

Or, si telle est l'évaluation cosmologique d'une situation d'ὄαροι, elle doit être également pertinente pour la communication des vers évoquée au début du fragment B 21/63 :

**B 21/63**

ἀλλ᾽ ἄγε, τῶνδ᾽ **ὀάρων** προτέρων ἐπὶ μάρτυρα δέρκευ,
εἴ τι καὶ ἐν προτέροισι λιπόξυλον ἔπλετο **μορφή**,
...

« Mais viens, à mes premières **confidences**, ajoute pour témoins,
La **beauté** manquerait-elle de corps en ces chants primordiaux,
... »[62]

Sur la base des analyses exposées jusqu'ici, cette conclusion générale n'a rien d'étonnant, mais confirme plutôt l'hypothèse d'un enseignement poétique qui se déroule sous le pouvoir de la force cosmique Amour. La même évaluation cosmologique est suggérée par l'évocation du terme μορφή (v. 2), la beauté assignée ici au poème que les paroles d'Empédocle attribuent ailleurs dans le corpus à toute création accomplie par Philotês[63].

Les deux métaphores poétiques réunies – l'assemblage et le discours séducteur – rappellent le portrait de Pandore tel qu'on le trouve dans les *Travaux* d'Hésiode : pour que cette femme destinée à la séduction soit parfaite, Athéna

62. A propos de la transmission du fragment B 21/63, cf. *supra*, chap. II, 1.1.
63. Cf. p. ex. fr. B 35/201, v. 17.

« ajuste » (cf. ἐφήρμοσε, v. 75) la parure sur son corps alors que Hermès lui inspire des discours flatteurs (αἱμυλίους τε λόγους, v. 78).

En ce qui concerne les qualités particulières des ὄαροι, l'expression métaphorique enrichit en outre à différents égards l'évaluation cosmologique de la communication en cours : le moment présent tel qu'il est désigné apparaît comme un *échange*, c'est-à-dire comme une rencontre qui attribue une participation active au public. Ce détail, qui surprend peut-être le lecteur moderne, se trouve confirmé par une interpellation directe à l'élève, qui, au vers 20 du fragment B 17/31, exhorte l'allocuté-énonciataire à avoir un regard actif d'une manière plutôt brusque :

**B 17/31** 20 τὴν σὺν νόῳ δέρκευ μηδ' ὄμμασι ἧσο τεθηπώς·
...

20 « Elle, (Amour), regarde-la avec ta pensée, ne reste pas là, les yeux éblouis,
... »[64]

Le terme ὄαροι désigne en outre la communication poétique comme manifestation se déroulant dans l'*intimité*, c'est-à-dire entre deux personnes[65]. Cette même ambiance est construite lorsque, dans l'enseignement tel qu'il est mis en scène, le *je*-énonciateur s'adresse explicitement à un élève unique. C'est le cas par exemple en B 111/12, où le texte présente l'enseignement en cours (cf. τάδε, v. 2) comme un privilège exclusif qui revient à son élève élu :

**B 111/12** 2 πεύσῃ, ἐπεὶ **μούνῳ σοὶ ἐγὼ** κρανέω τάδε πάντα·
...

2 « Tu sauras tout cela, **pour toi seul, moi j'**accomplirai tout cela.
... »[66]

64. Pour la transmission du passage, cf. *supra*, chap. I, 4.1. L'emploi du terme παλάμη dans les fragments B 2/10 et B 3/14 m'a amené à la même conclusion, à savoir que l'allocuté-énonciataire doit participer de manière active à la communication en cours.

65. Cet aspect à premier abord surprenant, mais d'autant plus significatif, est volontiers négligé par les commentateurs des vers d'Empédocle et de Pindare. Cf. à ce sujet *LSJ* 1968, 1195 *sq.* (*s. u.* ὄαρος) ; Brasswell 1988, 223.

66. Pour la transmission du fragment B 111/12, cf. *infra*, chap. IV, 1, où l'ensemble du passage est discuté en détail. Une situation de communication de ce genre est évoquée également dans les fragments B 1/3 et B 2/10, v. 8 *sq.* Dans d'autres passages par contre, il y a invocation explicite d'un public formé de plusieurs personnes, tel que, par exemple, en B 112 et B 115. En ce qui concerne l'importance de cette diversité d'allocutés à l'intérieur de l'histoire de l'interprétation des vers d'Empédocle, cf. *infra*, chap. VI, 1.2.

La notion d'exclusivité apparaît encore lorsque le locuteur-énonciateur distingue son interlocuteur du reste des mortels et lui évite ainsi d'être associé au jugement critique énoncé à l'égard de ces derniers[67].

La notion d'ὄαροι, appliquée à la communication des vers, suggère finalement que les paroles poétiques veulent séduire le public. Inscrite dans un projet d'enseignement, la communication des vers est par définition destinée à persuader le public, à le séduire intellectuellement. Apparemment, ce projet confère en même temps aux paroles en communication une puissance érotique ; ce qui, dans le cadre de la tradition poétique grecque, n'est pas vraiment surprenant[68].

Ainsi, toutes ces allusions, suggérées par l'énoncé métaphorique du fragment B 21/63, ne font pas que confirmer l'hypothèse, désormais bien fondée, d'une communication poétique représentée comme un événement déterminé par la force cosmique Amour. Elles révèlent en outre une série de caractéristiques que le texte confère à la situation de la communication de vers. Bien que ces indications ne fournissent pas d'informations concrètes sur le contexte prévu à la communication « réelle » des vers – qui devait quant à elle évoluer toutefois avec le temps –, elles sont tout de même révélatrices de l'ambiance qui la dominait vraisemblablement.

Je passe maintenant à la troisième section de ce chapitre, consacrée à un dernier commentaire cosmologique portant sur le rôle qui revient à la force cosmique Amour au moment de l'enseignement des vers.

## 3. « Regarder Philotês avec la pensée »

Les propos qui servent de base à mon argumentation figurent à l'intérieur du long fragment B 17/31, passage déjà évoqué :

**B 17/31**

καὶ **Φιλότης** ἐν τοῖσιν ἴση μῆκός τε πλάτος τε.
**τὴν σὺν νόῳ δέρκευ** μηδ' ὄμμασιν ἧσο τεθηπώς·
ἥτις καὶ θνητοῖσι νομίζεται ἔμφυτος ἄρθροις,
τῇ τε φίλα φρονέουσι καὶ ἄρθμια ἔργα τελοῦσι
Γηθοσύνην καλέοντες ἐπώνυμον ἠδ' Ἀφροδίτην·
τὴν οὔ τις μετ' ὅσοισιν ἑλισσομένην δεδάηκε

67. Cf. par exemple aux fragments B 2/10, v. 4 et B 17/31, v. 24 *sq*.

68. Je reviens sur ce sujet dans la dernière section du présent chapitre, *infra*, chap. II, 4. Pour l'aspect érotique de la notion de persuasion, cf. encore les *Travaux* d'Hésiode où Peithô se joint aux Charites pour mettre des colliers autour du cou de Pandore (Hes. *Op.* 73).

θνητὸς ἀνήρ· σὺ δ' ἄκουε λόγου στόλον οὐκ ἀπατηλόν.
ταῦτα γὰρ ἶσά τε πάντα καὶ ἥλικα γένναν ἔασι,
...

« Et **l'Amitié**, qui est en Eux, leur est égale en longueur et en largeur.
**Elle, regarde-la avec ta pensée**, ne reste pas là, les yeux éblouis,
Elle qu'honorent les hommes, plantée dans leurs jointures ;
Par elle, ils méditent l'amour, ils accomplissent les œuvres qui joignent,
L'appelant de son nom de Gêthosyne et d'Aphrodite.
Personne ne l'a reconnue, comme elle tournoie dans les yeux,
Pas un mortel ; mais toi écoute l'équipée de ces paroles sûres.
Tous, Ils sont égaux et de même noblesse ;
... »[69]

En ce qui concerne la mention de Philotês, il convient de remarquer que le *je*-énonciateur s'adresse ici directement à son élève-énonciataire et l'incite à porter son attention sur la force cosmique Amour (v. 20). Suivent alors un développement sur la notion d'amour tel que la conçoivent ceux qui ignorent la nouvelle doctrine (v. 21–25), puis une seconde exhortation adressée directement à l'allocuté-énonciataire, avant que le récit ne revienne sur la description des éléments (v. 26).

Les paroles qui révèlent une évaluation de l'acte de la communication en cours correspondent au vers 20. Cette recommandation directement adressée à l'élève véhicule, tel un énoncé métaphorique, deux argumentations distinctes : d'une part, entendues comme un conseil général, les paroles exhortent le public à aborder le monde qui l'entoure en cherchant à saisir des traces de Philotês. D'autre part, la même exhortation peut être référée au moment présent de l'enseignement, pendant lequel l'énonciataire serait alors incité à saisir les reflets de Philotês. Cette seconde interprétation, instructive quant à l'évaluation cosmologique de la communication des vers, s'impose davantage dès qu'on examine les vers qui entourent cet énoncé.

Une structure annulaire distingue les sept vers cités ci-dessus du contexte plus large et complète l'exposé linéaire par une seconde couche d'argumentation :

B 17/31 καὶ Φιλότης ἐν **τοῖσιν ἴση** μῆκός τε πλάτος τε.
τὴν σὺν νόῳ δέρκευ **μηδ' ὄμμασιν** ἧσο τεθηπώς· (e1)
**ἥτις** καὶ θνητοῖσι νομίζεται ἔμφυτος **ἄρθροις**,
**τῇ** τε φίλα φρονέουσι καὶ **ἄρθμια** ἔργα τελοῦσι
Γηθοσύνην καλέοντες ἐπώνυμον ἠδ' Ἀφροδίτην·
**τὴν** οὔ τις **μετ' ὅσοισιν** ἑλισσομένην δεδάηκε

69. A propos de la transmission du fragment B 17/31, cf. *supra*, chap. 1, 4.1.

θνητὸς ἀνήρ· σὺ δ' ἄκουε λόγου στόλον οὐκ ἀπατηλόν. (e2)
**ταῦτα** γὰρ **ἶσά** τε πάντα καὶ ἥλικα γένναν ἔασι,
...

« Et l'Amitié, qui est en Eux, **leur** est **égale** en longueur et en largeur.
**Elle**, regarde-la avec ta pensée, ne reste pas là, **avec des yeux** éblouis, (e1)
**Elle** qu'honorent les hommes, plantée dans leurs **jointures** ;
**Par elle**, ils méditent l'amour, ils accomplissent les **œuvres qui joignent**,
L'appelant de son nom de Gêthosyne et d'Aphrodite.
**Elle**, personne ne l'a reconnue, comme elle tournoie **dans les yeux**,
Pas un mortel ; mais toi écoute l'équipée de ces paroles sûres. (e2)
**Tous**, Ils sont **égaux** et de même noblesse ;
... »[70]

Le renvoi extérieur relie le récit consacré aux éléments à celui dédié à l'Amour : l'équivalence entre les divers éléments (ταῦτα ... ἶσα, v. 26) rappelle toute la détermination qu'ils subissent de manière semblable de la part d'Amour (τοῖσιν ἴση, v. 19). Le deuxième écho concerne le rapport entre l'amour et les yeux, tel que l'établissent d'une part l'allocuté-énonciataire instruit (τὴν ... μηδ' ὄμμασι, v. 20) et d'autre part les gens naïfs (τὴν ... μετ' ὅσοισιν, v. 24). Il faut remarquer à ce propos que le renvoi entre la particule μηδ' (« et ne pas ») et la préposition μετ' (« au moyen de ») est purement phonique : au niveau de l'argumentation véhiculée sous forme d'isotopies, les échos manifestes à différents niveaux du texte (niveaux sémantique, étymologique, phonique) ont donc pour ainsi dire le même statut. Un renvoi central rapproche finalement, par une référence à la fois étymologique et phonique, deux domaines dans lesquels les hommes qui ignorent la doctrine font inconsciemment l'expérience de l'Amour cosmique : ils le sentent dans leurs articulations (ἥτις ... ἄρθροις, v. 21) et y recourent pour accomplir des actes créateurs (cf. τῇ ἄρθμια, v. 22)[71].

70. Pour la transmission du fragment B 17/31, cf. *supra*, chap. 1, 4.1.

71. Les deux termes ἄρθροις (v. 21) et ἄρθμια (v. 23) sont, je le rappelle, liés étymologiquement à ἄρμα, l'« agencement ». Ils désignent ici les endroits où les mortels ignorants de la doctrine situent l'Amour, qui, d'après la doctrine d'Empédocle, restent pourtant corrects, puisque Amour laisse ses traces dans les jointures de ce qu'il a agencé. Une fois de plus le texte exprime ainsi, au niveau de la structure étymologique, un message conforme à la doctrine cosmologique enseignée. Ceci illustre en outre que l'erreur des mortels ne réside pas dans leur observation, mais dans le manque d'évaluation des objets perçus, dont la nature morphologique se manifeste souvent au niveau de leurs noms.

### *3.1. Entre amour et Amour*

Sur la base de la double argumentation – à la fois linéaire et circulaire – du passage, la signification de l'intervention énonciative du vers 20 (e1) s'éclaire davantage. Avec un second énoncé directement adressé à l'élève (e2, v. 25), cette exhortation incite l'énonciataire à adopter envers l'Amour cosmique une attitude par laquelle il devrait se distinguer des autres mortels.

Une opposition instructive entre l'Amour cosmique et le concept traditionnel d'amour s'articule tout au long du passage par les étapes suivantes : tandis que les mortels distinguent plusieurs concepts d'amour suivant les domaines dans lesquels ils apparaissent (cf. v. 21–23), l'allocuté-énonciataire doit reconnaître qu'ils ne sont que différentes manifestations du même principe cosmique Amour ; alors que nul mortel ne sait que l'Amour tournoie dans les yeux (v. 24 *sq.*), l'élève va pour sa part l'apprendre, le regardant de sa pensée (cf. e1)[72]. Et si nul mortel n'a perçu l'Amour (v. 24 *sq.*), le public le saisira en écoutant les paroles véridiques du poème (cf. e2).

Il apparaît maintenant qu'autant la première que la seconde intervention énonciative mettent l'allocuté-énonciataire en opposition avec les mortels décrits aux vers 21 à 25 (θνητοῖσι … θνητὸς ἀνήρ). Mais, tandis que dans le cas de l'intervention e2 le contraste s'exprime au niveau de l'argumentation syntaxique et linéaire (οὔ τις … σὺ δ', v. 24 *sq.*), il se manifeste pour e1 davantage au niveau de la structure annulaire (τὴν … ὄμμασιν, v. 20 – τὴν … ὅσοισι, v. 24)[73].

Ainsi « regarder Philotês avec la pensée » (e1) et « écouter les paroles du poème » (e2) sont-ils présentés comme deux voies que le texte recommande à l'élève-énonciataire de suivre pour surmonter la vue limitée des hommes communs[74].

72. En ce qui concerne l'idée selon laquelle l'Amour est situé dans les yeux, cf. fr. B 84/415 avec le commentaire de Bollack (1969b, 324 *sq.*). Cette définition physiologique correspond en fait à la conception érotique traditionnelle en Grèce ancienne d'après laquelle l'amour se communique à travers le regard. Cf. à ce sujet Calame 1996a, 31–35. La structure annulaire est favorable à la leçon du texte transmis telle que la retient Bollack, contrairement aux autres éditeurs qui, suivant DK 1951, corrigent ὅσοισιν en ἀσαισιν. L'argumentation exposée aux vers 24–26 rappelle un passage hésiodique (Hes. *Op.* 15–27) où, après avoir constaté que nul mortel n'aime l'Eris négative (**οὔ τις** τήν γε φιλεῖ **βροτός**, v. 15), le locuteur-énonciateur invite son interlocuteur à écouter des paroles poétiques (Ὦ Πέρση, **σὺ δὲ ταῦτα** τεῷ ἐνικάθεο θυμῷ, v. 27).

73. Comme dans le proème de Parménide discuté *supra*, chap. II, 1.3, la structure annulaire révèle donc pleinement ici également sa valeur argumentative lorsqu'elle est confrontée à l'argumentation linéaire inhérente à l'exposition des vers.

74. Sur le statut de Φιλότης présentée comme principe noétique, cf. Prier 1976, 136. Je reviens sur la complémentarité entre perception visuelle et auditive *infra*, chap. III, 2.1.

Or, vu que seule une connaissance cosmologique correcte semble pouvoir chasser cette ignorance, il est fort probable que les deux conseils – e1 et e2 – renvoient le public à ce même « remède ». Dans ce cas, l'exhortation e1 – passage dont l'explication est le but de la présente discussion – réfère, comme les autres exhortations directement adressées à l'élève, au moment même de la communication des vers. « Regarder Philotês avec la pensée » (e1) permettrait alors à l'énonciataire, au même titre qu'« écouter la suite d'un discours vrai » (e2), de se distinguer de la foule ignorante, grâce à des connaissances cosmologiques plus pertinentes.

L'évaluation de la double structure argumentative du passage m'amène donc à interpréter l'incitation à contempler l'Amour cosmique (e1) comme une exhortation à la réception attentive des vers. Pour donner davantage de fondement à cette lecture, je vais maintenant la compléter par des commentaires d'autres passages du corpus.

### *3.2. Apprendre la doctrine en pensant Amour*

Si apprendre le poème, *c'est* percevoir Amour avec la pensée, la réception poétique est définie comme une activité de la pensée (cf. νόῳ, v. 20) qui contraste à certains égards avec une réception visuelle (cf. ὄμμασι, v. 20). Etant donné que la perception sensorielle est souvent décrite comme une voie d'accès à la connaissance du savoir cosmologique, l'alternative « νόῳ/ὄμμασι » ne peut cependant pas se référer à une simple opposition entre perception sensorielle et intellectuelle.

Un passage extrait du fragment B 2/10 permet de préciser l'alternative ici évoquée :

B 2/10

6 … **τὰ δ' ὅλ'** <οὐδεὶς> εὔχεται εὑρεῖν·
7 οὕτως οὔτ' **ἐπιδερκτὰ** τάδ' ἀνδράσιν οὔτ' **ἐπακουστὰ**
8 οὔτε **νόῳ περιληπτά**· σὺ <δ'> οὖν, ἐπεὶ ὧδ' ἐλιάσθης,
9 πεύσεαι· οὐ πλεῖόν γε βροτείη μῆτις ὄρωρεν.

6 « … **le tout**, aucun ne fait vœu de le découvrir.
7 De cette manière, les hommes ne le **voient** ni ne l'**entendent**,
8 Et leur **esprit ne l'embrasse pas**. Mais toi, qui t'es retiré ici,
9 Tu sauras : pensée d'homme ne s'éleva plus haut. »[75]

75. Pour la transmission du fragment B 2/10, cf. *supra*, chap. 1, 4.1.

En plaignant l'habitude des gens ignorants, le locuteur-énonciateur énumère ici les traits constitutifs d'un acte de connaissance correctement accompli où l'intelligence humaine est appelée à s'épanouir pleinement (cf. v. 9)[76]. Un tel acte de connaissance implique la vue (cf. ἐπιδερκτά, v. 7), l'ouïe (cf. ἐπακουστά, v. 7), de même que le νοῦς (cf. νόῳ, v. 8). Dans cette triple démarche interprétative, qui rappelle celle de l'enquêteur Hérodote, la perception sensorielle et intellectuelle n'est pas opposée mais complémentaire[77]. J'en déduis qu'en B 17/31, v. 17, le texte oppose une perception *purement* visuelle à une perception à la fois visuelle et intellectuelle, comme le suggère au niveau de la *teneur* l'expression métaphorique νόῳ δέρκευ (« regarde avec la pensée »)[78]. Or, pour mieux saisir la signification concrète de cette démarche de perception complexe, il est utile de se rappeler que le *tu*-énonciataire semble apprendre à travers la réception poétique elle-même (cf. σὺ … πεύσεαι, v. 8 *sq.*). On comprend alors facilement que l'élève-énonciataire apprend la doctrine non seulement par voie auditive, mais que les nombreuses illustrations de la théorie sollicitent également son regard[79]. Quant au νοῦς, dont le texte dit qu'il doit « embrasser le tout » (cf. τὰ δ' ὅλ' … νόῳ περιληπτά, v. 6 et 9), sa fonction doit être celle d'une évaluation synthétique d'après les critères de la doctrine des impressions audio-visuelles. En suivant les directives de réception, l'élève-énonciataire doit en effet d'abord saisir la structure élémentaire des différents phénomènes, pour les réduire ensuite aux six notions constitutives de la théorie cosmologique[80].

76. En ce qui concerne cette traduction du vers 9 qui fait l'objet de différentes interprétations, cf. Bollack 1969b, 17 *sq.*

77. Je me réfère à Hdt. 2.99, un passage dans lequel le locuteur justifie son récit par des sources visuelles et auditives ainsi que par ses propres réflexions. Le paragraphe est discuté par Darbo-Peschanski (1987, 84–88).

78. La même complémentarité entre perception sensorielle et réflexion est évoquée en B 3/14, v. 13 et en B 136. Sur le statut de la vision et de l'audition à travers l'histoire de la production poétique en Grèce archaïque, cf. Segal 1993.

79. C'est pour la même raison que le *je*-énonciateur décrit parfois son activité comme un « faire voir ». Cf. *supra*, chap. II, 1, au sujet du fragment a(ii) du *Papyrus de Strasbourg.*

80. La même attitude de réception se reflète dans la manière dont le locuteur-énonciateur évoque les traditions poétiques antérieures : par la mention de multiples noms assignés à l'amour par les auteurs précédents, le texte témoigne d'une réception exhaustive des textes traditionnels. Cette diversité de noms est ensuite réduite – par un geste synthétique – dans la mesure où le locuteur-énonciateur les assimile tous au seul principe cosmique Amour. Von Fritz (1968, 324) accorde à νοῦς dans le contexte d'Empédocle une double définition, dont la première rejoint essentiellement mes propres observations (Von Fritz 1968, 325) : « *Eine geistige Fähigkeit oder Funktion, die das Zeugnis der verschiedenen Sinne auswählt, prüft, korrigiert und vor allem koordiniert und verbindet.* » Il attribue en outre au νοῦς une signification analogue à celle de μῆτις, à

Au cours de ce travail de synthèse, c'est un rôle important qui revient au principe de l'analogie. En effet, non seulement des apparences similaires révèlent à l'élève attentif des structures élémentaires identiques, mais une analogie au niveau de la fonction permet en plus d'identifier par la pensée des correspondances entre des phénomènes auxquels la perception sensorielle à elle seule n'a pas accès [81]. C'est ainsi que la fonction analogue entre l'œil et la lanterne permet au locuteur-énonciateur de donner en B 84/415 une description de l'anatomie de l'œil, un résultat d'une déduction purement intellectuelle. Cet acte de pensée exemplaire justifie à son tour l'énoncé de B 17/31 où l'enseignant-énonciateur promet à son élève qu'à l'aide de sa pensée et par la connaissance du savoir en communication il saura, contrairement aux autres mortels, voir Philotês au centre des yeux [82].

Or, étant donné que le poème est représenté comme un ensemble microcosmique, il est évident que, du point de vue de l'élève-énonciataire, la réception poétique et la réception cosmique doivent se faire selon cette même démarche à la fois sensorielle et intellectuelle, dont il s'agit maintenant de déterminer la valeur cosmologique. Pour cela, il convient de partir de la notion de μῆτις évoquée au vers 9 du fragment B 2/10. Dans un autre passage, le fragment B 106/536, le statut de cette intelligence artisanale est défini comme suit:

**B 106/536** πρὸς παρεὸν γὰρ **μῆτις ἐναύξεται** ἀνθρώποισιν.

«Tournée vers l'Etre qui est là, **l'intelligence croît** dans les hommes.» [83]

Dans ce vers isolé cité par Aristote, on apprend que la pensée (μῆτις) humaine est en mesure de «grandir». Or, le verbe αὐξάνειν étudié au chapitre précédent désigne, je le rappelle, un geste cosmologique bien précis, celui de la réunion élémentaire qui se produit sous la détermination de l'Amour. Ainsi l'épanouissement de la μῆτις évoqué également en B 2/10 accorde-t-il à la démarche de réception complexe son statut cosmologique, celui d'un acte déterminé par l'Amour cosmique.

savoir (VON FRITZ 1968, 325): *«das Planen einer Tätigkeit und Voraussicht»*. Je reviendrai sur cette interprétation, plus tard dans la même section, à propos du fragment B 106/536.

81. Pour la diversité des critères constitutifs d'analogies morphologiques, cf. le tableau *supra*, chap. 1, 3.

82. Je me réfère à B 17/31, v. 20–25. Sur l'analogie en tant que démarche constitutive des recherches médicale et oraculaire, cf. VEGETTI 1996, 67 et 72–74, avec une mise au point de la bibliographie à ce sujet en note 34.

83. Pour la transmission du fragment B 106/536, ainsi que pour une discussion sur la signification cosmologique du verbe αὐξάνειν, cf. *supra*, chap. 1, 4.1.

Cependant, la μῆτις, cette intelligence que l'auteur met en relation directe avec le principe de l'Amour cosmique, intervient non seulement dans la réception, mais aussi dans la création. Ainsi le peintre, artiste créateur par excellence décrit au fragment B 23/64, recourt-il à sa μῆτις pour pouvoir accomplir son œuvre à l'exemple de Philotês, créatrice divine :

**B 23/64**

ὡς δ' ὁπόταν γραφέες ἀναθήματα ποικίλλωσιν
ἀνέρες ἀμφὶ τέχνης ὑπὸ **μήτιος** εὖ δεδαῶτε,
οἵ τ' ἐπεὶ οὖν μάρψωσι πολύχροα φάρμακα χερσίν,
...

« Comme on voit les peintres, quand, sur les tableaux, ils varient la couleur,
Les maîtres savants dont **l'intelligence** a formé la main ;
Ils saisissent les drogues multicolores de leurs doigts,
... »[84]

Les diverses analyses exposées dans ce deuxième chapitre convergent donc pour montrer que la communication poétique en cours est à tout égard déterminée par la force cosmique créatrice : le char-poème est présenté comme un assemblage, une création conforme aux principes de l'Amour. Le locuteur-énonciateur est inspiré par une Muse qui, chargée d'amener ce char-poème vers le *je*-énonciateur, paraît à son tour assimilée à Philotês. La situation de communication apparaît alors comme un échange de paroles séductrices, c'est-à-dire qu'elle est placée dans un contexte imprégné par Amour. On a vu enfin que l'énonciataire, suivant les instructions de réception qui lui sont adressées, adopte une attitude sensorielle et mentale à son tour conforme à l'Amour.

L'idée d'une présence d'amour lors d'une communication poétique ne surprend pas dans le cadre de la tradition grecque archaïque où on trouve souvent des rapprochements entre ces deux domaines. J'ajoute donc, pour conclure, quelques remarques à propos de cette tradition dans laquelle s'inscrivent les faits observés dans la poésie d'Empédocle.

84. En ce qui concerne la transmission du fragment B 23/64, cf. *supra*, chap. I, 3. Je reviens sur le rapprochement entre le *je*-énonciateur et l'élève-énonciataire, *infra*, chap. III, 3. Bien que νοῦς et μῆτις figurent chez Empédocle dans un même contexte, je n'irai pas jusqu'à les qualifier de synonymes, comme le suggère VON FRITZ (1968, 325). Il me semble que l'activité du νοῦς, proche de celle des organes de perception, est à l'origine de l'accroissement de la μῆτις, l'intelligence créatrice qui grandit à mesure que le sujet humain suit dans son comportement la force cosmique Amour. Sur l'aspect à la fois créateur et séducteur de la μῆτις, cf. DETIENNE/VERNANT 1974.

## 4. Amour et poésie dans la tradition grecque archaïque

Pour présenter dans un aperçu général le rôle qui revient dans les textes grecs archaïques à la notion d'amour, j'avance une double distinction. Une première opposition concerne deux différents aspects d'un texte en communication – celui du récit et celui de sa communication : un texte peut en effet d'une part exposer une histoire d'amour, c'est-à-dire traiter d'amour, et d'autre part manipuler en même temps les émotions du public ; il peut, plus exactement, soit enflammer soit apaiser l'amour de celui qui apprend le récit.

En dehors de cette première distinction, il faut mentionner deux aspects du sentiment amoureux opposés qui sont évoqués dans les textes antiques : au plaisir ressenti dans une relation amoureuse réciproque, confidentielle et souvent productrice de descendance, est opposée la peine que ressent l'amoureux auquel la personne désirée refuse ou tarde à répondre. Les nombreux termes grecs désignant le sentiment amoureux peuvent être assignés à ces deux situations relationnelles opposées : Eros, Himeros et Pothos sont surtout liés à la souffrance du désir amoureux, tandis que Philotês fait référence à l'amour mutuellement confirmé[85]. Aphrodite est finalement quant à elle considérée comme responsable de tous les états amoureux. Or on a observé dans les textes grecs anciens une certaine régularité dans l'évocation des deux différents paramètres que je viens de définir. Les récits épiques exposés à la troisième personne traitent en effet essentiellement de relations amoureuses qui aboutissent à un acte sexuel, volontiers producteur de descendance, et instaurent une relation de confiance réciproque. Quant à l'effet pragmatique que ces récits ont sur le public, les anciens eux-mêmes y font référence : il doit ressentir lui-même un plaisir doux (τέρψις, θέλξις), c'est-à-dire un sentiment analogue à celui que provoquent l'expérience amoureuse ou la drogue.

Dans la poésie mélique, dans laquelle le locuteur-énonciateur est lui-même présenté comme le protagoniste du récit, ce *je* apparaît en revanche le plus souvent comme une personne amoureuse, mais en souffrance, puisque son désir n'a pas (encore) trouvé de satisfaction. Un tel chant semble être destiné à réduire le décalage inhérent à cette situation. L'effet qu'il veut exercer sur son public peut alors se manifester de deux manières différentes : soit il vise à « guérir » de sa souffrance l'auditeur-lecteur également amoureux lui-même, soit il cherche à le séduire de manière à le rendre enclin à répondre au désir de celui qui, en sa

85. Cf. Calame 1996a, 42–46. Sur le statut et l'histoire des diverses divinités assimilées à l'amour en Grèce archaïque, cf. Rudhardt 1986.

présence, actualise les vers. Dans les deux cas, le texte arrive ainsi à instaurer une situation équilibrée qui ouvre à son tour la voie au plaisir[86].

Schématiquement, on pourrait résumer la situation comme suit :

| GENRE POÉTIQUE | DISPOSITION NARRATIVE | CONTENU DU RÉCIT | EFFET SUR LE PUBLIC |
| --- | --- | --- | --- |
| poème épique | 3e personne | amour réciproque<br>amour accompli | plaisir |
| poème mélique | 1re personne | désir non-accompli | séduction<br>guérison<br>plaisir |

Cette répartition, évidemment trop schématique, des récits d'amour grecs archaïques, se retrouve, dirait-on, également dans la manière dont les auteurs postérieurs traitent de l'amour. La poésie d'Empédocle occupe en effet face à cette tradition une position ambiguë : dans les passages directement adressés au *tu*-énonciataire la situation discursive rappelle surtout la poésie mélique, alors que l'exposé narratif ressemble davantage à la situation de l'épopée. Les paroles directement adressées au *tu* ou au *vous* rappellent au public l'enjeu didactique de la communication en cours. Il devient alors la cible des efforts persuasifs et séducteurs du locuteur-énonciateur. Au niveau de la doctrine cosmologique enseignée, ces efforts de persuasion reflètent un *je* qui défend face au public la force cosmique de l'Amour dans sa lutte contre le pouvoir de la Haine.

Dans l'exposé narratif en revanche, l'Amour est souvent décrit comme un pouvoir en place. Appelé Philotês, Harmonie ou Gêthosyne, il apparaît comme une force créatrice à l'origine de réunions élémentaires dont fait partie l'union sexuelle, et qui s'inscrivent tous dans un mouvement de procréation constitutive du cosmos[87].

86. A propos des attentes du public d'une performance épique, cf. Walsh 1984, 5. Segal (1989, 11) soulève l'équivalence – au niveau de l'effet qu'ils provoquent – entre poésie, amour et drogue. Calame (1996a) parle d'un même effet de douceur associé à Eros, à la poésie, au sommeil (Calame 1996a, 7) et à la mort (Calame 1996a, 49). Pour la poésie vécue comme φάρμακον (« remède »), cf. Segal 1974 et 1989.

87. Je traiterai *infra*, chap. VI, 1.2 des passages qui font l'éloge de la force cosmique Amour. L'aspect créateur de l'Amour cosmique est mentionné aux fragments B 21/63, v. 8–12 ; B 35/201, v. 5–7 et 16 *sq*.

Il est en outre significatif que ne figurent, parmi les nombreux noms traditionnels assignés au principe de l'Amour cosmique, ni Eros ni Himeros ni Pothos, mais seulement des noms de divinités qui sont traditionnellement assimilées à l'amour réciproque telles qu'Harmonie ou Gêthosyne.

Bien que le récit soit souvent interrompu par des paroles directement adressées à l'énonciataire, il y a des passages où nous sommes plongés, me semble-t-il, dans le monde fictionnel, au point que nous accédons à notre tour à ce doux plaisir que, d'après la conception grecque archaïque, la poésie suscite au même titre que l'expérience amoureuse[88]. D'après la doctrine cosmologique enseignée, nous entrons alors nous-mêmes sous l'influence du pouvoir cosmique de l'Amour[89]. Cette manipulation du public profite sans doute de la forme élaborée du texte qui, par son rythme, ses répétitions et ses assonances multiples, influence à son tour l'état psychosomatique du public[90].

L'enseignement d'Empédocle semble ainsi recourir alternativement aux deux modes de représentation traditionnelle de l'amour : d'une part, il convainc le public par des stratégies de séduction telles que la poésie mélique les met en œuvre ; d'autre part, et peut-être en signe d'une persuasion-séduction réussie, il communique par son récit un plaisir qui permet à l'énonciataire de toucher momentanément lui-même à l'expérience de cette douce harmonie qui fait oublier la situation présente. Mais, conformément aux lois de la doctrine qui enseigne qu'Amour ne prédomine toujours que passagèrement, le texte interrompt à son tour régulièrement l'exposé narratif par des adresses directes au

88. Cf. à ce sujet CALAME 1996a, 73. Le charme (θέλξις) des récitations épiques est évoqué dans les œuvres dactyliques elles-mêmes. Cf. Hom. *Il.* 13.636–639 ; *h. Hom.* 10 ; Hes. *Th.* 65–105 avec le commentaire de CALAME (1996a, 62 *sq.*). L'effet séducteur des paroles ne se limite cependant pas à la poésie : l'exemple le plus significatif à cet égard est l'*Encomium Helenae* de Gorgias. Le rhéteur, dont il est d'ailleurs remarquable que la tradition le présente comme un élève directe d'Empédocle, traite dans cet éloge provocateur du lien entre le charme érotique et celui des paroles, une discussion dans laquelle il insère lui-même, en guise d'illustration, un texte plein de séduction par sa force persuasive. Cf. DE ROMILLY 1973.

89. Deux récits antiques – je les citerai *infra*, chap. IV, 5.3 – évoquent l'effet séducteur provoqué par les paroles d'Empédocle. Il s'agit d'A. R. 1.492–515 et de Iamb. *VP* 113. La figure la plus fameuse de ce pouvoir poétique sur la nature est évidemment Orphée. C'est lui qui, chez Apollonius, calme par un chant cosmogonique – des paroles qui rappellent la doctrine d'Empédocle – les émotions de ses compagnons en conflit. Sur ce passage, cf. SEGAL 1989, 8. Dans le passage de Jamblique, c'est Empédocle lui-même qui, par la récitation d'un vers – cette fois homérique –, déclenche un effet tel qu'il retient un jeune homme enragé de commettre un meurtre.

90. SEGAL (1974, 139 *sq.*) démontre, à propos de la poésie de Sappho, dans quelle mesure la qualité phono-rythmique des vers peut elle-même provoquer des effets magiques propres à la stratégie érotique.

public, c'est-à-dire par des gestes de séduction qui rappellent la présence menaçante de Neikos.

Je conclus ici mes commentaires sur le rôle qui revient, pendant la communication des vers, à l'Amour cosmique, pour me consacrer au chapitre suivant à une autre stratégie textuelle encore, celle qui assure pour sa part l'enseignement d'un mode de vie conforme au principe de l'Amour cosmique.

CHAPITRE III

# L'ÉNONCIATEUR, FIGURE MODÈLE

Ce chapitre est consacré à l'étude de la représentation du *je*-énonciateur. A travers les multiples références à l'activité du locuteur se dessine le portrait d'un personnage complexe, qui met en pratique le savoir enseigné dans différentes attitudes. Ces représentations du *je*-énonciateur servent alors de modèle à l'élève-énonciataire et complètent ainsi l'enseignement explicite.

Une étude systématique des passages qui décrivent le *je*-énonciateur révèle un double portrait dont la cohérence réside dans sa fonction didactique: ce *je*-énonciateur incite d'une part l'élève à se conformer à une certaine attitude cosmique. Il est d'autre part représenté comme quelqu'un qui met lui-même en pratique cette attitude, son image servant par là de modèle à l'élève-énonciataire.

Par cette seconde représentation, le *je*-énonciateur devient plus proche de l'élève, voire atteignable. La distance qui sépare élève et enseignant, l'opposition constitutive de la situation d'enseignement, s'efface alors, laissant apparaître en perspective le moment où l'élève instruit atteindra le statut supérieur en rejoignant l'enseignant[1].

1. Une même asymétrie entre le *je*-énonciateur et l'allocuté-énonciataire est caractéristique d'une autre situation: celle mise en scène dans la tradition mélique érotique de la Grèce archaïque où un *je* amoureux est opposé à un *tu* indifférent aux sentiments du locuteur. Là aussi, la communication des vers a pour but de rétablir un équilibre dans la mesure où le charme poétique devrait séduire l'allocuté-énonciataire pour lui inspirer à son tour le même désir dont le *je* se dit envahi. Au sujet de ce mécanisme à la fois intra- et extra-textuel, cf. Calame 1996a, 35–52 et 229. Le souhait d'un tel équilibre est par exemple explicitement exprimé dans Sapph. fr. 1 Voigt. Par rapport au livre II des *Théognidées*, cf. Lewis 1985, 217 *sq.*

## 1. Le double statut du *je*-énonciateur

Le statut du locuteur-énonciateur transparaît notamment à travers les renvois à la première personne. L'ensemble de ces références évoque cependant deux portraits étonnamment différents : il y a d'une part mention d'un *je* enseignant supérieur à son (ses) élève(s)-énonciataire(s). D'autre part, le texte communique en même temps l'image d'un *je* égal au reste des mortels, donc à ses élèves-énonciataires.

Je commence par les passages qui représentent le *je* comme supérieur à ses élèves-énonciataires.

### *1.1. Le* je*-énonciateur supérieur*

L'énonciateur dispose d'abord d'une supériorité vis-à-vis de ses élèves par sa fonction d'enseignant ; et, selon les passages, le texte insiste plus ou moins explicitement sur cette inégalité. Une position de pouvoir se manifeste notamment dans les nombreuses exhortations ; voici un exemple, extrait du fragment B 1/3 :

B 1/3 Παυσανίη, σὺ δὲ **κλῦθι**, δαΐφρονος Ἀγχίτου υἱέ.

« Pausanias, **écoute**, fils du sage Anchitos. »[2]

Parfois le *je*-énonciateur justifie ses interventions, comme, par exemple, dans un passage du fragment B 17/31 :

B 17/31 13 **ἀλλ' ἄγε μύθων κλῦθι· μάθη γάρ τοι φρένας αὔξει.**

...

13 « **Mais allons, écoute ce récit : l'apprentissage rendra plus riche ta pensée.** ... »[3]

Ici l'exhortation à l'écoute est explicitement justifiée par la promesse d'un profit que l'élève retirera de l'apprentissage, un commentaire qui souligne encore l'infériorité de l'élève-énonciataire par rapport à son enseignant.

2. Le fragment B 1/3 est transmis par Diogène Laërce (8.60) pour montrer que le poème était adressé à un énonciataire nommé Pausanias. La structure énonciative rappelle Hes. *Op.* 9 *sq.* (κλῦθι ἰδὼν αἴων τε [...] τύνη· ἐγὼ δὲ...), passage commenté par Pucci (1996, 192) et *Thgn.* 27–38 (σοὶ δ' ἐγὼ εὐφρονέων ὑποθήσομαι).

3. Pour la transmission du fragment B 17/31, cf. *supra*, chap. 1, 4.1.

Une remarque du même ordre se trouve dans le fragment B 62/510:

B 62/510
1 **νῦν δ' ἄγ'**, ὅπως ἀνδρῶν τε πολυκλαύτων τε γυναικῶν
2 ἐννυχίους ὅρπηκας ἀνήγαγε κρινόμενον Πῦρ,
3 **τῶνδε κλύ'· οὐ γὰρ μῦθος ἀπόσκοπος οὐδ' ἀδαήμων.**
...

1 «**Or voici maintenant** comment, des hommes et des femmes trempés [de pleurs,
2 Feu, se séparant, fit jaillir les pousses dans la nuit.
3 **Ecoute ceci: mon récit ne manque pas de but ni n'est dénué de savoir.**
...»[4]

Par la même particule causale, l'auteur complète ici une exhortation à l'écoute par une référence à la grande qualité du savoir en communication[5].

La véracité des paroles en communication, source du pouvoir propre au *je* enseignant, trouve une justification dans le fragment B 131, où le *je*-énonciateur invoque la Muse:

B 131
1 εἰ γὰρ ἐφημερίων ἕνεκέν τινος, ἄμβροτε Μοῦσα,
2 ἡμετέρας μελέτας <ἅδε τοι> διὰ φροντίδος ἐλθεῖν,
3 **εὐχομένωι νῦν αὖτε παρίστασο, Καλλιόπεια,**
4 ἀμφὶ θεῶν μακάρων ἀγαθὸν **λόγον ἐμφαίνοντι.**

1 «Car si pour l'amour d'un éphémère, Muse immortelle,
2 Tu t'es souciée de faire passer mes soucis par une pensée,
3 **Je te prie, assiste-moi encore, Calliope, Beau-regard,**
4 Pendant que je **fais briller** au sujet des dieux bienheureux **un discours** [salutaire.»[6]

Dans ce passage, l'autorité du *je*-énonciateur est fondée sur un savoir divin assuré par la présence de la Muse Calliope. Par le geste traditionnel de l'invocation à la Muse et par une triple référence énonciative (εὐχομένωι νῦν αὖτε, v. 3), l'enseignant énonciateur s'assure face au public un accès au monde de la déesse inspiratrice, lien avec le monde divin et supérieur par excellence qui assure la qualité du contenu et de la révélation de son discours (cf. ἀγαθὸν λόγον ἐμφαίνοντι, v. 4)[7].

4. Le fragment B 62/510 est transmis par Simplicius (*in Ph.* 381.29), qui l'assigne au livre II des *Φυσικά*, passage qui serait consacré à la période cosmogonique précédant la distinction de corps féminins et masculins.

5. Cf. γάρ, fr. B 17/31, v. 13 et fr. B 62/510, v. 3.

6. Pour la transmission du fragment B 131, cf. *supra*, chap. II, 1.1.

7. Sur l'aspect pragmatique de la particule αὖτε (ici complétée par le déictique temporel νῦν), dans toute la poésie mélique, cf. Calame 1997b.

Un autre cas de figure du même mécanisme discursif, destiné à justifier le pouvoir surhumain du locuteur-énonciateur inspiré, figure à la fin du fragment B 23/64 où l'élève est à nouveau incité à écouter ce récit « de provenance divine » que le *je* est en train d'exposer[8].

B 23/64

**οὕτω μή σ' ἀπάτη φρένα καινύτω** ἄλλοθεν εἶναι
θνητῶν, ὅσσα γε δῆλα γεγάασιν ἄσπετα, πηγήν,
**ἀλλὰ τορῶς ταῦτ' ἴσθι θεοῦ πάρα μῦθον ἀκούσας.**

« **Ainsi, que l'erreur ne maîtrise ton cœur**, de croire qu'ailleurs est la source
Des mortels, qui tous brillent au jour, innombrables.
**Mais Eux, vois-les au travers : la parole que tu écoutes vient de la déesse.** »[9]

Une fois l'origine divine du discours en communication posée, on comprend qu'en B 112 et en B 113 le *je*-énonciateur, chargé d'actualiser le savoir qui lui est inspiré, se décrit lui-même comme un dieu supérieur au reste des mortels :

B 112

1 ὦ φίλοι...
. . . . . . .
4 χαίρετ'· **ἐγὼ δ' ὑμῖν θεὸς ἄμβροτος, οὐκέτι θνητός**
5 πωλεῦμαι...

1 « Amis !
. . . . . . .
4 Réjouissez-vous ! **Pour vous, moi je suis un dieu immortel**
5 **je ne suis plus rien de mortel...** »[10]

Dans ces passages et remarques, c'est une image particulière du *je* qui domine : en tant que détenteur du savoir cosmologique en communication, il s'élève au-dessus du commun des mortels à qui il expose une vérité divine.

A l'opposé de cet enseignant supérieur, voire surhumain, le texte dresse cependant un second portrait de l'énonciateur, celui d'un *je* lui-même homme mortel.

8. Sur l'éventail des différentes formes discursives sous lesquelles se manifeste cette prise de pouvoir du *je*-énonciateur, cf. CALAME 2000a, 59–63.

9. Pour la transmission du fragment B 23/64, cf. *supra*, chap. I, 3.

10. Pour le contexte de la citation et pour un commentaire plus complet de ce fragment, cf. *infra*, chap. IV, 3.1.

### *1.2. Le* je*-énonciateur homme mortel*

En B 117, le *je* évoque son passé où, dit-il, il a incarné plusieurs créatures différentes :

B 117

**ἤδη γάρ ποτ' ἐγὼ γενόμην κοῦρός τε κόρη τε**
**θάμνος τ' οἰωνός τε καὶ ἔξαλος ἔμπορος ἰχθύς.**

**« Car moi, je fus déjà un jour garçon et une fille,**
**Et plante et oiseau et poisson, qui trouve son chemin hors de la mer. »** [11]

Tel est le parcours qui détermine l'existence de chaque créature mortelle : sous l'emprise de l'Amour, elle voit à un certain moment le jour (cf. ποτέ, v. 1), vit en étant déterminée tantôt par Amour tantôt par Haine, jusqu'à ce que le pouvoir de cette dernière soit assez fort et que la créature mortelle se décompose, avant de renaître plus tard sous forme d'une autre composition élémentaire agencée à son tour par la force cosmique Amour. Le *je* semble apparemment subir cette détermination au même titre que tous les autres mortels [12].

Une série de passages évoquent plus particulièrement la nature accablante de cette contrainte cosmique à laquelle le *je* n'échappe pas non plus : ce sont les moments où Neikos, la Haine, détermine la situation. Voici le fragment B 115 qui, à ce propos, est très parlant :

B 115

εὖτέ τις ἀμπλακίῃσι φόνῳ φίλα γυῖα μιήνῃ,
ὅς καὶ [...] ἐπίορκον ἁμαρτήσας ἐπομόσσῃ,
δαίμονες οἵ τε μακραίωνος λελάχασι βίοιο,
τρίς μιν μυρίας ὧρας ἀπὸ μακάρων ἀλάλησθαι,
φυομένους παντοῖα διὰ χρόνον εἴδεα θνητῶν
ἀργαλέας βιότοιο μεταλλάσσοντα κελεύθους.
αἰθέριον μὲν γάρ σφε μένος πόντονδε διώκει,
πόντος δ' ἐς χθονὸς οὖδας ἀπέπτυσε, γαῖα δ' ἐς αὐγὰς
ἠελίου φαέθοντος· ὁ δ' αἰθέρος ἔμβαλε δίναις·
ἄλλος δ' ἐξ ἄλλου δέχεται, στυγέουσι δὲ πάντες.
**τὴν καὶ ἐγὼ νῦν εἶμι, φυγὰς θεόθεν καὶ ἀλήτης,**
**νείκεϊ μαινομένῳ πίσυνος.**

11. Le fragment B 117 est transmis par plusieurs sources tardives qui rapprochent le texte de la pensée pythagoricienne. Hippolyte (*Haer.* 1.3) établit en plus un rapport avec des notions stoïciennes. Cf. à ce sujet le commentaire de Wright (1981, 275 *sq.*).

12. Une description de ce parcours constitutif de l'existence mortelle se trouve par exemple aux fragments B 21/63, v. 7–14 et B 35/201, v. 14–17. Wright (1998, 6 *sq.*) démontre dans quelle mesure ce portrait du *je* d'Empédocle correspond à celui de l'énonciateur homérique et hésiodique.

«Quand l'un, dans le manque, souille ses propres membres d'un meurtre,
Lui qui […] commet la faute et prononce le parjure,
Les démons, qui ont eu pour lot de vivre une vie de longue durée,
Devraient errer trois myriades de saisons loin des bienheureux,
Croissant dans les formes diverses du mortel à travers le temps,
Qui échangent, l'un avec l'autre, les durs chemins de l'existence.
Car la force de l'éther les chasse vers la mer
Et la mer les recrache vers le sol de la terre, et Terre à l'éclat
Du soleil lumineux; lui, les jette dans les tourbillons de l'éther.
Chacun les accueille à la suite de l'autre, tous les haïssent.
**Moi aussi, maintenant, je vais aller ce chemin, exilé du dieu et errant,**
**Vassal de Haine la délirante.**» [13]

Dans ce récit, le *je* affirme subir les peines d'une existence déterminée par Neikos, ce qui le met explicitement au même niveau que n'importe quel homme (cf. τις, v. 3) et qui forme en même temps la condition, le moteur de sa vie de mortel [14]. Une série d'autres passages décrivent un *je* qui souffre, reflétant sans doute par cet état la présence de la force cosmique destructrice. Voici le fragment B 118 :

B 118 **κλαῦσά τε καὶ κώκυσα** ἰδὼν ἀσυνήθεα χῶρον.

«**J'ai pleuré et poussé des cris** en voyant le lieu étranger.» [15]

Il n'y a pas de doute que ce vers, qui d'après les sources anciennes raconte la venue au monde du *je*, représente cet événement comme un acte de souffrance produit à l'instigation de Neikos.

Le rapprochement entre ce *je* et le reste des mortels trouve son accomplissement dans les passages où l'énonciateur se manifeste à la première personne

13. Le fragment B 115 est transmis essentiellement par deux sources: dans le cadre d'un commentaire général sur la doctrine d'Empédocle, Hippolyte (*Haer.* 7.29) cite et interprète, dans un ordre légèrement inversé (v. 13, 4–12, 1 *sq.*) et à l'exception du vers 3, l'ensemble du passage. Plutarque (*Moralia* 607c) complète cette source par la citation des vers 1, 3, 5, 6, 13 et précise qu'ils correspondent au «début de la philosophie d'Empédocle (ἐν τῇ ἀρχῇ τῆς φιλοσοφίας)». Cette remarque a beaucoup inspiré les savants désirant reconstruire l'ordre des fragments correspondant à l'«œuvre originale». Cf. à ce sujet, *infra*, chap. VI, 3.

14. L'énoncé des vers 15 *sq.* fait écho à A. *A.* 1282 où Cassandre appelle Oreste φυγὰς τ' ἀλήτης et à Hom. *Il.* 6.200 *sq.* consacré au récit de Bellérophon qui, suite à un acte d'ὕβρις, est haï par les dieux et erre seul à travers la plaine Aléienne. Le passage d'Eschyle est commenté par BOLLACK (2003, 69), celui d'Homère par CALAME (2000b, 71–87). Pour le lien entre Haine et les chemins de la vie (cf. βιότοιο … κελεύθους, v. 8), voir BOLLACK 2003, 68.

15. Le fragment 118 est transmis par Clément d'Alexandrie (*Strom.* 3.14.1 *sq.*) et par Sextus Empiricus (*G.* 11.96). D'après les deux sources, le vers fait référence à la naissance du *je*.

du pluriel. C'est le cas du fragment B 109/522, consacré au mécanisme de la perception :

B 109/522 1 Γαίῃ μὲν γὰρ Γαῖαν **ὀπώπαμεν**, Ὕδατι δ' Ὕδωρ,
2 Αἰθέρι δ' Αἰθέρα δῖον, ἀτὰρ Πυρὶ Πῦρ ἀίδηλον,
3 **Στοργῇ δὲ Στοργήν**, Νεῖκος δέ τε Νείκεϊ λυγρῷ.

1 « Par Terre nous **voyons** Terre, Eau par Eau,
2 Par Ether, Ether brillant, par Feu, Feu étincelant,
3 **Par Amour, Amour**, Haine par Haine mauvaise. »[16]

Ce fameux passage expose le principe de la perception telle qu'elle s'effectue selon la doctrine cosmologique. Le texte évoque un sujet à la première personne du pluriel, un *nous*, qui renvoie tout naturellement, me semble-t-il, aux créatures humaines en général ainsi qu'aux personnes impliquées dans l'événement de la communication des vers en particulier.

En prenant cette position, qui se justifie par rapport à la tradition poétique grecque archaïque où toute référence possible à la situation de communication en cours doit être prise en compte, je m'oppose à l'opinion de certains spécialistes, dont les éditeurs du *Papyrus de Strasbourg*[17]. Pour A. Martin et O. Primavesi (1999, 93), le *nous* du papyrus renvoie aux « démons incarnés ou non », des sujets qu'ils identifient au niveau cosmologique avec des particules d'Amour. Cette définition, qui a été proposée une première fois en 1912 par F. M. Cornford et fut ensuite retenue par d'autres chercheurs, se heurte toutefois à de nombreux obstacles, dont notamment celui qu'il n'est guère concevable, d'après la doctrine, qu'une force cosmique soit elle-même divisible[18].

16. Le fragment B 109/522 est cité notamment deux fois par Aristote (*de An.* 404b). La citation sert à attester que, d'après la théorie d'Empédocle, l'âme est source de connaissance; dans Arist. *Metaph.* 1000b, les vers servent de preuve que la Haine n'est pas exclue, dans la doctrine d'Empédocle, du processus de connaissance.

17. Je me réfère pour cette interprétation à des observations sur la poésie grecque archaïque en général publiées par Calame (2000a). Au sujet du glissement de la situation fictionnelle à la situation de communication vécue, voir 18–23; quant à la signification du *nous*, Calame remarque que (2000a, 35) : « … par le passage constant dans ce type de poésie de la forme singulière *je* au pluriel *nous*, le *je* installe probablement à ses côtés un second *tu*, anti-sujet avec lequel il ne se trouve en relation que très partiellement polémique; narrateur et narrataire peuvent donc être associés dans le même forme linguistique: la voix du locuteur/narrateur inclut celle du "public" auquel il s'adresse. »

18. Pour l'histoire de cette hypothèse, qui dans un premier temps s'inscrivait dans un effort de saisir un lien entre les parties physique et morale de l'œuvre d'Empédocle, cf. Martin/Primavesi 1999, 83–86. Sur ce point, la prise de position de Martin et Primavesi a provoqué beaucoup de réactions critiques. Cf. par exemple Gemelli Marciano 2000, 398 et Osborne 2000, 340 *sq.*

Une référence au *nous* figure également au fragment suivant, le B 120, où ces sujets multiples sont présentés dans une situation cosmique plus marquée.

B 120 **ἠλύθομεν** τόδ' ὑπ' ἄντρον ὑπόστεγον...

«**Nous sommes venus** sous le toit de cette caverne...»[19]

Le *je* décrit ici comment, en compagnie d'autres sujets, il accède lui-même à une caverne, un endroit que les interprètes identifient tantôt avec le monde des vivants, tantôt avec les enfers. L'évocation de l'obscurité qui règne sans doute dans cette caverne renvoie toutefois à la présence de Neikos[20]. Là encore, il me paraît naturel de référer le *nous* au sujet parlant et à ses élèves énonciataires en tant que représentants des humains mortels[21].

Il arrive cependant aussi que l'énonciateur se présente en compagnie d'autres personnes dans un contexte favorable, marqué par la présence de Philotês. Plusieurs passages sont à citer à ce propos. Tous sont transmis par le *Papyrus de Strasbourg*. Avant de m'y consacrer, je vais cependant exposer les enjeux de sa transmission et des discussions scientifiques qu'il a suscitées.

Parmi les surprises que le papyrus a réservées aux chercheurs, il faut mentionner une accumulation de formes verbales à la première personne du pluriel : un *nous* agit en sujet à cinq reprises, alors que dans l'ensemble du corpus «traditionnel» il n'y a que deux formes verbales à la première personne du pluriel[22]. Or, puisqu'on sait que les scribes de papyrus commettaient facilement des erreurs, cette situation inattendue a provoqué la méfiance des lecteurs modernes. Le doute s'est encore renforcé par le fait qu'une intervention supra-linéaire corrige le texte de trois des cinq passages concernés en éliminant la forme de la première

19. Ce début de vers du fragment B 120 est transmis par Porphyre (*Antr.* 8), ainsi que par Plotin (8.4). Les deux auteurs identifient l'endroit évoqué avec le monde des mortels.

20. Les différentes interprétations du vers sont commentées par Wright (1981, 280). A propos de l'obscurité comme attribut de la force cosmique destructrice, cf. *supra*, chap. II, 1.1.

21. Pour l'interprétation de ces *nous* qui souvent dans la poésie grecque archaïque se trouvent dans un même contexte à côté d'un *je*, cf. le commentaire de Calame (2000a, 64 *sq.*). Plus discrète est la référence au *nous*, locuteur-énonciateur et allocuté-énonciataire, dans l'invocation à la Muse du fragment B 131, passage cité à la section précédente, *supra*, chap. III, 1.1 (cf. ἡμετέρας μελέτας, v. 2).

22. Pour simplifier, j'appelle «corpus traditionnel» les fragments d'Empédocle connus avant la publication du *Papyrus de Strasbourg*. Les deux passages en question sont les fragments B 109/522, v. 1 et B 120, vers que je viens de discuter. S'y ajoutent trois occurrences de pronoms de la première personne du pluriel, qui figurent en B 4/27, v. 2, en B 131, v. 2 et en B 133, v. 2.

personne du pluriel. J'écarte de la présente discussion un passage où le texte est si mal conservé que non seulement les lettres décisives sont complétées par les éditeurs modernes, mais qu'une éventuelle correction supra-linéaire n'est en outre plus perceptible[23]. Restent donc pour moi quatre passages, qui dans trois cas ont été modifiés par une main correctrice. Deux fois le second scribe élimine la première personne du pluriel, associant par là les paroles du papyrus à des énoncés connus par la tradition indirecte. Voici les quatre vers concernés, tels qu'ils sont transmis par le *Papyrus de Strasbourg*, avec le texte des deux mains distinctes :

I. *PStrasb.* fr. a(i), v. 6 :

main 1 : Ἀλλ' ἐν μὲν Φιλότητι συνερχό**μεθ'** εἰς ἕνα κọ́σμον.
« Mais dans l'Amour **nous nous réunissons** dans un seul ordre. »

main 2 : Ἀλλ' ἐν μὲν Φιλότητι συνερχό**μεν'** εἰς ἕνα κόσμον (B 26/68, v. 5)
« Mais dans l'Amour **se réunissant** (les éléments) dans un seul ordre. »

II. *PStrasb.* fr. a(ii), v. 17 :

main 1 : ... μ̣ẹσάτους τ̣' [εἰση]ρ̣χό**μεθ'** ἓν μ̣[όνον εἶναι]
« ... **Nous entrions** dans les lieux centraux pour n'être plus qu'un. »

main 2 : ————

III. *PStrasb.* fr. c, v. 3 :

main 1 : ἄλλοτε μὲν Φιλότητι συνερχό**μεθ'** εἰς ἓν ἅπαντα
« Tantôt **nous nous réunissons** par Amour en un tout entier. »

main 2 : ἄλλοτε μὲν Φιλότητι συνερχό**μεν'** εἰς ἓν ἅπαντα
(B 20/60, v. 2/B 17/31, v. 7)
« Tantôt par Amour, **se réunissant** tous (les éléments) en un. »

IV. *PStrasb.* fr. d, v. 10 :

main 1 : [—ϖ— ἡ]μεῖς δὲ λόγων ἐπιϐ[ήσο**μ**]**εθ'** αὖθις
« Nous **monterons** à nouveau aux propos que voilà. »

main 2 : [—ϖ— ἡ]μεῖς δὲ λόγων <σ'> ἐπιϐ[ήσο**μ**]**εν** αὖθις
« **Nous** te **ferons monter** à nouveau aux propos que voilà. »[24]

Au niveau du texte, la modification proposée par la main correctrice est dans les trois cas minimale : c'est à chaque fois un -θ- qui est remplacé par un -ν-, ce qui change les désinences verbales de -μεθ' en -μεν'. La même correction n'a cependant pas toujours le même effet. Dans deux cas, en a(i).6 et en c.3, le

23. Il s'agit du fragment d, v. 8 : [ἐξικ]ṿοὐ**με**[**θα** γὰ]ρ̣...

24. En ce qui concerne mon mode de citer les fragments transmis par le *Papyrus de Strasbourg*, cf. *supra*, chap. II, 1.1.

correcteur modifie le sujet des énoncés en question en même temps que la forme verbale: les *nous* sont éliminés et remplacés par des sujets au neutre pluriel qui, d'après les textes du corpus « traditionnel », se réfèrent probablement aux éléments. Les énoncés qui en résultent correspondant plus ou moins exactement à des vers déjà connus par la tradition indirecte; on serait alors tenté de croire que le correcteur a rectifié une faute systématique de la part du premier scribe[25].

Or, deux arguments affaiblissent cette hypothèse: premièrement, la forme n'est pas corrigée en a(ii).17, alors que cette même intervention remplacerait là aussi le sujet *nous* par un neutre pluriel qui ferait ainsi référence aux éléments. Ensuite, et même si le passage a(ii).17 avait simplement échappé à l'auteur de la seconde main, demeure un problème important: au vers d.10 la même correction qu'en a(i).6 et en c.3 ne peut pas s'expliquer par le même motif. La forme corrigée n'élimine pas en effet la première personne du pluriel, ce qui est la motivation supposée de l'intervention dans les deux autres cas. En ce qui concerne le vers d.10, le correcteur semble avoir une autre raison de modifier le texte: le verbe reste à la première personne du pluriel, mais passe d'un usage intransitif à une forme active, ce qui exige l'introduction d'un complément d'objet direct[26]. Concrètement, il y a donc une alternative entre « nous reviendrons au récit... » et « nous te ferons remonter au récit... ».

Contrairement aux deux autres interventions du correcteur, celle en d.10 ne « normalise » donc pas le texte puisque la première personne du pluriel n'est pas éliminée. Elle introduit en revanche un obstacle au niveau de la syntaxe, à savoir le manque d'un complément d'objet direct dépendant de la nouvelle forme verbale. Si on veut maintenir l'idée que les interventions en a(i).6 et en c.3 sont

25. Les éléments sont souvent évoqués par des pronoms au neutre pluriel. Cf. à ce propos Bollack 1965, 287. En B 26/68, le sujet sous-entendu est un αὐτά qui se trouve quelques vers auparavant et renvoie aux éléments. En B 20/60 le participe se réfère à γυῖα, « les membres » qui, d'après le texte, se réunissent au moment de la création d'un corps. Dans le papyrus, le texte est si lacunaire qu'on serait de toute façon obligé de le compléter par un sujet pour assurer une construction syntaxique cohérente.

26. Les éditeurs du *Papyrus de Strasbourg* ont opté pour la variante corrigée et ajoutent comme complément direct du verbe un σ' précédent la forme verbale. Pour justifier leur choix, ils s'appuient avant tout sur un détail qui distingue, au niveau du texte, l'intervention en d.10 des trois autres corrections: deux points entourent le ν supra-linéaire. Ce signe semble faire référence à une collation avec un autre manuscrit, ce qui accorderait à cette intervention-ci davantage de poids qu'aux simples additions supra-linéaires des deux cas précédents. Cette différence a amené les éditeurs du *Papyrus* à retenir en d.10 – et seulement là – le texte de la seconde main, dont ils admettent qu'il restitue une « partie du texte authentique ». Pour plus de détails, cf. Martin/Primavesi 1999, 309 *sq.*

motivées par un effort de « normalisation » du texte, on est donc obligé de considérer l'intervention en d.10 comme erronée et motivée par les deux corrections précédentes[27]. Bien qu'il soit difficile de retracer l'histoire de ce texte, il paraît donc probable que le correcteur, auteur de la seconde main, visait à retracer un lien significatif entre ces quelques vers et le reste de l'œuvre d'Empédocle ; et il vaudrait sans doute la peine de chercher à mieux cerner ses motivations[28].

Le même propos est valable pour la version de la main principale du papyrus. Elle représente une variante grammaticalement correcte qui surprend cependant par sa signification. Dans les passages a(i).6 et c.3, cette version propose des variantes par rapport au corpus traditionnel, des « déviances » qui sont dues à des formes verbales à la première personne du pluriel. Or, dans l'ensemble du corpus d'Empédocle, les reprises sans ou avec variations sont nombreuses ; de petites différences sont souvent hautement significatives. Aussi cette expérience m'a-t-elle amenée à préférer la version de la première main pour les passages I (a(i).6) et III (c.3). Je vais ainsi essayer de saisir la signification de ces variantes inattendues de passages autrement connus, tout en considérant que la version de la seconde main est elle aussi significative. Pour ce qui est du passage d.10, je retiens également la forme de la première main, mais cette fois parce que la version du correcteur me paraît problématique dans la mesure où elle nécessite l'introduction d'une lettre supplémentaire, geste qui à son tour risque de modifier l'enseignement exposé[29].

Après ce détour par quelques problèmes liés à la transmission des fragments du *Papyrus de Strasbourg*, je reprends maintenant le fil de mon argumentation. Voici

27. Sinon, on devrait admettre que le scribe correcteur n'a, malgré les apparences, pas été gêné par les formes verbales à la première personne du pluriel, mais qu'une autre cause – qu'il s'agirait de trouver encore – l'a amené à faire des ajouts sur le papyrus.

28. Cf. le commentaire d'Osborne au sujet de la version du correcteur (2000, 346) : « *Clearly this is no slip of the pen; such a systematic recurrence cannot be mere coincidence. Even if the first-person plurals are incorrect, it must be explained as an error behind which a reason lies.* »

29. La situation du *Papyrus de Strasbourg* illustre bien, à mon avis, la vanité de la recherche d'un seul texte original : les deux versions – celle de l'auteur principal et celle du correcteur – donnent, pour les passages a(i).6 et c.3 en tout cas, des énoncés cohérents et significatifs par rapport au reste du corpus. Il est donc non seulement impossible, mais même inutile de vouloir déterminer une seule « bonne version ». Cet état du texte rappelle plutôt la constante modification et réadaptation de textes destinés à la performance orale, comme Nagy (1990, 18–35) le décrit.

trois extraits des fragments a et c qui décrivent le *je*-énonciateur en compagnie d'autres personnes dans un contexte cosmique favorable[30] :

*PStrasb.* fr. a :

a(i).6 [Ἀλλ' **ἐν μὲν Φιλότητι συνερχό**]**μεθ'** εἰς ἕνα κ̣ό̣σμον.
. . . . . .
a(ii).17 … μ̣ε̣σάτους τ̣' [**εἰση**]**ρ̣χόμεθ' ἓν μ̣**[**όνον** εἶναι]
…

a(i).6 « Mais, au **temps de l'Amour nous nous réunissons** en un tout ordonné unique.
. . . . . .
a(ii).17 … **Nous entrions** dans des lieux centraux **pour ne former qu'un.**
… »

*PStrasb.* fr. c :

3 [ἄλλοτε μὲν **Φιλότητι συν**]**ερχόμεθ'** ε[ἰς ἓν ἅπαντα]
…

3 « Tantôt, **sous l'action de l'Amour, nous nous joignons** en un
… »

Bien que le texte soit extrêmement mal transmis, il est probable que la situation évoquée dans ces trois vers soit marquée par la force cosmique Amour. Il est en revanche difficile de déterminer à quel contexte concret le texte fait référence. On dirait que les vers font partie d'énoncés théoriques, c'est-à-dire d'évaluations cosmologiques d'une situation où le *je* vit, en compagnie d'autres personnes, un moment déterminé par Amour.

Plus explicite est à ce propos un autre passage, extrait du fragment d, toujours transmis par le *Papyrus de Strasbourg.* Ces vers sont particulièrement précieux dans le contexte de la présente discussion, puisque, selon toute probabilité, ils évoquent tantôt le *je*, tantôt le *nous*, ce qui permet de comparer les références au seul énonciateur avec celles où il se présente en compagnie d'autres personnes[31].

30. Un argument supplémentaire en faveur de la première main est également à voir dans l'écho qu'elle fait à Hes. *Op.* 659, interprété selon Laks (2002). L'auteur oppose de façon convaincante sa lecture à celle de Martin/Primavesi (1999, 309) qui, quant à eux, s'appuient sur le même parallèle pour défendre le texte de la main correctrice.

31. L'état fragmentaire du papyrus fait que le texte a largement été complété par des interventions qui concernent justement les trois références à la première personne du pluriel (ἡμῖν, v. 4; [ἐξικ]ν̣ούμε[θα, v. 8 ; ἡ]μεῖς, v. 10). Je m'appuie donc dans les trois cas sur le texte tel qu'il a été restitué par les éditeurs du *Papyrus*.

Voici donc la partie centrale du fragment d, un passage clé pour l'étude de la représentation du *je*-énonciateur :

*PStrasb.* fr. d :

… Φιλίην δὲ [καὶ Ε]ὐ̣ν̣[οίη]ν̣ νῦν **ἔχουσιν**
[Ἅρ]π̣υιαι θανάτοιο πάλοις̣ [**ἡμῖν** παρέσ]ονται.
[Οἴ]**μ̣οι** ὅτ(ι) οὐ πρόσθεν **με** διώλεσε νηλεὲς ἦμαρ
πρὶν χηλαῖς̣ σχέτ̣λι' ἔργα βορ̣ᾶς πέρι μητ̣ί̣σ̣α̣σθαι
[νῦν δ]ὲ μάτη[ν ἐν] τῶιδε νότ̣[ωι κατέδ]ε̣**υσα** παρειάς
[**ἐξικ**]ν̣**ούμε**[**θα** γὰ]ρ̣ πολυβενθ̣[εα —⏑], **ὀ̣ίω**,
[—⏒—] **ἐθέλουσι** παρέσσε[ται ἄλγ]ε̣α θυμῶι
[—⏒— **ἡ**]**μεῖς** δὲ λόγων **ἐπιβ**[**ήσομ**]**εθ'** αὖθις
…

« … Et, bien que maintenant **nous ayons** l'Amour et la bienveillance
Les Harpyes vont (s'approcher de **nous**) avec des verdicts de mort.
Malheur à **moi** ! Car un jour funeste ne **m'**a pas fait périr
Avant qu'avec mes griffes **je n'eusse machiné** de cruelles actions pour me nourrir.
C'est en vain que, dans cette tempête, j'ai inondé mes joues.
En effet, **nous atteignons, je crois**, […] le plus profond
[…] ils le veulent, des tourments sont présents dans le cœur
[…] **nous, nous allons à nouveau remonter** aux propos
… »[32]

Des références au *je* alternent, dans ces vers, avec des renvois au *nous* : l'énonciateur décrit d'abord comment, en compagnie d'autres sujets, il passe d'une période heureuse à des circonstances malheureuses (v. 3 *sq.*)[33]. Suivent ensuite trois vers où le *je* ne parle qu'en son propre nom, expliquant cette évolution par son attitude personnelle (v. 5–7). Il revient finalement sur la perspective collective par l'annonce d'un nouveau tournant concernant les circonstances cosmiques, un tournant qui conduira les *nous* vers une nouvelle période de bonheur.

En dehors de l'évocation alternante du *je* et du *nous*, une autre opposition structure également le passage : celle des deux situations cosmiques contraires mentionnées successivement. Au début du passage, Amour domine la situation, Haine amène ensuite mort et souffrance, et c'est finalement de nouveau Amour qui ramène le bonheur.

32. Pour mon mode de citer les fragments transmis par le *Papyrus de Strasbourg*, cf. *supra*, chap. II, 1.1. Quant aux raisons qui m'amènent à retenir au vers 10, contrairement aux éditeurs, le texte de la première main, cf. *supra*, dans cette même section.

33. Vu que le ἡμῖν n'est pas transmis, mais complété par les éditeurs, on peut aussi penser que le passage du *nous* au *je* s'effectue déjà un vers plus haut.

Le recoupement de ces deux structures peut être représenté comme suit :

| VERS | JE/NOUS | AMOUR/HAINE |
|---|---|---|
| 3 | nous | Amour |
| 4 | (nous) | Haine |
| 5 | je | Haine |
| 6 | je | Haine |
| 7 | je | Haine |
| 8 | nous | Amour |
| 9 | nous | Amour |
| 10 | nous | Amour |

Ainsi s'avère-t-il qu'en compagnie des autres créatures, quand Amour détermine la situation cosmique, le sujet parcourt des périodes de bonheur, puis plonge, quand Neikos s'empare du pouvoir, dans le malheur. En dehors de cette expérience commune, le *je* se distingue en outre par le fait qu'il est le seul à savoir commenter l'évolution des circonstances cosmiques : il arrive en effet à annoncer la fin d'une période heureuse (cf. v. 4) ou d'un passage malheureux (cf. v. 8). Il sait de plus pour quelle raison il est entré dans une situation de souffrance (cf. v. 5 *sq.*) et réussit, grâce à sa conscience des évolutions en cours, à relativiser et à surmonter la souffrance du moment (v. 7 *sq.*) [34].

Par le biais de cette représentation du *je*-énonciateur comme créature mortelle, le texte suggère ainsi à l'élève comment il peut lui aussi, grâce aux connaissances cosmologiques qu'il est en train d'acquérir, mieux gérer les contraintes cosmiques liées à son existence humaine. Cet enjeu didactique m'amène à adopter maintenant le point de vue de l'élève-énonciataire ; le changement de perspective révélera alors en même temps une cohérence entre les deux portraits opposés du *je*-énonciateur.

34. D'après le fragment B 112, c'est la caractéristique des hommes ignorants de ne pas arriver à surmonter eux-mêmes la souffrance.

## 2. Le point de vue de l'élève-énonciataire

Du point de vue de l'élève-énonciataire, chacune des deux images opposées du *je*-énonciateur est instructive. Autant l'enseignant autoritaire que le *je* qui se présente comme un simple mortel l'amènent à devenir expert dans la doctrine cosmologique : le premier l'incite à assimiler le savoir en communication, alors que le second affiche une attitude qui lui sert d'exemple à suivre. On peut ainsi imaginer une sorte de programme didactique pour l'élève-énonciataire : il suit dans un premier temps les ordres de réception textuelle du *je* surhumain, acquiert par là le savoir nécessaire pour, dans un second temps, suivre dans sa vie l'exemple du *je* mortel, tel qu'il est représenté dans le fragment d du *Papyrus de Strasbourg*.

Le but de ce double enseignement peut cependant être davantage précisé en évaluant sa signification cosmologique.

### *2.1. Le statut cosmologique de la réception des vers*

Conformément à ce qu'on a vu aux chapitres précédents, la communication de la doctrine semble se passer à tous les égards sous le signe de la force cosmique Amour. Cette hypothèse se confirme dans la suite du fragment d du *Papyrus de Strasbourg*. Voici donc le même passage, à partir du vers 8 cette fois :

*PStrasb.* fr. d :

**[ἐξικ]ṿούμε[θα** γὰ]ρ̣ πολυ**βενθ̣[εα** —⏑], **ὀ̣ίω**,
[—⏓—] ἐθέλουσι παρέσσε[ται ἄλγ]ε̣α θυμῶι
[—⏓— ἡ]μεῖς δὲ λόγων **ἐπιβ[ήσομ]εθ' αὖθις**
[ ⏓ ]ε δὴ συνετύγχανε ψ[λυγ]μὸς ἀτειρής
[—⏓—⏓]ω̣ς ἀνάγων π[ο]λυπήμ[ον]α κρᾶσιν
…

« En effet, **nous atteignons, je crois,** […] le plus **profond**
[…] ils veulent, des tourments sont présents dans le cœur
[…] nous, nous allons **de nouveau remonter** aux propos
[…] survenait une flamme puissante
[…] menant vers le haut le produit du mélange
… »[35]

Au début de l'extrait, au vers 8, le *je* annonce la fin d'une période néfaste à tous ; cette prévision l'amène en même temps à se ressaisir. Suit un vers fortement

35. A propos du mode de citer les fragments transmis par le *Papyrus de Strasbourg*, cf. *supra*, chap. II, 1.1.

mutilé et une invitation à reprendre collectivement le fil du récit cosmologique. Ce projet est alors, d'après ce qui nous reste des vers successifs, immédiatement mis en œuvre.

Il y a donc coïncidence entre le retour vers une période cosmique favorable (v. 8) et la reprise de l'exposé cosmologique : pour ressurgir des profondeurs d'une période néfaste (cf. πολυϐένθεα, v. 8), l'énonciateur invite ses élèves à se consacrer au récit cosmologique, une activité qui semble « remonter » tous ceux qui y participent vers un état cosmique déterminé par Amour (cf. ἐπιϐ[ήσομ]εθ' αὖθις, v. 10) ![36]

Ce lien direct entre l'événement poétique et l'évolution cosmique jette également une nouvelle lumière sur les exhortations à être attentif avancées par un *je* qui se présente comme supérieur aux autres mortels : tous ces énoncés doivent décrire des gestes qui mènent l'élève-énonciataire à une détermination cosmique par Amour.

Or, l'ensemble des exhortations directement adressées à l'élève-énonciataire peut être classé d'après le contenu. Il y a une exhortation générale (ἴσθι, fr. B 110/699, v. 10), des incitations à l'écoute, à la vision, ainsi que des passages où l'élève-énonciataire est appelé à investir plusieurs sens en même temps. Une énumération systématique de tous ces passages révèle l'importance que le texte accorde aux divers aspects de la réception poétique.

36. Cette conclusion trouve un appui dans le préfixe συν- (v. 11), de même que dans le terme de mélange (κρᾶσις, v. 12), tous deux liés aux récits de l'état cosmique déterminé par Amour. Αὖθις ne se réfère ici à mon avis ni au passé ni au futur mais, conformément à sa signification habituelle dans la poésie grecque archaïque, au *hic et nunc* de la communication en cours ; cf. à ce sujet l'article de Calame (1997b). L'interprétation que je propose présuppose donc que le *nous* se réfère aux personnes impliquées dans la communication des vers, à savoir l'enseignant et son ou ses élève(s). En plus de cette référence immédiate au *hic et nunc*, le *nous* a sûrement aussi une signification à l'intérieur du système cosmologique ; les hypothèses des chercheurs à ce sujet sont multiples et controversées. Laks (2002) consacre un article à ce problème suite à la publication du *Papyrus de Strasbourg* riche en références à la première personne du pluriel. L'auteur distingue différents emplois du « nous » (un « nous majestueux », un « nous élargi », un « nous spécifiant » et un « nous collectif »). Ces quatre catégories sont ensuite réparties selon deux statuts opposés que l'auteur dénomme « nous-objet » et « nous-sujet ». Par « nous-objet », il entend un « nous » qui participe au devenir physique, alors que le « nous-sujet » serait l'auteur du récit. Or, à mon avis, cette dernière opposition ne convient pas à la doctrine exposée ; l'énonciateur, en effet, celui qui se présente comme l'auteur du récit, est lui aussi déterminé par les lois cosmiques et se présente même comme tel. Il est donc forcément aussi « nous-objet » ; et c'est justement dans cette double fonction d'énonciateur – il enseigne et illustre en même temps – que l'enseignant devient proche de l'élève et que la force didactique du texte prend sa source. Je suis en revanche entièrement d'accord avec le commentaire de Bollack (2001, 184) : « Le "nous", tout à fait essentiel, et hautement

Voici les passages, extraits des fragments B 1/3, B 62/510, B 17/31 et B 6/150, qui incitent l'élève-énonciataire à une réception spécifiquement auditive :

B 1/3 Παυσανίη, σὺ δὲ **κλῦθι**, δαΐφρονος Ἀγχίτου υἱέ.

« Pausanias, **écoute**, fils du sage Anchitos. »

B 62/510
1 νῦν δ' ἄγ', ὅπως ἀνδρῶν τε πολυκλαύτων τε γυναικῶν
2 ἐννυχίους ὅρπηκας ἀνήγαγε κρινόμενον Πῦρ,
3 **τῶνδε κλύ'**· οὐ γὰρ μῦθος ἀπόσκοπος οὐδ' ἀδαήμων.
...

1 « Or voici maintenant comment, des hommes et des femmes trempés [de pleurs,
2 Feu, se séparant, fit jaillir les pousses dans la nuit.
3 **Ecoute** ceci : mon récit ne manque pas le but ni n'est dénué de savoir.
... »

B 17/31
13 ἀλλ' ἄγε μύθων **κλῦθι**· μάθη γάρ τοι φρένας αὔξει.
. . . . . . .
25 ... **σὺ δ' ἄκουε** λόγου στόλον οὐκ ἀπατηλόν.
...

13 « Mais allons, **écoute** ces récits : d'écouter, plus riche deviendra ta pensée.
. . . . . . .
25 ... **mais toi écoute** l'équipée de ces paroles sûres.
... »[37]

B 6/150
1 τέσσαρα γὰρ πάντων ῥιζώματα πρῶτον **ἄκουε**·
...

1 « D'abord les quatre racines du monde, **écoute** les voici :
... »[38]

instructif, semble bien désigner de son côté l'association communautaire, fondée sur le point central de la doctrine exposée, et ne suppose pas une référence hypothétique à la formation physique et théologique d'hommes-démons. C'est vraiment une question de discours. »

37. Pour la transmission des fragments B 1/3 et B 62/510, cf. *supra*, chap. III, 1.1, pour celle du fragment B 17/31, cf. *supra*, chap. I, 4.1.

38. A propos de la transmission du fragment B 6/150, cf. *infra*, chap. V, 3.1, où le passage est cité en entier. Contrairement à κλύειν, qui désigne une écoute en insistant sur le contenu de ce qui est entendu, ἀκούειν se réfère au mode de réception spécifiquement auditif. Cf. à ce propos, *LfgrE* 1955 I 427 (*s. u.* ἀκούω) et II 1457 *sq.* (*s. u.* κλύω). La forme κλῦθι fait écho à une incitation à l'attention directement adressée à Persès dans Hes. *Op.* 9. Dans l'énoncé hésiodique (κλῦθι ἰδὼν αἰών τε) le verbe désigne la réception à la fois auditive et visuelle, ce qui illustre bien la différence de signification entre κλύειν et ἀκούειν. Le passage hésiodique est commenté par PUCCI (1996, 193 *sq.*).

A ces énoncés qui évoquent une situation de communication orale, qu'elle soit seulement fictionnelle ou aussi « réelle », s'ajoutent une série d'exhortations à voir, extraits des fragments a et b du *Papyrus de Strasbourg*, de B 17/31 et de B 21/63. Ces exhortations ne surprennent pas dans le contexte de la poésie grecque ancienne, puisque l'aspect visuel du discours fait l'objet de nombreuses études et commentaires de la part des auteurs anciens : pour être efficaces, les paroles doivent solliciter le regard du destinataire, lui soumettre des évidences[39].

*PStrasb.* fr. a:

a(ii).21 [Σπεῦ]δ̣ε δ' ὅπως μὴ μοῦνον ἀν' οὔατα [—⏕——]
a(ii).22 [—⏑] **μευ** ἀμφὶς ἐό̣ντα **κλύων** [ν]η̣μερτ[εα **δέρκευ·**]
a(ii).23 [**δεί**]**ξ̣ω σοι** καὶ ἀν' ὄσσ(ε) ἵνα μείζονι σωμ[⏕——]
...

a(ii).21 « [...] afin que non seulement par les oreilles
a(ii).22 [...] **en m'écoutant** [...] **regarde** ce qui est vrai, autour
a(ii).23 **Je vais montrer pour toi** aussi **par les yeux** [...] afin que [...] meilleur
... »[40]

**B 76/468**, v. 3 = fr. b, v. 2 3/2 **ἔνθ' ὄψει** Χθόνα χρωτὸς ὑπέρτατα ναιετάουσαν

3/2 « Là, **tu verras** Terre habiter la cime de la chair. »[41]

Ces textes font référence à la réception visuelle d'images évoquées par les vers eux-mêmes. En guise de preuve de la pertinence du savoir enseigné, l'élève

39. Une étude systématique de cette problématique se trouve chez Calame (1991, 3–23).

40. En ce qui concerne mon mode de citer les fragments transmis par le *Papyrus de Strasbourg*, cf. *supra*, chap. II, 1.1. Le texte est malheureusement trop mutilé pour qu'on puisse savoir si la lecture proposée est effectivement correcte. Je suppose que le *je*-énonciateur incite l'élève à ne pas se limiter à une réception auditive et lui suggère de *voir* en même temps la pertinence de ce qu'il apprend par cette voie. Conformément à cette exhortation, il se décrit vraisemblablement aussitôt après lui-même comme quelqu'un qui *démontre* (cf. δείξω, v. 23) ce qu'il enseigne. En B 131, passage cité *supra* aux chap. II, 1.1 et III, 1.1, le *je*-enseignant se décrit comme illustrateur d'un discours (λόγον ... ἐμφαίνοντι, v. 4).

41. Le fragment B 76/468 est cité par Plutarque (*Moralia* 618b–c) au sujet de la place des éléments dans le cosmos et à l'intérieur des créatures particulières. Le passage traite plus particulièrement des testacés qui, à cet égard, ne se conforment pas à l'ordre macrocosmique, puisque la terre, par son poids, dans le monde en bas, se trouve dans cette espèce tout en haut. Le même vers se retrouve dans *PStrasb.* fr. b, v. 2. D'après les traces conservées, les deux premiers vers du fragment B 76/468 y figurent également, mais dans un autre ordre et avec des vers intercalés. Arrangé ainsi, le nouveau témoignage donne plus de clarté à ce passage qui était jusqu'à présent difficile au niveau de la construction syntaxique. Pour un commentaire détaillé, cf. Martin/Primavesi 1999, 248.

peut et doit toujours chercher à saisir ces mêmes images dans le monde qui l'entoure[42]. La perception requise est donc toujours une vision consciente, c'est-à-dire un acte à la fois mental et visuel, comme il est explicitement décrit en B 17/31, dans un autre passage du fragment a du *Papyrus de Strasbourg* et en B 21/63 :

**B 17/31** 19 καὶ Φιλότης ἐν τοῖσιν ἴση μῆκός τε πλάτος τε.
20 τὴν **σὺν νόῳ δέρκευ** μηδ' ὄμμασιν ἧσο τεθηπώς·
...

19 « Et l'Amitié, qui est en Eux, leur est égale en longueur et en largeur.
20 Elle, **regarde-la avec ta pensée**, ne reste pas là, les yeux éblouis,
... »[43]

*PStrasb.* fr. a :

a(ii).29 ἐκ τῶν ἀψευδῆ **κόμισαι φρενὶ δείγματα** μ[— —]
a(ii).30 **ὄψει γὰρ** ξύνοδόν τε διάπτυξίν τε γενέθλη̣[ς].
...

a(ii) 29 « De ceux-ci, acquiers **pour ta pensée des preuves visibles** sans faute [...]
a(ii) 30 **Car tu verras** la réunion et le déploiement de la race
... »[44]

**B 21/63** 1 ἀλλ' ἄγε, τῶνδ' ὀάρων προτέρων ἐπὶ μάρτυρα **δέρκευ,**
2 εἴ τι καὶ ἐν προτέροισι λιπόξυλον ἔπλετο μορφή,
3 Ἠέλιον μὲν **θερμὸν ὁρᾶν** καὶ λαμπρὸν ἁπάντη̣,
...

1 « Mais viens, à mes confidences précédentes ajoute pour témoins,
2 L'ensemble manquerait-il de matière en ces chants primordiaux,
3 **Regarde** Soleil, **chaud à voir**, sa clarté qui rayonne en tout lieu,
... »[45]

Par l'expression θερμὸν ὁρᾶν (« chaud à voir »), le dernier extrait suggère en outre qu'une perception exhaustive exige non seulement l'attention de la vision

42. Au sujet de la complémentarité entre vision et écoute, cf. le commentaire de BOLLACK (2001, 183) : « ... le voyant redevient l'écoutant ; il comprend, devant les choses qu'il scrute, pourquoi le devenir lui a été présenté et raconté de cette façon et dans cet ordre. »

43. A propos de la transmission du fragment B 17/31, cf. *supra*, chap. I, 4.1. Pour une discussion détaillée de l'extrait cité ci-dessus, cf. *supra*, chap. II, 3.

44. En ce qui concerne le mode de citer les fragments transmis par le *Papyrus de Strasbourg*, cf. *supra*, chap. II, 1.1.

45. Pour la transmission et une première citation du fragment B 21/63, cf. *supra*, chap. I, 4.2.

et de l'intellect, mais implique aussi les autres sens. Cette allusion devient à son tour une directive plus ou moins explicite aux fragments B 3/14, B 2/10 et B 136 :

B 3/14

ἀλλ' ἄγ' ἄθρει **πάσῃ παλάμῃ**, πῇ δῆλον ἕκαστον,
μήτε τιν' **ὄψιν** ἔχων πίστει πλέον ἢ κατ' **ἀκουὴν**
ἢ **ἀκοὴν** ἐρίδουπον ὑπὲρ τρανώματα **γλώσσης**·
μήτε τι τῶν ἄλλων, ὁπόσῃ πόρος ἐστὶ νοῆσαι,
γυίων πίστιν ἔρυκε, νόει θ' ᾗ δῆλον ἕκαστον.

« Va, vois **par toute paume** comme chaque chose apparaît.
Ne te fie pas plus à tes **yeux** qu'à ce que **tu entends**,
A **l'ouïe** sonore avant les gages de la **langue** ;
D'aucun autre membre, pour étroit que soit le chemin de l'intelligence,
N'écarte ta foi, et connais, en suivant l'apparence. »[46]

B 2/10

… τὰ δ' ὅλ' <οὐδεὶς> εὔχεται εὑρεῖν·
οὕτως οὔτ' **ἐπιδερκτὰ** τάδ' ἀνδράσιν οὔτ' **ἐπακουστὰ**
οὔτε **νόῳ** περιληπτά· συ <δ'> οὖν, ἐπεὶ ὧδ' ἐλιάσθης,
πεύσεαι·
…

« … le tout, aucun ne fait vœu de le découvrir.
De cette manière, les hommes ne le **voient** ni ne l'**entendent**,
Et leur **esprit** ne l'embrasse pas. Mais toi, qui t'es retiré ici,
Tu sauras :
… »[47]

B 136

οὐ παύσεσθε φόνοιο **δυσηχέος**; οὐκ **ἐσορᾶτε**
ἀλλήλους **δάπτοντες** ἀκηδείῃσι **νόοιο**;

« Ne vous abstiendrez-vous pas du sang **assourdissant** ? Ne **voyez-vous** pas
Que vous vous **dévorez** les uns les autres, sans **discernement** ? »[48]

Dans ce dernier passage, l'exhortation à la perception sensorielle complexe est communiquée à propos d'un exemple concret, lié aux habitudes alimentaires courantes. Le *je* s'adresse ici à plusieurs élèves pour leur demander avec impatience de percevoir, en connaissant la doctrine (cf. νόοιο, v. 2), la signification des habitudes alimentaires courantes dont autant l'ouïe (cf. δυσηξέος, v. 1) que

46. Pour la transmission du fragment B 3/14 et pour une lecture plus détaillée de cet extrait, cf. *supra*, chap. 1, 4.2.

47. A propos de la transmission du fragment B 2/10, cf. *supra*, chap. 1, 4.1.

48. Le fragment B 136 est transmis par Sextus Empiricus (*G.* 9.119) au sujet d'une croyance commune à Empédocle, à Pythagore et à d'autres savants en Italie selon laquelle l'être humain est apparenté non seulement aux êtres divins, mais également aux animaux et aux plantes.

la vision (cf. ἐσορᾶτε, v. 1) et le goût (cf. δάπτοντες, v. 2) devraient leur révéler les traces d'un acte accompli sous le signe de la Haine[49].

Or, cette attitude dans laquelle l'attention des sens va de pair avec une constante réflexion cosmologique ne fait-elle pas penser au portrait du *je*-énonciateur tel qu'il est décrit sur le fragment d du *Papyrus de Strasbourg*?

Ainsi se conclut le catalogue des exhortations à être attentif adressées à l'élève-énonciataire. La réception correcte apparaît clairement : il s'agit d'avoir une réception conforme au principe cosmique de l'Amour. Elle sollicite alors tous les sens de l'élève, qui doit pour sa part constamment évaluer ses perceptions selon les lois cosmologiques enseignées.

## 3. L'énonciateur, récepteur cosmique modèle

Voici encore une fois la partie centrale du fragment d du *Papyrus de Strasbourg*, dans laquelle le *je*-énonciateur apparaît en tant que « récepteur cosmique » :

*PStrasb.* fr. d :

… Φιλίην δὲ [καὶ Ε]ὐ̣ν̣[οίη]ν̣ νῦν ἔχουσιν
[Ἅρ]π̣υιαι θανάτοιο πάλοις̣ [ἡμῖν παρέσ]ονται.
[Οἴ]μ̣οι ὅτ(ι) οὐ πρόσθεν με διώλεσε νηλεὲς ἦμαρ
πρὶν χηλαῖς̣ σχέτ̣λι' ἔργα βορ̣ᾶς πέρι μητ̣ί̣σ̣α̣σθαι
[νῦν δ]ὲ μάτη[ν ἐν] τῶιδε νότ̣[ωι κατέδ]ε̣υσα παρειάς
[ἐξικ]ν̣ούμε[θα γὰ]ρ̣ πολυβενθ̣[εα —⏑], ὀ̣ίω,
[—⏕—] ἐθέλουσι παρέσσε[ται ἄλγ]ε̣α θυμῶι
[—⏕— ἡ]μεῖς δὲ λόγων ἐπιβ[ήσομ]εθ' αὖθις
…

« … Et bien que maintenant nous ayons l'Amour et la bienveillance
Les Harpyes vont (s'approcher de nous) avec des verdicts de mort.
Malheur à moi ! Car un jour funeste ne m'a pas fait périr
Avant qu'avec mes griffes je n'eusse machiné de cruelles actions pour me nourrir.
C'est en vain que, dans cette tempête, j'ai inondé mes joues.
En effet, nous atteignons, je crois, […] le plus profond
[…] contre leur gré, des tourments sont présents dans le cœur

49. Dans les passages que je viens de citer manquent des références à l'activité du sens du toucher, à propos duquel il est difficile d'imaginer dans quelle mesure il peut intervenir au moment de la réception textuelle. Le texte y fait toutefois référence quand, en B 3/14, il désigne l'ensemble des sens par le terme de παλάμη, la paume qui dans un premier temps désigne le sens du toucher. Cf. à ce sujet *supra*, chap. 1, 4.2.

[...] nous, nous allons remonter à nouveau aux propos
...»[50]

Conformément aux directives de réception adressées à l'élève énonciataire, le *je*-énonciateur apparaît être ici attentif et en constante évaluation cosmologique de ce que perçoivent ses sens. Le passage débute par une analyse cosmologique de la situation présente: Amour domine (v. 3). Sur ce fond, le *je* prédit ensuite l'évolution cosmique à venir, à savoir l'arrivée de la force destructrice (v. 4). Suit une plainte au sujet du malheur alors présent (v. 5), et une explication cosmologique de son arrivée (v. 6). Après cela, le *je* juge vaines les plaintes comme celle qu'il vient d'avancer (v. 7), puisqu'il constate que la situation cosmique va s'améliorer (v. 8). Cette réflexion cosmologique l'amène probablement à mettre en question la nécessité de la souffrance qui, si elle s'avère être injustifiée cosmologiquement, ne dépend que de la volonté du sujet (v. 9)[51]. Le *je*-énonciateur décide alors d'affronter l'évolution cosmique positive en se lançant, en compagnie de son public, dans la suite de l'exposition du récit cosmologique (v. 10).

Le *je*-énonciateur, tel qu'il apparaît dans ce passage, affiche, me semble-t-il, une attitude conforme aux directives de réception adressées à l'élève-énonciataire ailleurs dans le corpus. Cette correspondance confirme l'idée, que j'ai déjà avancée, selon laquelle le texte en communication représente une unité microcosmique qu'il convient de déchiffrer comme le monde «réel». C'est pourquoi l'énonciateur, tel qu'il est représenté en tant que «récepteur cosmique», n'est autre qu'un élève instruit qui actualise ses connaissances cosmologiques vis-à-vis du monde qui l'entoure.

Du point de vue de l'élève, cette correspondance signifie également qu'il peut lui aussi devenir «récepteur cosmique» modèle, à condition qu'il aborde le monde qui l'entoure comme une sorte de macrotexte à déchiffrer et interpréter

50. A propos de mon mode de citer les fragments transmis par le *Papyrus de Strasbourg*, cf. *supra*, chap. II. I.I.

51. Je m'appuie dans cette interprétation sur le commentaire de Bollack (2001, 176 et n. 10). L'auteur refuse la restitution d'une négation au début du vers 9, telle que la proposent Martin/Primavesi (1999, 307). Leur intervention n'est en effet justifiée que par un argument superficiel (1999, 307: «C'est évidemment *contre le gré* de ceux qui les subissent, que ces maux se manifestent: on restituera donc en d.9 une négation devant le datif ἐθέλουσι, ...»), mais entraîne en même temps un changement décisif au niveau de l'argumentation. Bollack propose de restituer le texte de sorte à intégrer le verbe ἐθέλουσι (alors interprété comme une forme finale et non comme un participe) dans une subordonnée conditionnelle. Le passage exprimerait alors l'idée que la douleur *dépend* de la volonté du sujet, ce qui s'intègre à mon avis mieux dans la pensée d'Empédocle en général, comme dans l'argumentation du présent passage en particulier.

suivant les directives de réception reçues durant l'apprentissage des vers. Il doit s'appuyer, pour ce faire, sur l'ensemble de ses sens afin de percevoir le texte (ou le monde) en détail avant d'en évaluer la signification cosmologique.

Si, en tant que récepteur cosmique mortel, l'enseignant apparaît maintenant comme un modèle que l'élève instruit est en mesure de suivre, qu'en est-il de l'énonciateur enseignant supérieur ?

Cette question m'amène à revenir, pour conclure, sur le portrait du *je*-énonciateur divin dont la supériorité n'est peut-être pas aussi inatteignable que l'a suggéré une première lecture.

## 4. L'énonciateur, créateur modèle

Avant de se mettre à chercher la voie qui permettrait à l'élève-énonciataire d'accéder au statut supérieur de l'enseignant divin, il s'agit de savoir pourquoi le même *je* tantôt subit les contraintes cosmiques inhérentes à la vie mortelle, et tantôt y échappe pour alors dépasser les autres humains par son statut et toucher ainsi au divin.

C'est en fait son activité qui distingue l'énonciateur dans ses deux rôles opposés : alors que le *je* mortel est décrit en tant que « récepteur cosmique », le *je* enseignant divin est quant à lui créateur. Ce rôle doit être à l'origine de son pouvoir surhumain puisqu'il fait du poète énonciateur, comme on l'a vu plus haut, un imitateur de la divine Philotês, le principe créateur cosmique [52].

Cette interprétation est confirmée par le fait que le texte accorde le même privilège à d'autres figures engagées à leur tour dans une activité créatrice. Il faut surtout mentionner les peintres que le texte rapproche, on l'a vu aussi, également de Philotês, le principe créateur divin [53].

Le texte fait également allusion à un troisième créateur qui, grâce à son art, arrive à dépasser les contraintes de la vie mortelle : le médecin. Le *je*-énonciateur se compare à ce dernier, au début du fragment B III/12, en disant détenir des φάρμακα, des remèdes dont la connaissance permet de dépasser les contraintes de la vie humaine [54]. Le rapprochement entre médecins et artistes se confirme également au niveau du vocabulaire dans la mesure où le texte désigne également, je

52. Cf. à ce propos, *supra*, chap. II.

53. Je me réfère au récit exposé en B 23/64, discuté *supra*, chap. I, 3, II, 2 et II, 2.2. La parenté entre ces artistes et Philotês est implicite, mais elle se déduit de l'analogie entre les créations des peintres et les êtres vivants engendrés par Amour : les mêmes termes qui en B 23/64, v. 5–8 évoquent les créations peintes, décrivent par exemple en B 21/63, v. 8–12 les créatures vivantes.

54. Je n'entre pas dans le détail de ce passage ici puisqu'il sera au centre du chapitre suivant.

le rappelle, les couleurs des peintres du terme de φάρμακα[55]. Le trait commun au travail de tous les créateurs est en général, me semble-t-il, que tous président à des mélanges : le peintre mélange ses couleurs, le médecin mélange ses remèdes, le poète mélange les unités phono-sémantiques tout comme Aphrodite mélange les éléments. Cette conception du poète-créateur fait penser à la métaphore poétique du modelage (πλάττειν/πλάσμα) attestée une première fois chez Xénophane et élargie par Platon, qui assimile pour sa part au « modelage » d'un poème celui de l'âme de l'élève au moment de son éducation. Dans le corpus d'Empédocle, la métaphore n'apparaît pas comme telle. On pourrait néanmoins en saisir une trace textuelle par l'emploi de παλάμη, terme étymologiquement apparenté à πλάττειν, pour désigner les outils de création à la fois cosmiques et poétiques[56].

Tous ces créateurs qui imitent Philotês dans leur profession – le poète, le peintre et le médecin – accèdent également, grâce à leur activité, au statut divin de cette créatrice première[57]. Pour l'élève-énonciataire, ils représentent sans doute aussi des figures modèles qui lui suggèrent qu'une fois détenteur du savoir cosmologique en communication, il saura lui aussi trouver une fonction lui permettant de passer du statut de récepteur humain à celui d'un créateur divin.

J'arrive par là au terme de ce troisième chapitre consacré à la représentation du *je*-énonciateur et à son rôle de modèle pour l'élève-énonciataire. J'ai pu saisir une fonction didactique inhérente à ce portrait complexe, c'est-à-dire un enseignement implicite complétant l'exposition de la doctrine tout en élargissant la perspective sur le statut de l'élève qui a accompli l'apprentissage en cours[58].

Au chapitre suivant, je poursuivrai l'étude de l'opposition entre la condition de mortel et celle d'immortel. Au centre de ces analyses figurera le fragment B 111/12 qui traite de ce problème et dont la richesse au niveau de l'expression permet également d'éclairer le rapport entre la doctrine et l'acte de la communication des vers.

55. Cf. fr. B 23/64 commenté *supra*, chap. II, 3.2.

56. Un rapprochement entre médecins, aèdes et artisans se trouve dans Hom. *Od.* 17.382–385. L'isotopie du « mélange » est discutée *supra*, chap. I, 3. A propos de l'histoire de la métaphore du modelage, cf. Calame 2000b, 38–40.

57. Pour une étude de l'emploi de παλάμη chez Empédocle, cf. *supra*, chap. I, 4.2. Quant à la parenté étymologique entre παλάμη et πλάσσειν, cf. Chantraine 1968, 911.

58. Ce lien significatif entre les mondes intra- et extra-discursifs rappelle encore la poésie érotique où, partant d'une situation fictionnelle marquée par un décalage de statut entre le *je* et le *tu*, le poème en communication est chargé de rapprocher l'allocuté-énonciataire du *je*-énonciateur. Ce mécanisme est étudié par Calame (1996a, 229 *sq.*).

CHAPITRE IV

# APPRENDRE L'IMMORTALITÉ

Dans les chapitres précédents, l'étude d'énoncés à référence énonciative a montré que c'est notamment le discours métaphorique qui véhicule une évaluation cosmologique de l'acte de la communication des vers. Il est en outre apparu que le texte représente cet événement comme un processus qui doit être déterminé à tout égard par la force cosmique Amour.

Dans ce quatrième chapitre, j'identifierai d'autres moyens discursifs qui, grâce à une double valeur référentielle, sont également à même de communiquer une évaluation cosmologique du *hic et nunc* de la communication en cours. Pour illustrer la variété des traits discursifs impliqués dans ce jeu de double argumentation, j'analyserai en détail différentes structures d'argumentation qui sont à l'œuvre dans le seul fragment B III/12.

Cette lecture révélera en même temps les traces d'un lien que l'enseignant établit entre la connaissance de la doctrine et un pouvoir sur la mort. Afin de préciser l'enjeu de ce rapport étonnant, j'entreprendrai d'abord une étude systématique de la notion de mort telle que la représentent les vers ; j'examinerai ensuite comment, toujours à partir des informations fournies par le texte, s'explique l'intervention de l'homme dans la vie cosmique qui l'entoure. Cette double recherche m'amènera alors à saisir un lien qui se base sur la perception sensorielle et justifie, d'après la doctrine cosmologique, les promesses énoncées au fragment B III/12.

Je compléterai finalement cette étude, fondée sur des raisonnements exclusivement intra-discursifs, par la présentation de deux autres approches. Premièrement, j'exposerai quelles pratiques extra-discursives ont servi à interpréter ce même passage. Je proposerai dans un second temps une brève étude comparative : un important énoncé du fragment B III/12 figure en effet également dans l'*Hymne homérique à Apollon*. Cet écho me permettra alors de faire apparaître dans une nouvelle perspective le statut des arguments exposés en B III/12.

## 1. La structure du fragment B III/12

Le fragment B III/12 comprend un long discours adressé directement à l'allocuté-énonciataire, dans lequel le *je* énumère les pouvoirs dont l'élève disposera une fois qu'il aura appris la doctrine :

**B III/12**

φάρμακα δ' ὅσσα γεγᾶσι κακῶν καὶ γήραος ἄλκαρ
πεύσῃ, ἐπεὶ μούνῳ σοὶ ἐγὼ κρανέω τάδε πάντα·
παύσεις δ' ἀκαμάτων ἀνέμων μένος οἵ τ' ἐπὶ γαῖαν
ὀρνύμενοι πνοιαῖσι καταφθινύθουσιν ἀρούρας·
καὶ πάλιν, ἤν κ' ἐθέλῃσθα, παλίντιτα πνεύματ' ἐπάξεις·
θήσεις δ' ἐξ ὄμβροιο κελαινοῦ καίριον αὐχμόν
ἀνθρώποις, θήσεις δὲ καὶ ἐξ αὐχμοῖο θερείου
ῥεύματα δενδρεόθρεπτα, τά τ' αἰθέρι ναιετάουσιν,
ἄξεις δ' ἐξ Ἀίδαο καταφθιμένου μένος ἀνδρός.

« Les remèdes, tant qu'il en est, contre les maux, les secours contre la vieillesse,
Tu sauras tout cela, pour toi seul, j'accomplirai tout cela.
Tu arrêteras la force des vents infatigables qui se déchaînent contre la terre
Et de leurs souffles anéantissent les cultures.
S'il te plaît, tu ramèneras au contraire les brises contraires.
De la pluie noire, tu feras la sécheresse favorable
Aux hommes ; de la sécheresse torride, tu feras
Les flots nourriciers d'arbres, qui habitent l'éther.
Tu ramèneras de chez Hadès la force d'un homme trépassé. »[1]

Dans ce fragment, on annonce au *tu* toute une série de facultés extraordinaires que l'apprentissage de la doctrine lui accordera. Ce catalogue atteint son point culminant avec la promesse qu'une fois instruit, l'allocuté-énonciataire saura rendre la force vitale à un homme défunt. Ces propos étonnants ont suscité toutes sortes de réactions de la part des commentateurs qui, pour les interpréter, recourent souvent à des réalités extra-textuelles, comme des pratiques magiques ou médicales[2]. Conformément à l'approche déterminée pour la présente étude,

1. Le fragment B III/12 est transmis dans son ensemble par Diogène Laërce (8.59). Porphyre (*VP* 30) et Jamblique (*VP* 15.67) en citent des extraits et identifient le personnage décrit avec Pythagore. Clément d'Alexandrie (*Strom.* 6.30) cite les vers 3–5.

2. Je me consacrerai plus tard – *infra*, chap. IV, 4 – à une étude de ces différentes interprétations à l'aide de phénomènes extra-discursifs. Devant l'embarras que ce texte lui causait, Van Groningen (1956) a réfuté son authenticité, avançant plusieurs arguments pour soutenir sa

j'essaie à présent d'expliquer à mon tour l'argumentation, en partant des principes de la doctrine cosmologique[3].

Afin de saisir une série de renvois au système cosmologique, voici d'abord une étude systématique de la structure argumentative du passage telle qu'elle se manifeste aux différents niveaux textuels[4].

### 1.1. *L'argumentation linéaire*

En suivant l'ordre des arguments exposés, il est possible de diviser le fragment B 111/12 en deux parties. La première comprend les vers 1 et 2 dans lesquels le texte définit le rapport entre le locuteur-énonciateur et son élève : le *je* promet à son élève de lui révéler des « remèdes contre les maux », ainsi qu'un « secours contre la vieillesse ». La seconde partie comprend les vers 3 à 9, c'est-à-dire le reste du fragment, où cette promesse est développée dans une énumération des différentes facultés que maîtrisera l'élève initié : il pourra arrêter la force dévastatrice du vent (v. 3 *sq.*) et, inversement, provoquer ses souffles (v. 5) ; il saura amener la sécheresse estivale au détriment de la sombre pluie (v. 6 *sq.*), mais aussi faire venir la pluie fertile lors d'une sécheresse en été (v. 7 *sq.*). Il ramènera finalement de l'Hadès un homme défunt (v. 9)[5].

thèse : il considère que le passage est incompatible avec des vers qui témoigneraient de la modestie d'Empédocle et que le style du texte est plus traditionnel que celui des autres fragments. Cela l'amène à interpréter ces vers comme un passage d'une comédie qui se moquerait du philosophe en mettant dans sa bouche des promesses insensées. Ces arguments ne me semblent pas pertinents pour les raisons suivantes : comme j'espère le démontrer par ma lecture du fragment B 111/12, le texte est si étroitement intégré dans un réseau de renvois reliant différents fragments du corpus qu'il ne peut guère avoir été ajouté par la suite. De plus, les jugements portés sur la présomption, ou au contraire sur la modestie, dépendent essentiellement du contexte culturel de la personne qui les avance, de sorte que le risque d'une projection me semble très important dans le cas d'un texte produit dans un contexte spatio-temporel si éloigné.

3. Je suis ainsi dans ma démarche l'opinion de Bollack (1969b, 19–26) et celle de Wright (1981, 261 *sq.*). Par cette approche, il ne s'agit nullement – comme le considère Mauduit (1999, 291 *sq.*) – de « rationaliser les *thaumata* évoqués ». Dans sa critique, l'auteur méconnaît plutôt, me semble-t-il, qu'au moment de la communication des vers un pouvoir « miraculeux » se dégage, même si les paroles sont consacrées à un savoir scientifique.

4. Il n'est évidemment pas possible d'isoler entièrement des autres un certain niveau du texte ; une distinction de leurs structures divergentes permet cependant de mieux repérer le point du texte où leur interaction significative se manifeste.

5. L'énumération des quatre forces élémentaires accorde au passage qui les « réunit » ainsi implicitement le statut d'une créature ou d'un microcosme. La même analogie est suggérée aux fragments B 115 ; B 17/31, v. 17–19 ; B 21/63, v. 3–8 ; B 6/150 ; B 98/461 ; B 96/462 ; B 109/522. Pour la reprise de ce geste par Lucrèce, cf. Sedley 1989, 279 *sq.*

Ainsi l'ensemble du passage promet-il à l'allocuté-énonciataire la maîtrise de différentes interventions sur le monde qui l'entoure, la maîtrise autrement dit de compétences qui sont toujours présentées comme favorables au bien-être humain. Parmi les cinq opérations énumérées, la première et la deuxième (diminuer/augmenter le vent), ainsi que la troisième et la quatrième (diminuer/augmenter l'humidité) sont clairement complémentaires. La cinquième (faire revivre un mort), la plus fantastique apparemment, reste au premier abord sans correspondant. Ce décalage entre les opérations une à quatre et cinq est en outre souligné par le fait que les quatre premières promesses concernent la maîtrise de forces naturelles – vent et eau ; elle pourrait ainsi par exemple être concrétisée par des moyens techniques[6]. L'ultime pouvoir touche quant à lui à un domaine où l'impuissance des hommes paraît incontournable[7].

Cette ultime promesse, qui semble être en contradiction avec le déroulement linéaire de l'exposé, se comprend mieux dès qu'on s'appuie également sur les autres structures argumentatives du passage.

### *1.2. La structure lexicale*

Une lecture attentive des occurrences lexicales du fragment B 111/12 révèle une seconde structure constitutive de l'argumentation du passage. Le texte est en effet scandé par des reprises lexicales, agencées selon un ordre concentrique, un procédé fréquent dans la poésie grecque ancienne[8]. Cette structure annulaire regroupe les vers 3 à 9 en les détachant à nouveau des deux vers introductifs :

| | |
|---|---|
| μένος | (v. 3) |
| καταφθινύθουσιν | (v. 4) |
| ἐπάξεις | (v. 5) |
| θήσεις | (v. 6) |
| θήσεις | (v. 7) |
| ἄξεις | (v. 9) |
| καταφθιμένου | (v. 9) |
| μένος | (v. 9) |

6. C'est l'interprétation de Clément d'Alexandrie (*Strom.* 6.30). Cf. à ce sujet *infra*, IV, 4.

7. Même dans le cadre de pratiques magiques, une telle intervention est en effet exceptionnelle. Cf. à ce sujet Fausti 1988, 376.

8. Pour une étude systématique des structures annulaires dans la poésie grecque archaïque, cf. Steinrück 1997. A propos de ce procédé discursif dans le corpus d'Empédocle, cf. *infra*, chap. V, 2.3.

A l'intérieur de ces sept vers, les occurrences lexicales établissent un second réseau argumentatif. Conformément aux échos constitutifs de la construction annulaire, il y a en effet le rapprochement des énoncés suivants : les deux renvois extérieurs (μένος … καταφθινύθουσιν, v. 3 *sq.* – καταφθιμένου … μένος, v. 9) créent un lien entre la puissance sur les vents néfastes et le pouvoir de ressusciter un mort[9]. L'anneau successif (ἐπάξεις, v. 5 – ἄξεις, v. 9) rapproche ce même pouvoir miraculeux de la faculté de susciter une brise bienfaisante. La reprise lexicale centrale de la construction annulaire crée à son tour un parallèle entre le pouvoir d'arrêter la pluie et celui de la déclencher (θήσεις, v. 6 – θήσεις, v. 7).

L'argumentation issue des liens établis au niveau lexical, c'est-à-dire suivant la structure annulaire, diverge ainsi partiellement de celle que suggère l'exposé linéaire. Or, loin de produire des contresens, ce recoupement des deux structures argumentatives distinctes confère à l'enseignement une dimension supplémentaire que je vais maintenant commenter.

### *1.3. Le recoupement entre les structures linéaire et circulaire*

Le tableau ci-dessous réunit les deux structures argumentatives distinctes, à savoir celle qui retrace le déroulement linéaire de l'exposé narratif (struct. lin.) et celle qui suit les renvois lexicaux (struct. circ.) :

| OPÉRATION | STRUCT. LIN. | STRUCT. CIRC. | STRUCT. LIN. + CIRC. |
|---|---|---|---|
| op. 1 | vent – | μένος (v. 3) | |
| | | καταφθινύθουσιν (v. 4) | |
| op. 2 | vent + | ἐπάξεις (v. 5) | souffle + |
| op. 3 | pluie – | θήσεις (v. 6) | |
| op. 4 | pluie + | θήσεις (v. 7) | |
| | | ἄξεις (v. 9) | |
| op. 5 | vie + | καταφθιμένου (v. 9) | souffle + |
| | | μένος (v. 9) | |

9. Μένος désigne dans le contexte épique tantôt la fougue guerrière, tantôt la force d'une puissance cosmique (par exemple μένος ἠελίοιο, Hom. *Il.* 190 ; ποταμῶν μένος, Hom. *Il.* 12.18 ; ἀνέμων μένος, Hom. *Od.* 19.440). D'après l'étymologie proposée par NAGY (1974, 266), μένος serait dérivé de la racine μεν-, ce qui en ferait un terme équivalent au latin *mens*. La force ainsi désignée serait donc dans un premier temps, une qualité de l'être humain, avant d'être prêtée aux entités inanimées. Pour BREMMER (1983, 57–61), μένος désigne, dans le contexte épique, une

Les deux déroulements argumentatifs convergent – comme je l'ai dit – partiellement : l'un et l'autre rapprochent en effet les opérations trois et quatre (arrêter et provoquer la pluie). Quant aux trois autres actes promis – chasser le vent (1), provoquer le vent (2) et ressusciter un mort (5) –, les deux argumentations les regroupent différemment : suivant l'ordre de l'exposé, il y a complémentarité entre les deux interventions concernant le vent, tandis que le pouvoir sur la vie humaine reste à part. La structure lexicale rattache en revanche cette ultime action aux deux premières par un triple renvoi : l'acte de faire revivre un mort est ainsi mis en rapport avec le pouvoir d'arrêter et de provoquer le vent.

Ce rapprochement entre la maîtrise de la vie et celle du vent surprend au premier abord. Il s'explique cependant dès qu'on adopte le point de vue de la cosmologie enseignée. Le même élément air doit en effet, d'après cette théorie, être constitutif du vent comme du souffle respiratoire, qui décide à son tour de la vie ou de la mort d'un homme. Ainsi est-ce un même air qui caresse ou dévaste, sous forme de vent, la culture agricole, et maintient ou achève, en tant que souffle respiratoire, une vie humaine. C'est pourquoi il semble cohérent que l'élève qui aura appris à maîtriser l'air, tel qu'il souffle sous forme de vent, aura en même temps acquis le pouvoir de redonner vie à un homme mort.

L'argumentation exposée dans ce passage est à plusieurs égards traditionnelle : le rapprochement entre le vent et le souffle vital représente un argument important dans la doctrine cosmologique d'Anaximène et sera plus tard reprise par Diogène d'Apollonie. Quant au terme μένος, qui, dans ce passage d'Empédocle, se réfère d'abord au vent et ensuite à l'homme vivant, il relie déjà ces deux significations dans l'épopée. Chez Homère, μένος désigne une application, « inspirée » par une divinité, à la fois mentale et physique, à une activité spécifique[10].

Par le biais du raisonnement suggéré par la structure lexicale, le texte remédie à un manque de symétrie propre au récit tel qu'il est successivement exposé. Les liens suggérés par cette argumentation circulaire révèlent en effet que la dernière des facultés promises à l'élève n'est ni annexe ni excessive, mais forme, selon le point de vue de la doctrine enseignée, la suite logique des promesses précédentes.

partie de l'âme de l'homme vivant qui, mal identifiée au niveau physiologique, correspond à une sorte d'impulsion incitant le sujet à concrétiser une activité spécifique grâce à ses capacités à la fois physiques et mentales.

10. Cf. Anaximen. fr. 13 B 2 DK avec le commentaire de Wöhrle (1993a, 13–17) ; Diog. Apoll., fr. 64 B 4 et 5 DK, commentés par Laks (1983, 39–41) ; Hom. *Od.* 24.520, Hom. *Il.* 10.482, etc. Pour une étude systématique du terme μένος dans toute la littérature grecque ancienne, cf. Bremmer 1983, 57–61.

Les deux structures argumentatives distinctes – celle qui suit l'ordre de l'exposé et celle qui se conforme aux reprises lexicales – communiquent donc, à partir de deux points de vue distincts, dans les vers 3 à 9, le même récit. Comme dans le cas des énoncés métaphoriques, les deux points de vue réunis dans le même énoncé reflètent les deux visions cosmologiques opposées : une « vision traditionnelle » d'une part et la « vision d'Empédocle » de l'autre. Tandis que le point de vue familier à l'élève-énonciataire se manifeste au niveau de la suite linéaire de l'exposé, la nouvelle perspective cosmologique se manifeste pour sa part au niveau des reprises lexicales.

Avant d'approfondir l'étude des liens établis entre les forces élémentaires dans la nature, la mortalité humaine et l'enseignement poétique, voici d'abord quelques mots au sujet de deux autres structures discursives repérables dans le même passage : la structure phonique et la structure étymologique.

### 1.4. *La structure phonique*

Plusieurs échos phoniques traversent le passage en communiquant une autre argumentation.

Un premier renvoi important relie le vers 9 aux vers 3 et 4 :

**B 111/12** 9 ἄξεις δ' ἐξ Ἀΐδαο **καταφθι**μένου **μένος ἀν**δρός.

9 « Tu ramèneras de chez Hadès **la force d'un homme trépassé.** »

rappelle

**B 111/12** 3 παύσεις δ' ἀκαμάτων **ἀνέ**μων **μένος** οἵ τ' ἐπὶ γαῖαν
4 ὀρνύμενοι πνοιαῖσι **καταφθι**νύθουσιν ἀρούρας·
…

3 « Tu arrêteras la **force des vents** infatigables qui se déchaînent contre la terre
4 Et de leurs souffles **anéantissent** les cultures.
… »

Cet écho, comme la structure lexicale avec laquelle il coïncide partiellement, rapproche le souffle vital du vent qui souffle dans la nature. La structure phonique s'inscrit ainsi dans l'argumentation, qui, je le rappelle, reflète le point de vue conforme à la nouvelle théorie cosmologique, établie par les reprises lexicales.

Un autre renvoi significatif figure dans la partie initiale du fragment. L'écho phonique relie les débuts des vers 2 et 3 :

B III/12
1 φάρμακα δ' ὅσσα γεγᾶσι κακῶν καὶ γήραος ἄλκαρ
2 **πεύσῃ**, ἐπεὶ μούνῳ σοὶ ἐγὼ κρανέω τάδε πάντα·
3 **παύσεις** δ' ἀκαμάτων ἀνέμων μένος οἵ τ' ἐπὶ γαῖαν
...

1 « Les remèdes, tant qu'il en est, contre les maux, les secours contre la vieillesse,
2 **Tu sauras** tout cela, pour toi seul, j'accomplirai tout cela.
3 **Tu arrêteras** la force des vents infatigables qui se déchaînent contre la terre
... »

Cette assonance rapproche deux promesses adressées successivement à l'élève : l'une, plus générale, concerne le savoir bénéfique qu'il apprendra ; l'autre, plus concrète, lui prédit la maîtrise des vents. Similaires dans leur matière phonique, révélation et maîtrise des airs semblent donc se suivre de près. Afin de pouvoir saisir la signification de ce rapprochement suggéré par la structure phonique du texte, il faut cependant avancer davantage dans la lecture de ce passage complexe[11].

Ce premier parcours interprétatif à travers différentes structures textuelles du fragment B III/12 a notamment montré que les divers niveaux argumentatifs garantissent dans leur ensemble une unité plus forte que ne le suggère une première lecture qui suit quant à elle l'enchaînement linéaire du texte. La promesse finale, apparemment annexe ou même étrangère au récit exposé, s'y intègre dès qu'on évalue les processus décrits du point de vue de la doctrine élémentaire. Cette nouvelle vision sur le monde se manifeste dans les structures conformes aux différents niveaux du texte, et ce par des reprises lexicales, des agencements circulaires, des échos phoniques et des références à la dimension étymologique des termes.

Comme dans le cas des énoncés métaphoriques, le texte véhicule ainsi deux points de vue distincts à la fois : la perspective conforme à la vision cosmologique traditionnelle s'exprime en suivant le déroulement linéaire du texte, alors que celle qui correspond à la nouvelle doctrine transparaît au niveau de la structure circulaire formée par des reprises lexicales, phoniques et étymologiques. Si cette mise en évidence des différents niveaux argumentatifs du texte a dévoilé la cohérence du passage, son interprétation soulève néanmoins encore deux problèmes

11. Je reviens sur la signification du lien suggéré par cette assonance *infra*, chap. IV, 3.1.

majeurs : quel est, d'après la doctrine, la valeur accordée à la mort, et dans quelle mesure le savoir cosmologique autorise-t-il l'allocuté-énonciataire à accomplir les interventions promises dans ces vers ?

Je commence par la première de ces questions, celle qui concerne le statut cosmologique de la mort.

## 2. Le statut de la mort suivant l'enseignement cosmologique

En réunissant les passages qui évoquent la notion de mort, il apparaît que le locuteur-énonciateur affiche à ce propos une attitude ambiguë : d'une part, les énoncés blâment tous ceux qui imaginent la vie d'un individu comme étant délimitée par sa naissance et par sa mort. D'autre part – et apparemment en contradiction avec ce jugement –, le *je*-énonciateur a lui-même recours, dans l'exposition de sa doctrine, à des expressions liées au concept de mortalité.

Voici d'abord les passages qui critiquent la notion habituelle de mortalité.

Dans un premier passage, extrait du fragment B 11/57, le locuteur-énonciateur énonce sa critique sans aucune ambiguïté :

**B 11/57**

νήπιοι· οὐ γάρ σφιν δολιχόφρονές εἰσι μέριμναι
οἳ δὴ γίγνεσθαι πάρος οὐκ ἐὸν ἐλπίζουσιν
ἤ τι καταθνῄσκειν τε καὶ ἐξόλλυσθαι ἁπάντῃ.

« Enfants, leur souci ne pense pas long !
Croire que naît ce qui d'abord ne fut pas,
Que meurt la chose, abolie en tout lieu. » [12]

Tout à fait analogue est le discours exprimé dans le fragment B 15/58 :

**B 15/58**

οὐκ ἂν ἀνὴρ τοιαῦτα σοφὸς φρεσὶ μαντεύσαιτο,
ὡς ὄφρα μέν τε βιῶσι τὸ δὴ βίοτον καλέουσι,
τόφρα μὲν οὖν εἰσιν καί σφιν πάρα δεινὰ καὶ ἐσθλά,
πρὶν δὲ πάγεν τε βροτοὶ καὶ <ἐπεὶ> λύθεν οὐδὲν ἄρ' εἰσίν.

« Non, l'homme instruit en ces choses ne rendra pas cet oracle :
Tant qu'Ils vivent, ce qu'ils nomment la vie,
Tout ce temps-là, Ils vivent, avec heurs et malheurs,
Mais, avant qu'hommes Ils ne se fassent, et sitôt défaits, Ils ne sont rien. »

12. Le fragment B 11/57 est transmis dans le même contexte que les fragments B 15/58 et B 8/53, c'est-à-dire en Plu. *Moralia* 1111–1113. Plutarque reprend ces passages du texte de Colotès pour relativiser la critique qu'adresse ce disciple d'Epicure à la doctrine d'Empédocle. Colotès, semble-t-il, s'était en effet moqué d'Empédocle en disant qu'il reniait l'existence de la vie. Plutarque prend la défense de l'Agrigentin en citant ces fragments dans un ordre suggestif pour montrer que ce

Ces refus explicites vis-à-vis du concept traditionnel de mortalité – critique apparemment paradoxale – se justifient sur la base des principes cosmologiques enseignés. D'après les lois constitutives de la doctrine, toute création et disparition ne sont en effet que les reflets d'un mouvement perpétuel des éléments qui, étant eux-mêmes éternels, s'assemblent et se désunissent, doublement motivés par Amour et par Haine. Ce principe est clairement affirmé dans le fragment B 8/53:

**B 8/53**

ἄλλο δέ τοι ἐρέω. φύσις οὐδενός ἔστιν ἁπάντων
θνητῶν, οὐδέ τις οὐλομένου θανάτοιο τελευτή,
ἀλλὰ μόνον μίξις τε διάλλαξίς τε μιγέντων
ἔστι, φύσις δὲ βροτοῖς ὀνομάζεται ἀνθρώποισιν.

«Je te dirai encore: il n'est de croissance pour aucun,
Tous mortels, point de fin à la mort funeste,
Mélange seulement, échange de mélanges.
Naissance est son nom pour les hommes.» [13]

Les deux vers initiaux ont été depuis l'Antiquité interprétés de différentes manières [14]. La complexité de l'argumentation reflète un problème inhérent au langage conventionnel dont les termes évoquent des concepts qui, d'après la doctrine, ne sont pas pertinents. Puisque l'auteur recourt lui-même à ce langage inadapté à l'exposition de ses propos, il ne cesse de créer des paradoxes, comme le montre le début de ce fragment. Ce qui importe dans le contexte présent, c'est l'opposition avancée par la suite dans laquelle l'auteur confronte la structure élémentaire du monde avec l'imaginaire reflété dans le langage courant: les hommes appellent «naissance» ou «croissance» ce qui n'implique aucun accroissement du système cosmique, mais n'est que le reflet d'une réorganisa-

dernier distingue entre vie et être de même qu'entre mort et non-être. A sa distinction correspond ce que j'appelle dans la présente étude les deux visions cosmologiques opposées.

13. On remarque qu'il y a ici encore correspondance entre la structure cosmique enseignée – toute diversité dans le monde est le reflet du déplacement d'un nombre limité de différents éléments – et la structure phonique du texte, marquée par des multiples reprises des mêmes groupes phonétiques: **ἄλλο** ... **ἀλλὰ** ... **μί**-ξις ... δι**άλλα**-ξίς τε **μι**-γέντων.

14. Cette discussion est soigneusement commentée par Bollack (1969b, 87–91). Je suis pour ma part l'interprétation de Bollack qui considère que le texte rejette au début du passage d'une part la croissance du système cosmique entier et d'autre part le caractère définitif de la mort. Il n'y a donc pas opposition entre φύσις (v. 1) et τελευτή (v. 2), comme le suggère par exemple Heinimann (1965, 90), mais au contraire juxtaposition de deux critiques complémentaires. Ce double propos pourrait être explicité par deux autres constats, à savoir que le système entier ne *diminue* pas au moment de la mort d'une créature, et que la *vie* de l'individu n'est pas non plus définitive. Pour une discussion du débat entre chercheurs modernes, cf. Wright 1981, 175.

tion interne au système élémentaire[15]. Malgré cette critique, le *je*-énonciateur ne renonce pas pour autant à l'emploi de termes conventionnels.

## *2.1. L'attitude du locuteur-énonciateur*

Les passages où le locuteur-énonciateur évoque la mort, en apparente contradiction avec le savoir cosmologique enseigné, sont nombreux. Un bel exemple de cette incohérence se trouve dans le vers final du même fragment B 111/12, dans un passage où le *je* enseignant promet à l'élève qu'il saura ramener de l'Hadès la force vitale d'un homme mort, une fois qu'il aura appris les vers.

De nombreux autres énoncés évoquent également la mort, alors qu'il s'agit d'une notion étrangère à la doctrine cosmologique enseignée. Cette incohérence est cependant explicitement justifiée au fragment B 9/56:

**B 9/56**

οἱ δ' ὅτε μὲν κατὰ φῶτα μίγεν †φῶς αἰθέρι† [...]
ἢ κατὰ θηρῶν ἀγροτέρων γένος ἢ κατὰ θάμνων
ἠὲ κατ' οἰωνῶν, τότε μὲν τὸν [...] †γενέσθαι†
εὖτε δ' ἀποκρινθῶσι, τὰ δ' αὖ δυσδαίμονα πότμον,
**ἢ <γὲ> θέμις, καλέουσι, νόμῳ δ' ἐπίφημι καὶ αὐτός.**

« Quand Ils se mêlent dans leur espèce d'homme [...]
Dans la race rustique des bêtes, des arbres,
Dans la tribu des oiseaux, **ils disent: cela [...] naît,**
Qu'Ils se déprennent: l'affreux destin!
**Suivant la loi, et moi, qui suis l'usage, je parle comme eux.** »[16]

Dans ce passage, le *je*-énonciateur réaffirme sa critique envers le concept courant de mortalité, tout en soutenant que lui-même s'y conforme néanmoins dans l'emploi des termes (v. 5)[17]. Cette attitude du locuteur, qui s'efforce à la fois de respecter la loi (cf. θέμις, v. 5) de l'usage courant (cf. νόμῳ, v. 5) et d'exposer par ce moyen des nouveaux paramètres, l'amène à pratiquer un langage

15. D'après le contexte, φύσις me semble signifier « croissance » au vers 1 (par référence à αὐξάνειν en B 17/31, v. 31) et « naissance » au vers 4. Il est toutefois habituel, dans le contexte d'Empédocle, que la signification étymologique d'un terme soit significative au niveau de l'argumentation exposée.

16. Pour la transmission du fragment B 9/56, cf. *supra*, chap. 1, 3.

17. Les problèmes liés à la nature conventionnelle du langage, un phénomène qui brouille l'identité d'une notion et de sa dénomination, sont également soulevés dans d'autres textes de la même époque. Cf. par exemple Anaxag. fr. 59 B 19 DK avec le commentaire de HEINIMANN (1965, 48 *sq.*) ou le commentaire transmis sur le *Papyrus de Derveni* (col 22), commenté par MOST (1997, 123–125).

dans lequel la parole et son référent divergent [18]. Le locuteur-énonciateur impose donc un changement dans le système sémiotique que je propose de résumer comme suit :

| | NOTION LANGAGIÈRE | RÉFÉRENT PHYSIQUE |
|---|---|---|
| GENS IGNORANTS | mort/naissance | mort/naissance |
| TU-ÉNONCIATAIRE | mort/naissance | réunion/dispersion élémentaire |

Mais la question se pose alors de savoir pourquoi le locuteur-énonciateur n'abandonne pas les termes de naissance et de mort en même temps que les concepts. D'autant plus que la « solution intermédiaire » qu'il adopte est souvent source de paradoxes, comme au fragment B 35/201 :

B 35/201 14 αἶψα δὲ θνήτ' ἐφύοντο τὰ πρὶν μάθον ἀθάνατ' εἶναι,
15 ζωρά τε τὰ πρὶν ἄκρητα διαλλάξαντα κελεύθους·
...

14 « Aussitôt surgissait, mortel, ce qui d'abord avait appris l'immortalité,
15 Mêlé, ce qui d'abord était pur, échangeant leurs chemins
... » [19]

Ce passage évoque un glissement entre deux statuts de vie opposés, ceux d'immortel et de mortel. Le paradoxe résulte du fait que chaque être est, d'après la vision traditionnelle en tout cas, soit mortel soit immortel, sans changement possible. Or, une fois de plus, c'est le passage du modèle cosmique habituel à celui de la doctrine élémentaire qui rétablit la cohérence apparemment troublée. D'après le savoir cosmologique enseigné, seuls existent en effet des éléments « immortels », constitutifs du monde entier. Ce que les gens qualifient de « mortel », ce sont d'après la doctrine – on l'a vu –, des assemblages élémentaires passagers. Or, dans l'extrait cité ci-dessus, le cheminement d'un élément tel

18. Le verbe ἐπίφημι (v. 5) désigne un acte de langage déterminé, une affirmation avec emphase. Cette nuance, qui ne ressort pas de la traduction de BOLLACK, souligne encore davantage le caractère paradoxal de l'énoncé du vers 5. Par l'étymologie, le verbe peut être mis en rapport avec la racine signifiant « briller, éclairer » (cf. par exemple φαίνω), et évoquer par là l'aspect visuel de la communication des vers. Cf. à ce propos *supra*, chap. II, 1.1 et III, 2.1. Pour l'étymologie de φημί, je me réfère à CHANTRAINE 1968, 1196.

19. Simplicius cite ce passage extrait du fragment B 35/201 à deux reprises : en *in Cael.* 528.30 (v. 1–15) et en *in Ph.* 32.11 (v. 3–17). Dans les deux passages, la citation sert de preuve à l'argument selon lequel Amour et Haine déterminent tous deux dans la doctrine d'Empédocle la vie du cosmos.

que l'enseigne la doctrine cosmologique est décrit dans des termes conformes à l'imaginaire traditionnel. Cet élément forme donc une créature, lorsqu'il s'unit à d'autres, et devient de la sorte « mortel » (cf. θνήτ', v. 14) ; « auparavant », c'est-à-dire lorsqu'il ne participait pas encore à cet assemblage, le même élément était naturellement « immortel » (cf. πρὶν … ἀθάνατ', v. 14) ; et, avant cela encore, il était – en tant qu'élément constitutif d'une créature précédente – à nouveau « mortel », de sorte qu'il allait « apprendre l'immortalité » (cf. μάθον ἀθάνατ' εἶναι, v. 14) qui le caractérise « hors de l'assemblage élémentaire ». Aussi est-ce alternativement isolée et mélangée à d'autres éléments que chacune de ces particules indestructibles devient par moment constitutive d'une créature elle-même mortelle. Tout en gardant éternellement leur statut immortel, les éléments participent alors en quelque sorte à la mortalité de la créature qu'ils composent passagèrement[20].

Une fois de plus, le texte communique, par deux points de vue cosmologiques opposés, sous la forme d'un paradoxe, un même processus : selon la perspective traditionnelle, c'est-à-dire selon le reflet des manifestations perceptibles dans le monde, il décrit l'alternance entre la naissance et la mort des créatures. Selon la nouvelle vision cosmologique qui complète ces impressions par une évaluation théorique, il décrit en revanche le même processus comme une succession de réunions et de dispersions élémentaires.

La stratégie discursive du paradoxe est intimement liée au projet d'enseignement comme tel et, comme on le verra au chapitre suivant, se manifeste également dans d'autres contextes.

### 2.2. *Deux modes discursifs pour deux cosmologies*

Le projet d'enseigner une doctrine cosmologique nouvelle se heurte forcément à des problèmes inhérents au processus de communication. Afin de rendre possible un acte d'enseignement, le message doit être véhiculé par un langage familier au public. La terminologie de ce langage reflète cependant inévitablement les concepts, propres à l'imaginaire traditionnel – comme, dans le cas d'Empédocle, la notion de mort –, que la nouvelle doctrine se propose de redéfinir. Aussi surgit un conflit entre le projet d'enseignement et le langage à disposition qui,

20. Le passage inscrit ainsi en un récit linéaire, marqué par une suite temporelle, les principes énoncés en B 8/53, cité *supra*, chap. IV, 2. Le lien devient manifeste surtout par l'écho entre διάλλαξις (B 8/53, v. 3) et διαλλάξοντα (B 35/201, v. 15).

bien qu'il soit indispensable à la communication, ne convient pas à la matière enseignée.

Les vers examinés jusqu'ici portent souvent les traces de cette incohérence, même si le texte réussit, au moins partiellement, à la surmonter. Dans la mesure où les paroles correspondent au langage conventionnel, il semble y avoir concession vis-à-vis de l'imaginaire traditionnel. Des procédés discursifs ébranlent régulièrement cependant la cohérence de ces énoncés conformes à l'imaginaire traditionnel, et d'autres paramètres sont ainsi évoqués. C'est le cas avec des paradoxes ou des énoncés métaphoriques auxquels le public se heurte brusquement. Or, ceux-ci éveillent non seulement son attention, mais attirent en même temps son attention sur des structures discursives secondaires qui rendent quant à elles les énoncés conformes aux notions de la nouvelle doctrine cosmologique. Le paradoxe ou la *teneur* d'un énoncé métaphorique – mais également la signification étymologique d'un terme, les reprises circulaires ou les échos phoniques – adaptent donc toujours leur langage, inséparablement lié à des notions «dépassées», à un système d'argumentation qui convient pour sa part aux notions de la nouvelle vision cosmologique.

La double valeur référentielle propre à de nombreux passages du corpus répond ainsi au besoin d'enseigner une cosmologie nouvelle, définie par rapport à l'imaginaire traditionnel[21].

Cet enseignement à double niveau demande évidemment à l'énonciataire une démarche de réception équivalente; je me suis livrée à cet exercice tout au long de la mise en place de ce travail. En tant que public, nous sommes en effet constamment tenus d'établir une sorte de traduction entre deux différents messages cosmologiques évoqués: lorsque le texte mentionne par exemple la mort ou la naissance, il faut se rappeler que ces termes y figurent «par convention» (cf. νόμῳ, fr. B 9/56, v. 4) et que les concepts qu'ils désignent sont redéfinis par la nouvelle doctrine cosmologique. Pour profiter de l'enseignement, il faut alors traduire ces notions dans le système de la nouvelle doctrine, où elles désignent deux différents mouvements élémentaires. En outre, vu que le texte est présenté comme une sorte de microcosme, la réception textuelle ainsi que la réception du monde extra-textuel doivent se faire de la même manière: confronté aux diversités de la vie qui l'entoure, l'élève-énonciataire devra d'abord traduire

21. Ces observations rappellent le début des vers 1 et 15 du fragment B 17/31, où le *je* désigne ses paroles comme un «double discours» (cf. δίπλ' ἐρέω); l'évocation d'une dualité pourrait aussi se référer à cet aspect de l'expression discursive.

ses impressions au niveau des concepts cosmologiques enseignés pour pouvoir ensuite évaluer les liens et les processus élémentaires à l'œuvre.

Je conclus ici cette parenthèse concernant les stratégies d'enseignement mises en œuvre par les textes d'Empédocle pour revenir au fragment B 111/12, et plus spécifiquement au problème de la mort.

### 2.3. *Première relecture du fragment B 111/12*

La notion de mortalité est, on l'a vu, définie différemment par la doctrine cosmologique que l'expression textuelle des fragments le suggère. Sachant que le paradoxe issu de cette ambiguïté est hautement significatif, je peux maintenant réviser ma lecture du fragment B 111/12.

Au vers 9, à la fin d'une liste de compétences promises, le locuteur-énonciateur annonce que son élève saura, une fois instruit, ramener depuis l'Hadès la « force » d'un homme mort. Sur la base des thèses avancées dans la section précédente, il s'avère que ces termes y figurent pour des raisons de convention ainsi que pour attirer par un paradoxe l'attention de l'allocuté-énonciataire. Traduite dans les termes de la doctrine cosmologique, cette promesse annonce à l'allocuté-énonciataire qu'il saura provoquer une confluence élémentaire, soit un mouvement inhérent à toute génération d'être vivant.

Or, comment faut-il évaluer, suivant les lois de la doctrine, les quatre promesses énoncées dans les vers précédents ? On se rappelle que chacune se manifeste par une intervention dans le système météorologique, qu'elle est le reflet d'un changement de pouvoir entre deux espèces élémentaires en concurrence. Ainsi, quand l'enseignant promet à l'élève qu'il saura diminuer les vents dévastateurs de cultures agricoles, cela signifie qu'il saura réduire le pouvoir de l'élément air vis-à-vis de l'élément terre ; quand il saura en revanche provoquer des souffles bienfaisants, il favorisera le pouvoir de l'élément air. De même, quand l'élève arrêtera la pluie, il diminuera la prédominance des éléments eau en faveur des éléments feu ; au contraire, quand on le voit mettre fin à une sécheresse violente, il sera en train de favoriser le pouvoir des éléments eau au détriment des éléments feu.

Aussi, du point de vue de la doctrine, la suite des cinq interventions énumérées dans le fragment se résume-t-elle comme suit :

1) air – / terre +
2) air + / terre –
3) eau – / feu +

4) eau + / feu –
5) réunion air, terre, eau, feu

Il apparaît maintenant d'après le savoir enseigné que le récit expose une suite cohérente d'arguments promettant à l'allocuté-énonciataire la maîtrise de chaque espèce élémentaire particulière, de façon à ce que ce dernier puisse ensuite l'appliquer sous forme d'un mélange, dans un geste de réunion conforme à la puissance cosmique Amour[22].

Selon l'argumentation suggérée par la structure annulaire, le pouvoir d'assurer la résurrection d'un mort est à rapprocher, je le rappelle, de la maîtrise du pouvoir sur le vent[23]. Or, la mise en valeur de ce lien particulier perd pour ainsi dire de sa pertinence quand on déchiffre le récit du point de vue de la doctrine d'après laquelle les quatre premières interventions sont à égale distance de la promesse finale. Cette mise en valeur s'explique cependant peut-être par le fait que la parenté entre les conditions météorologiques (par exemple le vent) et l'état vital de l'homme (par exemple la respiration) transparaît plus facilement pour celui dont le regard est déterminé par la vision traditionnelle.

Si la définition cosmologique de la notion de mort accorde à ce passage une plus grande cohérence, il reste toujours à examiner la manière par laquelle la doctrine justifie le fait que l'élève instruit puisse intervenir sur le cours des éléments de son environnement. Cette question, qui touche au problème plus général de l'interaction entre l'homme et le monde qui l'entoure, sera l'objet de la section suivante.

## 3. L'interaction entre l'homme et les éléments dans le monde

L'intervention de l'homme dans le mouvement élémentaire qui l'entoure me ramène aux sens, aux organes qui jouent dans ce contexte un rôle essentiel. Le fragment B 110/699 traite de cela :

**B 110/699**

εἰ γάρ καί σφ' ἀδινῇσιν ὑπὸ πραπίδεσσιν ἐρείσας
εὐμενέως καθαρῇσιν ἐποπτεύεις μελέτῃσι,
ταῦτα δέ σοι μάλα πάντα δι' αἰῶνος παρέσονται·
ἄλλα τε πόλλ' ἀπὸ τῶνδε κτήσεται· αὐτὰ γὰρ αὔξει
ταῦτ' εἰς ἦθος ἕκαστον, ὅπῃ φύσις ἐστὶν ἑκάστῳ.

22. A propos de l'équivalence entre un genre élémentaire spécifique et sa manifestation en tant que force naturelle, cf. fr. B 73/454 et B 98/461, où ὄμβρος, « la pluie », désigne l'eau en tant qu'élément.

23. Cf. à ce propos, *supra*, chap. IV, 1.3.

εἰ δὲ σύ γ' ἀλλοίων ἐπορέξεαι, οἷα κατ' ἄνδρας
μυρία δειλὰ πέλονται ἅ τ' ἀμβλύνουσι μερίμνας,
ἦ σ' ἄφαρ ἐκλείψουσι περιπλομένοιο χρόνοιο
σφῶν αὐτῶν ποθέοντα φίλην ἐπὶ γένναν ἱκέσθαι·
πάντα γὰρ ἴσθι φρόνησιν ἔχειν καὶ νώματος αἶσαν.

« Si, prenant appui sur ton cœur robuste,
Tu les contemples encore avec ferveur, en de purs exercices,
Ils seront là, tous, présents à tes côtés, au long de ta vie
Et Ils t'en accorderont d'autres, sans nombre. Seuls, Ils font croître
Toute chose en sa nature, selon la force donnée à chacune.
Mais si tu convoites les choses toujours nouvelles qu'on voit parmi les hommes,
Les misères innombrables qui émoussent le souci,
Vite, Ils te quitteront au retour du temps,
Avides de rejoindre leur race aimée.
Sache que tous ont leur sens et leur part de pensée. »[24]

Sous forme d'hypothèse, ces vers dépeignent l'allocuté dans deux attitudes opposées à l'égard des éléments qui environnent sa personne. Le récit de la première situation occupe les vers 1 à 5, celui de l'état inverse les vers 6 à 9. Une justification directement adressée à l'allocuté-énonciataire suit en conclusion.

La première scène présente l'élève dans la contemplation des éléments, ce qui entraîne ces particules à rester près de lui et même à en attirer encore d'autres[25]. La seconde situation imaginée présente un allocuté attentif aux choses passagères, soit une attitude qui, au contraire de la situation précédente, chasse les éléments loin de son corps.

Le texte déclare ainsi clairement qu'un lien direct relie le comportement du sujet attentif et le parcours des éléments dans son entourage. Ce lien éclaire les pouvoirs prédits à l'allocuté-énonciataire en B 111/12. Les mouvements élémentaires semblent en effet être déterminés par l'objet de perception que le sujet vise. Celui-ci peut être attentif aux éléments, mais peut également se consacrer aux phénomènes passagers. Deux aspects, qui renvoient aux deux points de vue cosmologiques opposés, des mêmes objets – leur apparence externe et leur structure morphologique –, sont ainsi concernés. L'allocuté-énonciataire instruit sait sans doute identifier les éléments impérissables tels qu'ils transparaissent sous

24. Le fragment B 110/699 est transmis par Hippolyte (*Haer.* 7.29). L'auteur interprète la doctrine d'Empédocle sur un arrière-fond chrétien en identifiant l'Amour avec le principe du bien et la Haine avec celui du mal.

25. Ici encore φύσις (v. 5), traduit par le terme général de « nature », désigne dans un premier temps, conformément à l'étymologie du mot, la croissance possible de chaque créature particulière. Cf. à ce sujet Bollack 1969b, 581.

l'aspect d'une créature. L'homme qui ignore la doctrine élémentaire perçoit en revanche les choses selon les concepts traditionnels, c'est-à-dire multiples, variées et limitées dans la durée de leur existence[26].

Ce lien entre le mode de perception du sujet et le mouvement élémentaire qui l'entoure fait l'objet d'un autre passage encore, le fragment B 2/10 :

**B 2/10**

στεινωποὶ μὲν γὰρ παλάμαι κατὰ γυῖα κέχυνται·
πολλὰ δὲ δείλ’ ἔμπαια, τά τ’ ἀμβλύνουσι μερίμνας·
παῦρον δὲ ζωῇσι βίου μέρος ἀθροίσαντες
**ὠκύμοροι καπνοῖο δίκην ἀρθέντες ἀπέπταν,**
αὐτὸ μόνον πεισθέντες ὅτῳ προσέκυρσεν ἕκαστος,
πάντοσ’ ἐλαυνόμενοι· τὰ δ’ ὅλ’ <οὐδεὶς> εὔχεται εὑρεῖν·
οὕτως οὔτ’ ἐπιδερκτὰ τάδ’ ἀνδράσιν οὔτ’ ἐπακουστὰ
οὔτε νόῳ περιληπτά· σὺ <δ’> οὖν, ἐπεὶ ὧδ’ ἐλιάσθης,
πεύσεαι· οὐ πλεῖόν γε βροτείη μῆτις ὄρωρεν.

« Des paumes étroites sont répandues sur les membres ;
Mais les misères s'abattent en foule, qui émoussent le souci.
Pauvre dans leurs vies est la part de Vie : à peine ils l'assemblent,
**Voués à un rapide destin, ils s'envolent, emportés comme fumée,**
Ne croyant qu'en ce sur quoi le hasard les fit chacun tomber,
Chassés de tout côté ; le tout, aucun ne fait vœu de le découvrir.
De cette manière, les hommes ne l'aperçoivent ni ne l'entendent,
Et leur esprit ne l'embrasse pas. Mais toi, qui t'es retiré ici,
Tu sauras : pensée d'homme ne s'éleva plus haut. »[27]

Ces vers traitent de la même problématique que le fragment précédent. Un écho reliant les deux passages souligne d'ailleurs cette analogie[28].

Le fragment B 2/10 complète le portrait de ceux qui, négligeant la richesse des capacités sensorielles qui sont à disposition de tous les mortels, portent toute leur attention aux misères multiples et passagères. Le texte enseigne que ceux-ci raccourcissent par une telle attitude leur temps de vie et s'approchent plus

26. Je suis tentée d'entendre dans la forme ἐπορέξεαι (v. 6) une allusion à πόρος, « le chemin ». L'activité sensorielle serait ainsi déjà définie et mise en rapport par référence « étymologique » avec les autres cheminements constitutifs de la cosmologie et de son enseignement. Pour la signification du chemin aux différents niveaux cosmiques, cf. BECKER (1937, 147–150), qui donne un éventail de notions qu'il faudrait compléter par le « cheminement de l'exposition des vers », évoqué en B 35/201, v. 1.

27. Pour la transmission du fragment 2/10, cf. *supra*, chap. I, 4.2, où le vers initial est cité à propos du terme παλαμαί. Le mode de perception décrit aux vers 6–9 est discuté *supra*, chap. II, 3.2 et chap. III, 2.1.

28. Le vers 7 du fragment B 110/699 (μυρία **δειλὰ** πέλονται **ἅ τ’ ἀμβλύνουσι μερίμνας**) rappelle le vers 2 du fragment B 2/10 (πολ**λὰ δὲ δειλ’** ἔμπαια, **τά τ’ ἀμβλύνουσι μερίμνας·**).

rapidement de leur propre mort. L'image du corps qui, devenu trop léger, s'envole comme la fumée vers la mort, rappelle plusieurs passages homériques[29]. Il n'y a donc pas de doute à avoir. D'après la doctrine d'Empédocle, l'homme qui ignore les lois cosmologiques enseignées et méconnaît la structure élémentaire du monde provoque rapidement par son mode de perception l'arrivée de sa propre mort[30]. En revanche, celui qui connaît la doctrine d'Empédocle et exploite ses facultés de perception suivant l'exemple de la déesse créatrice prolonge sa propre vie, ainsi que le décrit encore le fragment B 129 :

**B 129**

ἦν δέ τις ἐν κείνοισιν ἀνὴρ περιώσια εἰδώς,
ὃς δὴ μήκιστον πραπίδων ἐκτήσατο πλοῦτον,
παντοίων τε μάλιστα σοφῶν ἐπιήρανος ἔργων·
ὁππότε γὰρ πάσῃσιν ὀρέξαιτο πραπίδεσσιν,
ῥεῖά γε τῶν ὄντων πάντων λεύσσεσκεν ἕκαστον
καί τε δέκ' ἀνθρώπων καί τ' εἴκοσιν αἰώνεσσιν.

« Il y avait parmi eux un homme d'un savoir prodigieux,
Qui possédait une très grande richesse dans son diaphragme,
Et dominait souverainement les œuvres techniques de toute sorte.
Lorsqu'il engageait toute la force de son diaphragme,
Son regard perçait facilement chaque objet qui existe
Avec la vie de dix ou vingt hommes. »[31]

Sous la forme d'un récit exposé à la troisième personne, ces vers donnent le portrait d'un homme d'une sagesse exceptionnelle. Or, ce sage excelle par des

29. Cf. Hom. *Il.* 23.100 *sq.* : ψυχὴ δὲ κατὰ χθονὸς ἠύτε καπνὸς ᾤχετο ; Hom. *Od.* 11.222 : ψυχὴ δὲ ἠύτ' ὄνειρος ἀποπταμένη πεπότηται. L'argumentation exposée au vers 3 repose sur une opposition entre les notions de ζωή et de βίος : à l'intérieur du corpus d'Empédocle, ζωή désigne systématiquement – et conformément à la tradition – la vie qui s'achève avec la mort (cf. par exemple Pi. *N.* 8.36, 9.29). Ainsi sont évoquées au pluriel les vies vécues par les créatures individuelles « destinées à une existence rapide » (ὠκύμοροι, fr. B 2/10, v. 4). A cette notion s'oppose, pour la première fois chez Empédocle, le terme de βίος : évoqué au singulier, cet autre nom de vie comprend apparemment un temps plus long et indépendant de l'existence de l'individu mortel, puisque, pendant leur vie, les hommes n'arrivent à en saisir qu'une partie limitée (cf. B 2/10, v. 3). Ailleurs dans le corpus d'Empédocle, βίος désigne la vie cosmique scandée par la succession des vies individuelles délimitées par la naissance et la mort (cf. B 20/60, v. 3 ; B 115, v. 5).

30. Ce portrait rappelle en même temps le concept d'ἐφήμερος, cette précarité à laquelle s'exposent les personnes qui n'arrivent pas à relativiser le moment présent. Pour un commentaire plus développé sur l'histoire de ce concept, cf. Fränkel 1960.

31. Le fragment B 129 est transmis par Porphyre (*VP* 30) et Jamblique (*VP* 15.67) qui interprètent tous deux ces paroles comme un portrait de Pythagore. Le passage est cité également par Diogène Laërce (8.54), qui ajoute que, selon d'autres, le fragment ferait plutôt référence à Parménide.

qualités analogues à celles que le texte du fragment B 110/699, cité au début de cette section, reconnaît à l'élève accompli. Plusieurs échos au niveau du lexique suggèrent en effet ce rapprochement :

| FR. B 129 | FR. B 110/699 |
|---|---|
| πραπίδων, πραπίδεσσι (v. 2 et 4) | πραπίδεσσι (v. 1) |
| ἐκτήσατο (v. 2) | κτήσεται (v. 4) |
| ὀρέξαιτο (v. 4) | ἐπορέξεαι (v. 6) |
| αἰώνεσσι (v. 6) | αἰῶνος (v. 3) |

Sur la base de ces reprises lexicales qui lient le passage B 129 au fragment B 110/699 – et indirectement au fragment B 2/10 –, l'argumentation se complète comme suit : d'un côté se trouve l'élève instruit (B 2/10, v. 9) qui excelle en sagesse (B 129, v. 2 et B 110/699, v. 1), perçoit ainsi la structure élémentaire du monde qui l'entoure et réunit, à l'exemple d'Aphrodite créatrice, les éléments dans sa propre personne (B 110/699, v. 3 *sq.*). Par cette attitude sensorielle qu'il a envers le monde, il prolonge la durée de sa propre vie (B 129, v. 5 *sq.*)[32]. De l'autre côté, opposé à l'élève, se trouve l'homme ignorant qui ne sait pas exploiter la richesse des sens propres au corps humain (B 2/10, v. 1). Celui-ci porte son attention aux choses multiples et passagères (B 110/699, v. 5 *sq.* et B 2/10, v. 2). Aussi est-il incapable de saisir l'ensemble cosmique dont il fait partie (B 2/10, v. 5–8) et – apparemment déterminé par la force cosmique destructrice – provoque-t-il l'arrivée de sa propre mort (B 2/10, v. 4).

L'étude des trois passages complémentaires – B 2/10, B 110/699 et B 129 – explique clairement dans quelle mesure la perception sensorielle d'un sujet détermine le mouvement élémentaire qui l'entoure. Son attitude fixe en effet, par l'intermédiaire des deux forces cosmiques opposées, le moment de sa mort. Ce double lien fournit alors une clé supplémentaire pour l'interprétation du fragment B 111/12, mon passage de base dont je propose maintenant une seconde relecture[33].

32. Pour Bollack (2003, 90), la référence à la longévité n'est pas à entendre au sens premier, mais se réfère plutôt à une énergie de vie dix ou vingt fois plus grande que celle du commun des mortels. Je ne renonce pour ma part pas à la signification première du texte puisqu'elle permet de saisir les renvois à d'autres passages étudiés *infra*, chap. IV, 3.1.

33. Le lien entre savoir, Amour et condition physique de l'individu est déjà démontré par Long (1966, 72–75).

### *3.1. Seconde relecture du fragment B 111/12*

Le pouvoir sur le mouvement élémentaire sous-jacent aux promesses énoncées en B 111/12 ne peut que se fonder sur la manière dont l'allocuté-énonciataire perçoit le monde qui l'entoure. On sait en effet qu'il peut déterminer le parcours des éléments qui sont attirés ou fuient sa personne.

Cette théorie permet d'éclairer notamment la promesse finale du fragment B 111/12. Si l'allocuté-énonciataire adapte son mode de perception aux instructions cosmologiques, il agit conformément au principe cosmique Amour et provoque une réunion élémentaire sur sa propre personne. Cette attitude à la fois intellectuelle et sensorielle éloigne la mort de sa propre personne, ce qui revient pour lui à une sorte de renaissance. L'homme « réanimé » serait alors l'allocuté-énonciataire lui-même, qui, par l'application du savoir enseigné, aurait accédé à cette « nouvelle vie ». Ceci le rapprocherait du sage dont le fragment B 129 fait le portrait, c'est-à-dire d'un homme dont la maîtrise des sens l'a définitivement éloigné de sa propre mort, voire l'a même rendu immortel.

Nous sommes alors proches des énoncés, volontiers attribués aux Καθαρμοί, où sont mentionnées des personnes devenues entièrement immortelles. Le fragment B 147 décrit en effet des sujets qui, libérés des soucis chers aux humains, partagent la table des dieux :

B 147
1 **ἀθανάτοις ἄλλοισιν ὁμέστιοι, αὐτοτράπεζοι**
2 ἐόντες, ἀνδρείων ἀχέων ἀπόκληροι, ἀτειρεῖς.

1 « **Partageant le foyer des autres immortels, à la même table,**
2 Etant éloignés de la douleur des destinées humaines, indestructibles. »[34]

En B 112, un passage fameux pour cette raison, c'est le locuteur-énonciateur lui-même qui s'accorde le statut divin propre à ceux qui, par la connaissance de la doctrine, savent relativiser la notion de mort :

B 112
1 ὦ φίλοι...
. . . . . . .
4 χαίρετ'· **ἐγὼ δ' ὑμῖν θεὸς ἄμβροτος, οὐκέτι θνητός**

34. Le fragment 147 est cité par Clément d'Alexandrie (*Strom.* 5.122) en guise d'illustration de la vie dans l'au-delà des hommes justes. Pour Bremer (1994, 105), ces paroles sont le reflet d'une conception de la mort historiquement bien déterminée, selon laquelle l'idée d'un endroit où règne la richesse divine se substitue à l'image négative de l'Hadès, tel que le décrit l'épopée. Je me demande pour ma part si le sujet sous-entendu ne devrait pas être à la première plutôt qu'à la troisième personne du pluriel, comme le supposent les éditeurs.

5 πωλεῦμαι μετὰ πᾶσι τετιμένος, ὥσπερ ἔοικα,
...

1 «Amis!
. . . . . .
4 Réjouissez-vous! **Pour vous, moi je suis un dieu immortel, je ne suis plus [rien de mortel,**
5 Je vais, honoré de tous comme on me voit
...»[35]

Ce changement de condition, qui, à la suite du locuteur-énonciateur, éloigne l'allocuté-énonciataire de sa propre mort, dépend de son attitude sensorielle sollicitée par les vers au moment de leur réception. L'apprentissage exige avant tout de la part du public une attention minutieuse, comme le rappellent les nombreuses exhortations à l'attention. Or, si la réception correcte de ce microcosme textuel déclenche un afflux élémentaire vers la personne de l'énonciataire, sa victoire sur la mort n'est que la suite du même processus.

Il apparaît maintenant plus clairement pourquoi, suivant l'argumentation phonique des vers initiaux, la réception poétique (**πεύσῃ**, v. 2) entraîne directement pour l'élève la maîtrise des forces cosmiques (**παύσεις**, v. 3)[36]. Comme, lorsqu'il est correctement accompli, l'apprentissage des vers est déjà une première application du savoir enseigné, il est naturel que les pouvoirs issus de ces connaissances se manifestent également à leur tour au moment de la réception des vers. Il y a donc, lors de l'enseignement, une coïncidence temporelle entre l'apprentissage, l'application du savoir et la manifestation du pouvoir issu de ce nouveau savoir appliqué; et c'est cette coïncidence qui justifie, du point de vue de la doctrine élémentaire, la grande puissance que le texte accorde à l'acte de la réception des vers.

J'arrive ici à la fin de ma lecture du fragment B 111/12 telle que l'application des concepts cosmologiques enseignés me l'a suggérée[37]. En dehors de cette argumentation purement intra-textuelle, il y a aussi la possibilité d'expliquer

35. Attesté par de nombreuses sources anciennes, le vers 4 du fragment 112 est tantôt interprété comme le discours d'un médecin-devin (D. L. 8.62), tantôt comme l'expression d'un rapport très intime que le poète aurait eu avec la divinité (S. E. *G.* 1.302). Comme le remarque Sextus, ces vers sont également à l'origine d'une mauvaise réputation d'Empédocle considéré parfois comme un ridicule vantard (cf. par exemple Tert. *anim.* 32). Dans ma lecture, je suis l'opinion de Tzetzès (*Alleg. Il.* 2.29.24) qui explique cet énoncé à partir de la doctrine élémentaire.

36. L'expression «augmenter la pensée» est extraite du fragment B 17/31, v. 13, passage discuté *supra*, chap. 1, 2.1.

37. Par cette lecture, qui explique les promesses «surnaturelles» uniquement sur la base du savoir cosmologique, je rejoins l'avis de LINCOLN (1986, 140) qui interprète les textes d'Empédocle

ce même passage par des réalités extérieures au texte et à sa communication; c'est d'ailleurs la démarche choisie par la plupart des commentateurs anciens et modernes.

## 4. Références possibles à des pratiques extra-textuelles

Nous devons à ce genre d'intérêts la transmission par les auteurs anciens du fragment B 111/12: Diogène Laërce (8.60) cite ces vers à propos d'un témoignage reconnaissant à Empédocle des pratiques magiques. Les vers 3 à 5 sont également cités par Clément d'Alexandrie (*Strom.* 6.30) qui, pour sa part, confère à Empédocle le mérite d'avoir libéré les habitants d'Agrigente d'un vent malsain en montant des barrages en peaux d'âne. Il ajoute que, suite à cette opération ingénieuse, Empédocle fut appelé κωλυσάνεμος, «celui qui arrête les vents». La même source rapporte encore que, d'après une autre tradition, le passage ferait plutôt référence à une intervention médicale et précise qu'Empédocle arrêta les souffles d'un vent qui rendait les femmes stériles; il aurait en outre réussi à réanimer une femme restée sans souffle pendant trente jours[38].

Chacun de ces récits tente d'éclairer par une réalité extra-discursive les paroles du fragment B 111/12. Ils continuent tous d'ailleurs à influencer l'imaginaire des chercheurs[39]. Parmi ces différentes identités assignées au poète, c'est l'«Empédocle mage» qui, encore récemment, a le plus inspiré les commentateurs modernes du fragment. Les chercheurs qui expliquent les paroles du fragment B 111/12 en se référant à des pratiques chamaniques s'appuient d'une part sur des analogies avec les récits concernant d'autres figures grecques anciennes, telles Abaris, Zalmoxis ou Pythagore, et d'autre part sur le fragment B 129, qui, selon les auteurs anciens déjà, ferait le portrait de Pythagore[40]. Au niveau du

dans le cadre d'une comparaison consacrée au double concept de «construction-déconstruction» dans les sociétés indo-européennes.

38. Une discussion plus détaillée des différentes explications de ce genre se trouve chez Mauduit (1999, 293–296). A propos du recoupement entre magie et sciences techniques, cf. Fausti 1988, 379. Pour le caractère et le statut spécifiques du courant médical dont semblent relever les vers d'Empédocle, cf. Vegetti 1998.

39. Gallavotti (1975, 262) opte à son tour pour une interprétation technico-médicale. Ainsi, il explique le vers 3 par *«un opera di ingegneria idraulica»* et interprète le vers 9 comme *«un intervento medico prestigioso»*.

40. C'est Meuli qui, en 1935 (137–164), a le premier rapproché ces figures d'un type de chamans dont il avait recueilli les attestations dans différentes cultures indo-européennes. Cette idée est approfondie par Dodds (1977, 140–178) et Burkert (1962, 132–142) qui montrent que, parallèlement à la tradition de la religion épique, il y avait en Grèce, depuis des temps très anciens, des

texte d'Empédocle, le rapprochement est fondé sur les références suivantes : les sources anciennes nous apprennent que Pythagore se mettait par des exercices d'anamnèse dans un état de transe, de façon à pouvoir entendre les harmonies sphériques et disposer d'autres facultés extraordinaires. Lors de ces exercices, son âme quittait passagèrement le corps ; une telle expérience est également attestée en dehors des cercles pythagoriciens. Libérée surtout pendant le sommeil, l'âme de ces chamans pouvait alors entreprendre des voyages dont elle revenait avec des connaissances sur le lointain, le passé ou sur ce qui est invisible. Capable de « contempler facilement chaque partie de la réalité et d'évoquer les souvenirs de dix et même vingt vies vécues » (v. 5 *sq.*), Pythagore serait ici représenté dans une telle transe, soit dans un état physique provoqué par la tension du diaphragme (cf. v. 4)[41].

Or, si l'activité du diaphragme mentionnée au fragment B 129 (cf. πραπίδων πλοῦτον, v. 2) décrit un tel exercice, le fragment B 110/699, qui mentionne le même geste physique (cf. ἀδινῇσιν ὑπὸ πραπίδεσσιν ἐρείσας, v. 1), devrait lui aussi faire référence à la même pratique. Quant au fragment B 2/10, qui oppose la foule ignorante à l'élève instruit, son argumentation serait elle aussi fondée sur l'éventuelle capacité d'exploiter la force inhérente au diaphragme (cf. παλάμαι, v. 1). En outre, les interventions miraculeuses promises à l'élève en B 111/12 correspondraient à des actes accomplis par le biais de telles pratiques chamaniques. Cette explication, qui, en ce qui concerne la maîtrise du vent et du souffle vital, serait suggestive, me paraît toutefois problématique dans la mesure où elle n'est que difficilement pertinente pour les promesses qui impliquent les éléments eau et feu[42]. En plus, on a à juste titre remarqué que d'une part le pouvoir sur

traditions chamaniques. Simondon (1982, 150–169) propose une étude de sources textuelles qui attestent l'éventail de différentes pratiques chamaniques en Grèce ancienne, et montre à ce propos qu'il est difficile de distinguer dans ce domaine entre des courants pythagoriciens, orphiques et d'autres courants analogues. Riedweg (1995) approfondit l'étude des expressions à connotation mystique ou initiatique et arrive à la conclusion que le locuteur-énonciateur se présente dans l'ensemble de l'œuvre d'Empédocle comme un myste orphique.

41. Cette interprétation est élaborée successivement par Gernet (1982), Vernant (1991) et Detienne (1963, 78–85).

42. Pour un regard critique sur l'interprétation chamanique des récits grecs archaïques en général, cf. Bremmer 1983, 47–53, et au sujet d'Empédocle en particulier, 49 *sq.* L'auteur s'appuie sur les réflexions de Rhode (1928, 405 *sq.*) et interprète ces récits sur la base d'une conception archaïque d'après laquelle l'âme de l'individu comprend essentiellement deux différents aspects : une première partie vit en concordance avec l'état physique de l'individu *(« ego-soul »)*, et une seconde partie est complémentaire à la vie du corps (*« free soul »*, ψυχή). Celle-ci est en repos lorsque le sujet agit, mais circule pendant son sommeil et existe aussi avant sa naissance et après sa mort.

les forces naturelles prêtées par les anciens à Empédocle n'est pas réservé aux chamans et que d'autre part aucun témoignage n'atteste, en ce qui concerne Empédocle, ni états de transe ni bilocations[43].

Ceci au sujet d'une interprétation chamanique du passage B 111/12. Pour conclure, je propose maintenant une troisième voie interprétative encore, pour laquelle je me fonde sur un écho renvoyant le fragment d'Empédocle à un passage de la poésie hexamétrique traditionnelle.

## 5. Références possibles à la tradition poétique antérieure

Par sa forme hexamétrique, la poésie d'Empédocle s'inscrit, je l'ai déjà évoqué, dans une vaste tradition poétique diffusée essentiellement, jusqu'à cette époque en tout cas, par des performances orales[44]. Je m'appuie maintenant sur une des multiples références que le texte d'Empédocle fait à la tradition hexamétrique pour examiner de ce point de vue la signification du fragment B 111/12. La fin du premier vers de ce passage fait en effet écho au vers 193 de l'*Hymne homérique à Apollon*.

Voici, dans leur contexte immédiat, les énoncés correspondants :

**B 111/12**

1 φάρμακα δ' ὅσσα γεγᾶσι κακῶν **καὶ γήραος ἄλκαρ**
2 πεύσῃ, ἐπεὶ μούνῳ σοὶ ἐγὼ κρανέω τάδε πάντα·
. . . . . . .
9 ἄξεις δ' ἐξ Ἀίδαο καταφθιμένου μένος ἀνδρός.

1 « Les remèdes, tant qu'il en est, contre les maux, **le secours contre la vieillesse**,
2 Tu sauras tout cela, pour toi seul, j'accomplirai tout cela.
. . . . . . .
9 Tu ramèneras de chez Hadès la force d'un homme trépassé. »[45]

*h. Ap*, 189–193 :

Μοῦσαι μέν θ' ἅμα πᾶσαι ἀμειβόμεναι ὀπὶ καλῇ
ὑμνεῦσίν ῥα θεῶν δῶρ' ἄμβροτα ἠδ' ἀνθρώπων
τλημοσύνας, ὅσ' ἔχοντες ὑπ' ἀθανάτοισι θεοῖσι
ζώουσ' ἀφραδέες καὶ ἀμήχανοι, οὐδὲ δύνανται

Reste alors à se demander pourquoi le terme de ψυχή ne figure qu'une fois dans tout le corpus d'Empédocle (fr. B 138).

43. Je me réfère à Kahn 1971, 30–36.

44. Au sujet de l'histoire de la poésie hexamétrique et de son mode de diffusion, cf. Nagy 2000, 138 *sq.* Pour une liste systématique des passages d'Empédocle qui, à différents niveaux du texte, font écho à la tradition précédente, cf. Gemelli Marciano 1990.

45. Pour la transmission du fragment B 111/12, cf. *supra*, chap. IV, 1.

εὑρέμεναι θανάτοιό τ' ἄκος **καὶ γήραος ἄλκαρ.**

...

« Les Muses qui, toutes, lui répondent de leur belle voix, chantent les immortels privilèges des Dieux et le sort misérable des hommes – tout ce que les Dieux imposent à ces êtres qui vivent dans l'égarement, et ne sont même pas capables, en leur impuissance, d'inventer un remède contre la mort **ou un recours contre la vieillesse** ! »

Les deux contextes dans lesquels figure le même énoncé divergent à plusieurs égards : tout d'abord, les paroles rapportées d'un chœur de Muses dans l'*Hymne* correspondent au discours du locuteur-énonciateur chez Empédocle ; on passe ensuite d'un énoncé descriptif et négatif dans le texte hymnique à une prédiction affirmative dans le traité cosmologique ; finalement, le passage homérique ne porte pas encore la trace du paradoxe propre au récit d'Empédocle.

En dehors de ces divergences subsiste toutefois une affinité au niveau du contexte sémantique plus vaste : les deux poésies traitent, également en dehors de ce bref énoncé, du double concept « mortel-immortel ». Avant d'approfondir la comparaison, voici d'abord quelques remarques sur la place accordée à cette problématique par l'ensemble de l'*Hymne homérique à Apollon.*

## *5.1. « Mortel-immortel » dans l'*Hymne homérique à Apollon

L'opposition entre mortel et immortel apparaît sous différentes facettes dans le récit de l'*Hymne*. Le texte insiste par exemple souvent, comme dans le passage cité ci-dessus, sur le décalage qui existe entre les représentants des deux statuts de vie. C'est ainsi que la suprématie divine d'Apollon apparaît lorsqu'il libère les hommes de la menace du monstre Typhon. De même quand il fonde un oracle, une institution qui accentue à son tour l'infériorité des mortels face au dieu ; c'est en effet dans ce cadre qu'Apollon communiquera son savoir aux hommes ignorants qui le consultent. Sa suprématie est également mise en évidence dans un épisode de la fin de l'*Hymne* qui raconte que le dieu détourne un navire crétois pour faire des marins les serviteurs de son sanctuaire[46].

Si, lors d'une performance de l'*Hymne*, ces récits rappellent au public l'infériorité qui, en tant que mortels, les subordonne au dieu, le propos ne manque toutefois pas d'ambiguïté. Les mêmes scènes peuvent en effet également sug-

46. Le passage qui décrit la victoire d'Apollon sur Typhon est limité par une double mention du danger que représente le monstre pour les mortels (πῆμα βροτοῖσι ... δήλεμα βροτοῖσι en fin des vers 352 et 364) ; l'instauration de l'oracle est exposée aux vers 252–274 et 292–297, et le récit du bateau « kidnappé » aux vers 388–390.

gérer l'image d'un dieu qui, clément pour les mortels, cherche à diminuer la distance qui les sépare de son monde. Ainsi l'institution de l'oracle peut-elle être interprétée également comme le geste d'un dieu voulant partager son savoir avec les mortels. L'élimination de Typhon serait l'expression d'une volonté de les sauver d'une bête menaçante. La scène de la fin du poème, dans laquelle Apollon assure aux Crétois inquiets de leur survie à Delphes qu'ils pourront se nourrir des bêtes qu'amèneront pour les sacrifices les hommes des alentours, est également significative à cet égard. C'est en effet comme si le dieu se propose de donner en partage à ses serviteurs sa propre « nourriture »[47].

Opposition et rapprochement entre deux mondes distincts – celui des mortels et celui des immortels – apparaissent encore à un autre niveau du récit : le dieu célébré, protagoniste du récit, séjourne lui-même tantôt sur l'Olympe et tantôt sur terre. Il voit le jour sur terre et y fonde autels et sanctuaires ; il va sur l'Olympe et déclenche par son arrivée une fête. Par ses déplacements, le dieu atténue personnellement l'opposition entre mortels et immortels et trace ainsi des liens entre les deux mondes distincts.

Il devient maintenant manifeste que le chant des Muses, dont les paroles résonnent dans les vers d'Empédocle, n'énonce qu'un aspect de la relation « mortels-immortels » telle que la représente l'ensemble de l'*Hymne homérique à Apollon*. L'affirmation d'une distance fatale qui, d'après les paroles des Muses, écarte les mortels du monde olympien est en effet relativisée dans le reste du poème ; et c'est Apollon lui-même qui semble vouloir franchir cette limite. Le rôle de médiateur accordé au dieu célébré se concrétise encore davantage lorsqu'on intègre l'*Hymne* dans le contexte prévu à sa communication.

### *5.2. « Mortel-immortel » au niveau de la performance hymnique*

Bien que le temps ait effacé les traces des circonstances précises prévues pour la performance de l'*Hymne homérique à Apollon*, il est certain qu'il devait s'agir d'un moment cultuel, au cours duquel les participants cherchaient à entrer en contact avec le dieu.

47. Cette même situation réapparaît plus détaillée chez Empédocle, dans le fragment B 147 qui décrit des mortels et immortels partageant la même table.

Le récit traite lui-même d'une telle manifestation qui conviendrait également à la performance de l'*Hymne*[48]. Au vers 146 débute la description d'une fête célébrée à Délos en l'honneur d'Apollon. Ce tableau d'une célébration hymnique fournit une indication très précieuse au sujet de l'opposition entre mortels et immortels : les Déliens bénéficient en effet à ce moment d'un tel charme que qui les verrait les prendrait pour des immortels qui ne connaissent pas le vieillissement !

*h. Ap.* 3 :

Φαίη κ' **ἀθανάτους** καὶ **ἀγήρως** ἔμμεναι αἰεί,
ὃς τότ' ἐπαντιάσει, ὅτ' Ἰάονες ἀθρόοι εἶεν·
πάντων γάρ κεν ἴδοιτο χάριν, τέρψαιτο δὲ θυμὸν
...

« Qui surviendrait quand les Ioniens aux tuniques traînantes sont assemblés les croirait **immortels** et **exempts** à jamais **de vieillesse** : il verrait leur grâce à tous, et son cœur serait charmé... »

La célébration musicale en l'honneur du dieu telle qu'elle est décrite dans le texte libère passagèrement les participants de leur statut d'hommes mortels. Ces mêmes contraintes, qui sont insurmontables pour les humains d'après le chant des Muses – mort et vieillesse (cf. θανάτοιο ... γήραος, v. 193) –, sont précisément celles dont les Déliens apparaissent libérés (cf. ἀθανάτους ... ἀγήρως, v. 151). Quant à la source de cette « immortalité passagère », c'est apparemment l'acte de la célébration musicale lui-même[49].

Aussi, bien que la fête délienne décrite ne constitue probablement pas le contexte réellement prévu pour la performance de l'*Hymne*, un accès à la condition divine semble s'ouvrir aux participants de toute manifestation de ce genre.

48. Les opinions divergent quant au cadre concret de la performance de l'hymne. Cf. à ce sujet Strauss-Clay 1989, 47–49. Je retiens simplement pour mon propos qu'il devait s'agir d'un contexte cultuel centré autour du dieu Apollon.

49. Cf. à ce propos l'analyse de Lonsdale (1994–1995), qui explique l'immortalité passagère des Déliens en fête d'une part par l'imitation du modèle divin, tel qu'il est décrit aux vers 192–206, et d'autre part par l'interdépendance entre hommes et dieux qui s'actualise lors d'une telle manifestation. Förstel (1979, 223–234) met la scène délienne et surtout le chant des Muses en rapport avec l'institution de l'oracle à Delphes où, par la bouche de la Pythie, Apollon délivre les mortels de ce qui par définition les écarte du statut divin.

### *5.3. « Immortalité hymnique » et « immortalité cosmologique »*

Les paroles de l'*Hymne homérique* traitent non seulement de la distance qui sépare les mortels du monde des immortels, mais également de la possibilité de franchir cette limite fatale. Malgré la contradiction radicale qui oppose au premier abord le passage d'Empédocle à la tradition homérique, les deux textes se rejoignent dans la mesure où ils proposent un même remède contre les contraintes liées à la condition mortelle : l'acte de la communication poétique en cours[50]. Or, ce même événement se concrétise différemment selon le cadre prévu pour l'actualisation des vers : une célébration hymnique consacrée au dieu d'une part et l'enseignement cosmologique de l'autre.

Il y a pourtant une source commune à ces deux différents événements poétiques « divins ». Pour la décrire, je me réfère à nouveau aux paroles de l'*Hymne homérique à Apollon*. On y trouve en effet le récit d'une seconde performance poétique qui se déroule pour sa part sur l'Olympe, parmi les dieux. Or, c'est le fait que le public – qu'il soit formé de dieux ou d'hommes mortels – retire un même plaisir de la fête qui, d'après le texte, qualifie semblablement la célébration sur l'Olympe et celle à Délos : de même que Léto et Zeus « prennent plaisir » (ἐπιτέρπονται, v. 204) à assister à la performance divine, de même le mortel qui arrive aux fêtes à Délos serait charmé (τέρψαιτο, v. 153) par le spectacle[51]. C'est donc, je pense, ce plaisir esthétique inhérent à toute performance poétique, qui élève la manifestation des hommes au niveau d'une fête divine. Sur la base de cette conception de la réception poétique, les paroles d'Empédocle exposées en B 111/12 se justifient dès lors par un tout autre biais : ce qui permet à l'allocuté-énonciataire de surmonter les contraintes liées à son statut de mortel serait ce plaisir divin qui l'enveloppe passagèrement lors de la réception des vers. La magie en jeu ne serait alors pas le résultat d'un acte extérieur à l'actualisation des vers, mais l'effet inhérent à la communication poétique elle-même[52].

50. Il serait peut-être tentant de penser que, dans le cas de la poésie d'Empédocle, le pouvoir du savoir remplace en quelque sorte la faveur du dieu célébré dans l'*Hymne*. Il y aurait alors reflet d'un acquis d'indépendance de l'énonciateur cosmologue vis-à-vis de son prédécesseur. Cette émancipation à l'égard du pouvoir divin ne peut cependant, je le rappelle, qu'être relative.

51. Cf. à ce sujet Herington 1985, 6 *sq.*

52. Cf. déjà Hershbell 1970 et Kingsley 1995, 217–219. Cette interprétation rejoint les réflexions exposées *supra*, chap. II, 4, au sujet du rapport entre amour et poésie dans la tradition grecque en général et chez Empédocle en particulier.

Cette interprétation trouve un appui extérieur dans un récit, transmis par Jamblique, qui assigne à l'Empédocle rhapsode le pouvoir de vaincre la mort :

Iamb. *VP* 113 :

Ἐμπεδοκλῆς δὲ σπασαμένου τὸ ξίφος ἤδη νεανίου τινὸς ἐπὶ τὸν αὐτοῦ ξενοδόχον Ἄγχιτον, ἐπεὶ δικάσας δημοσίαι τὸν τοῦ νεανίου πατέρα ἐθανάτωσε, καὶ ἀΐξαντος, ὡς εἶχε συγχύσεως καὶ θυμοῦ, ξιφήρους παῖσαι τὸν τοῦ πατρὸς καταδικαστὴν ὡσανεὶ φονέα Ἄγχιτον, **μεθαρμοσάμενος** ὡς εἶχε τὴν λύραν καὶ πεπαντικόν τι μέλος καὶ κατασταλτικὸν μεταχειρισάμενος εὐθὺς ἀνεκρούσατο τὸ

νηπενθὲς ἄχολόν τε, κακῶν ἐπίληθες ἁπάντων

κατὰ, τὸν ποιητήν, καὶ τόν τε ἑαυτοῦ ξενοδόχον Ἄγχιτον θανάτου ἐρρύσατο καὶ τὸν νεανίαν ἀνδροφονίας

« Même chose avec Empédocle. Alors qu'un jeune homme avait déjà tiré son épée contre son hôte Anchitos, parce que ce dernier, qui était jugé, avait au nom de l'Etat condamné à mort le père du jeune homme, et alors même que le jeune homme, qui était sous le coup de la rage et de la colère, se précipitait l'épée en main pour frapper Anchitos comme si c'était un meurtrier, parce qu'il avait condamné son père, sans bouger, Empédocle changea **l'harmonie** de sa lyre et se mit à interpréter une mélodie apaisante et calmante, attaquant aussitôt

"celle qui calme la douleur et fait oublier tous les maux",

comme le dit le Poète, et ainsi il sauva de la mort son hôte Anchitos, et de l'homicide le jeune homme. »

Sur la base de ce récit, les promesses énoncées en B 111/12 se justifient par un pouvoir artistique dont disposerait Empédocle grâce à son don de poète-rhapsode. Cette explication me paraît particulièrement suggestive dans la mesure où elle offre la possibilité de surmonter le conflit entre les interprétations « rationnelles » et « irrationnelles » des paroles d'Empédocle, une dualité qui, comme il a été montré, détermine toute l'histoire de l'interprétation du fragment B 111/12[53]. Du moment que le pouvoir magique découle de la communication des vers, ce sont à la fois l'acte rituel de la performance et le savoir scientifique exposé qui provoquent cet effet dont la signification cosmologique est explicitement évoquée par le terme d'harmonie (μεταρμοσάμενος). Cette notion qui implique à la fois les domaines musical, éthique et cosmologique évoque indirectement le pouvoir magique des paroles d'Empédocle. Le passage de Jamblique montre par ailleurs très bien que le contenu des paroles énoncées

53. L'histoire de l'interprétation du fragment B 111/12 est exposée par Mauduit (1999). L'auteur propose d'accepter l'ambivalence entre les interprétations « rationnelles » et « irrationnelles » et de la projeter sur la figure d'Empédocle, auquel elle accorde une place à mi-chemin entre les cultures magique et scientifique.

n'est pas sans rapport avec la situation du moment qu'elles déterminent, car ce n'est pas seulement la mélodie (μέλος) qui calme la rage du jeune homme, mais aussi le récit qui décrit l'apaisement envisagé par le rhapsode Empédocle. Ce glissement de la situation fictionnelle décrite à la situation «réelle» de la communication des vers – passage facilité par l'aspect musical de la performance – pourrait donc également expliquer les promesses énoncées en B 111/12. Ce serait alors à la fois le savoir cosmologique exposé et le mode musical de l'enseignement qui suffiraient à eux seuls à produire la force magique présupposée aux actes promis dans ces vers[54].

Une autre source, un passage des *Argonautiques* d'Apollonius de Rhodes, complète ce portrait d'Empédocle. Le texte raconte que, pour calmer la colère de ses compagnons, Orphée entonne un chant dont les paroles captivent aussitôt l'attention des auditeurs et les charment au point qu'ils restent immobiles, même quand Orphée a terminé. Le texte de cette chanson expose un récit cosmogonique qui rappelle clairement la doctrine d'Empédocle. Une fois de plus, l'art du savant d'Agrigente est ainsi associé au pouvoir captivant et bienfaisant de la performance poétique[55].

J'arrive ici à la fin de ce chapitre consacré au lien entre la performance poétique et le pouvoir sur la mort. Le chapitre suivant sera essentiellement consacré à un procédé discursif, la répétition, et à un paramètre cosmologique, la notion du temps.

54. L'effet guérisseur de paroles poétiques est volontiers évoqué, non seulement dans la tradition grecque ancienne, mais également dans des textes védiques, hittites et akkadiens. Cf. à ce sujet Nünlist 1998, 126–134. L' interprétation que je propose trouve en outre un appui significatif dans la tradition «littéraire» postérieure à Empédocle: comme le montre Buchheim (1985, 418–422), l'idée qu'un discours agit sur son public en tant que φάρμακον est reprise fidèlement par Gorgias, dont la tradition antique en fait l'élève d'Empédocle. Ce lien inséparable entre activités rhétorique et magique trouve une nouvelle expression dans la théorie rhétorique de Gorgias qui affirme explicitement que l'effet du discours agit, conformément à son mélange, sur l'état psychosomatique du public. A cet héritage intellectuel correspond un récit transmis par Diogène Laërce (31 A 58 DK), où le doxographe raconte, en se référant à un certain Satyros, que Gorgias était présent lorsque Empédocle faisait des actes magiques (Ἐμπεδοκλεῖ γοητεύοντι). Vu la carrière de l'élève, il n'y a pas de doute que la magie en question était l'effet des paroles prononcées par le maître!

55. Cf. A. R. 1.492–515. Le passage est commenté par Segal (1989, 9) et Iacobacci (1993, 88–90).

CHAPITRE V

# LES TEMPS

A la suite de la problématique exposée dans le chapitre précédent, l'étude des paramètres temporels s'impose. Avec la notion de mort mise en question par la doctrine se soulève en effet également la question du temps tel qu'il est conçu par notre imaginaire. L'idée d'un temps qui s'écoule de manière linéaire entre un début et une fin peut être liée à l'expérience de vie vécue comme un laps de temps qui s'écoule entre un instant initial, la naissance, et un instant final, la mort. Or, du moment que « naissance » et « mort » ne sont plus que deux états qui se succèdent régulièrement l'un à l'autre, deux reflets d'un mouvement élémentaire répétitif, le temps lui-même doit acquérir un autre statut.

L'étude que je propose ici rejoint une réflexion exposée par P. Ricœur et adaptée à l'étude des récits grecs anciens par C. Calame[1]. Dans le premier volume de *Temps et récit*, P. Ricœur met en évidence le fait que, par sa mise en discours particulière, le récit historique amène le lecteur à modifier l'aspect temporel des événements relatés par rapport à leur déroulement premier. Cette configuration du temps prend une tournure particulière dans les récits historiques grecs anciens. C. Calame démontre quant à lui, par l'exemple de l'*Epinicie* XI de Bacchylide, que c'est en vue du moment précis de la performance des vers que le texte réorganise la représentation d'événements passés par rapport à leur succession historique. Cette manipulation du temps historique par des procédures discursives, un phénomène observable dans toute la poésie grecque archaïque, comporte un aspect pragmatique essentiel dans la mesure où elle soumet au public une perception du passé déterminée par le moment présent.

Dans les fragments d'Empédocle, où l'évocation du passé fait partie d'un récit tantôt cosmologique, tantôt cosmogonique, la mention du temps est inscrite

1. Je me réfère à Ricœur 1983 et à Calame 2000c.

dans un même mécanisme. L'effet pragmatique de cette procédure discursive est lié à la nature particulière de l'œuvre : elle re-figure en effet les références temporelles de telle façon que, lors de la réception des vers, le public perçoit le moment présent conformément aux paramètres définis par la doctrine cosmologique. Ainsi l'auditeur-lecteur est-il amené, grâce à une refiguration discursive du temps raconté, à se situer, au moment de la réception des vers, par rapport au système temporel enseigné par la théorie cosmologique.

Pour décrire les procédures discursives à l'œuvre chez Empédocle, je m'inspire des paramètres temporels définis par C. Calame, qui fait à son tour référence à l'œuvre de P. Ricœur. J'appelle par conséquent « temps empirique de la communication » le temps qui s'écoule pendant la communication des vers d'Empédocle. A ce seul paramètre temporel extra-discursif s'oppose un éventail de différents temps intra-discursifs. Premièrement, il y a le « temps de l'énonciation énoncée », c'est-à-dire le temps de la communication des vers tel que le texte lui-même le met en scène. Le deuxième paramètre intra-discursif correspond au temps de la succession des événements conformément à la suite de leur évocation par la mise en discours particulière du texte. C. Calame parle du « temps de l'énonciation de l'énoncé ». Il y a finalement le « temps raconté », soit le temps dont traite le récit. Dans le cas d'Empédocle, ce dernier paramètre temporel comprend à son tour deux concepts distincts : pour expliquer la nature du temps tel que le définit la doctrine cosmologique (le « temps de la doctrine »), le texte oppose en effet ce nouveau concept à la notion habituelle du temps qu'il s'agit de surmonter, c'est-à-dire au « temps traditionnel ».

Pour récapituler, voici, regroupé en un tableau, l'éventail des différents paramètres temporels distingués :

| | |
|---|---|
| TEMPS EXTRA-DISCURSIF | **temps empirique de la communication** (1) |
| TEMPS INTRA-DISCURSIFS | **temps de l'énonciation énoncée** (2)<br>(temps de la communication mise en scène par le texte)<br>    **temps de l'énonciation de l'énoncé** (3)<br>    (temps de la mise en discours)<br>    **temps du « raconté »** (4)<br>        temps de la doctrine (4a)<br>        temps traditionnel (4b) |

Je procéderai, pour exposer mon analyse, comme suit : en premier lieu, j'examinerai quelle est la nature du « temps de la doctrine », ce nouveau concept temporel enseigné par la doctrine d'Empédocle. Etranger aux concepts habituels, le « temps de la doctrine » reste au premier abord insaisissable, on le verra, pour le langage courant, déterminé quant à lui par l'imaginaire traditionnel qu'il est destiné à évoquer. Par le biais du mouvement, une notion qui réunit le paramètre du temps et celui de l'espace, le texte arrive cependant à décrire de manière indirecte les conditions temporelles de l'existence élémentaire. La vie des éléments est présentée comme une suite de parcours alternants répétés perpétuellement. Inscrits dans ce circuit continuel, les éléments se libèrent autrement dit de la diversité spatio-temporelle, propre à la vie selon l'imaginaire traditionnel, pour accéder à un état statique constitutif du « temps de la doctrine ».

Or, les mêmes parcours répétitifs et circulaires qui évoquent, au niveau du récit, le concept du « temps de la doctrine », déterminent également l'expression discursive du texte. Aussi, la deuxième partie du présent chapitre sera-t-elle consacrée à l'étude des traits discursifs constitutifs de ce « temps de l'énonciation de l'énoncé » et à la signification de sa correspondance avec le « temps de la doctrine ».

Dans la troisième et dernière partie de cette analyse, je vérifierai la pertinence de mon interprétation à l'aide d'une série d'énoncés qui semblent s'y opposer. Il s'agit de plusieurs références énonciatives qui, en inscrivant l'acte de la communication des vers dans un cadre temporel linéaire, semblent l'adapter à l'imaginaire traditionnel. On verra cependant que tous ces déictiques sont également significatifs pour les nouveaux paramètres temporels. Dotés d'une double valeur référentielle, ils ancrent en effet les mêmes énoncés dans les deux systèmes cosmologiques opposés. Cette ambiguïté renforce alors, comme dans le cas des énoncés métaphoriques par exemple, la puissance didactique du texte.

## 1. Le « temps de la doctrine »

Le passage le plus explicite au sujet de la nature du « temps de la doctrine » figure à l'intérieur du fragment B 26/68 :

**B 26/68**

οὕτως ᾗ μὲν ἓν ἐκ πλεόνων μεμάθηκε φύεσθαι
ἠδὲ πάλιν διαφύντος ἑνὸς πλέον' ἐκτελέθουσι,
τῇ μὲν γίγνονταί τε καὶ οὔ σφισιν ἔμπεδος αἰών·
ᾗ δὲ τάδ' ἀλλάσσοντα διαμπερὲς οὐδαμὰ λήγει,
ταύτῃ δ' αἰὲν ἔασιν ἀκίνητοι κατὰ κύκλον.

« D'un côté, Ils savent naître un, quand Ils étaient plusieurs,
Et, en retour, l'Un se séparant, Ils en sortent en nombre.
De cette manière, Ils deviennent, et la vie ne leur est pas donnée
[pour toujours.

Mais pour autant que jamais Ils ne cessent d'échanger leurs chemins,
Ils sont toujours, immobiles, dans le cercle. »[2]

Ces vers décrivent les éléments comme des entités qui, d'après la doctrine cosmologique enseignée, assurent seules la configuration du monde. Déterminés par une temporalité apparemment différente de celle qui correspond à l'imaginaire traditionnel, les éléments échappent à la contrainte temporelle (cf. v. 12), tout en étant en même temps inscrits dans la temporalité. Cette contradiction est ensuite expliquée : immortels par définition, les éléments sont soumis à la temporalité dans la mesure où, changeant sans cesse entre deux états alternants (πάλιν … ἀλλάσσοντα διαμπερές, v. 9 et 11), ils « deviennent » (γίγνονται, v. 10)[3].

Un autre passage, extrait du fragment B 35/201, illustre davantage ce changement propre à la vie élémentaire :

**B 35/201**
αἶψα δὲ θνήτ' ἐφύοντο τὰ πρὶν μάθον ἀθάνατ' εἶναι,
ζωρά τε τὰ πρὶν ἄκρητα διαλλάξαντα κελεύθους·

« Aussitôt surgissait, mortel, ce qui d'abord avait appris l'immortalité,
Mêlé, ce qui d'abord était pur, échangeant leurs chemins. »[4]

Les éléments connaissent tour à tour le statut des mortels et celui des immortels[5]. Oscillant entre ces deux états, ils « deviennent », ce qui les inscrit dans la contrainte du temps.

La suite du fragment B 26/68 relativise cependant cet énoncé dans la mesure où, par le biais de la perpétuité de ce changement – les éléments « deviennent » éternellement –, ils seront à nouveau libérés de la contrainte du temps. C'est donc en leur qualité de matière constitutive de ce circuit perpétuel que les éléments échappent, selon la doctrine, au temps qui conditionne chaque créature particulière. Car ce même changement infiniment répété, bien qu'il soit inscrit dans le temps, rend ce paramètre tout simplement futile. L'éternité du temps de la doctrine n'est donc pas simplement l'inverse de la mortalité propre aux créa-

2. Pour la transmission du passage, cf. *supra*, chap. I, 4.1. L'extrait cité ici se trouve de manière presque identique dans un autre fragment, le B 17/31, v. 8–12.

3. Les éléments sont explicitement désignés comme immortels en B 21/63, v. 4 (ἄμβροτα) et en B 7/66 (ἀγέννητα). Le texte leur attribue de manière indirecte cette qualité lorsqu'il les désigne par des noms de divinités épiques (B 6/150, v. 2 *sq.* ; B 98/461, v. 2 ; B 96/462, v. 2 *sq.*).

4. Pour la transmission du fragment B 35/201, cf. *supra*, chap. IV, 2.1.

5. L'opposition entre la mortalité et l'immortalité est en outre soulignée par l'emploi des temps verbaux : l'imparfait ἐφύοντο met en valeur le déroulement temporel propre à la vie des mortels, tandis que l'aoriste μάθον insiste sur la temporalité qui détermine la vie immortelle.

tures. Elle se situe plutôt en dehors de l'opposition entre mortalité et immortalité, dont elle assure l'alternance continuelle.

Cette argumentation complexe peut se résumer comme suit :

- les éléments sont :
  *a) immortels* (fr. B 35/201) ;
  *b) mortels* quand, mélangés, ils forment une créature (fr. B 35/201) ;
- l'alternance entre les états a et b entraîne le fait qu'ils sont :
  *c) contraints par le temps*, dans la mesure où ils « deviennent » a-b-a... (fr. B 26/68) ;
- vu que cette alternance a-b-a... se répète à l'infini, ils sont :
  *d) hors du temps* de même que hors du mouvement (fr. B 26/68).

Les étapes a à d forment une suite argumentative qui, passant par un double paradoxe (a/b et c/d), vise à décrire le « temps de la doctrine ». Ce statut temporel propre aux éléments, qui sont les seuls à assurer, d'après la doctrine, la configuration du monde, reste toutefois, faute d'un langage approprié, sans dénomination. Le texte ne propose donc que des pistes qui amènent en quelque sorte l'imaginaire du public vers ce temps fatalement indicible.

Une de ces « pistes » est formée par une projection du paramètre temporel sur le paramètre spatial. Le changement de statut entre mortalité et immortalité devient « cheminement » (cf. ἀλλάσσοντα, B 26/68, v. 11 et διαλλάξαντα κελεύθους, B 35/201, v. 15) et son accomplissement éternellement répété se conclut dans un « cercle » (κύκλον, B 26/68, v. 12). Le mouvement, la notion qui complète le niveau temporel par le niveau spatial, amène donc, d'une manière continuellement répétée (cf. πάλιν ... ἀλλάσσοντα διαμπερὲς, B 26/68, v. 9 et 11), au « temps de la doctrine » où il s'abolit en un état statique (cf. ἀκίνητοι, B 26/68, v. 12)[6].

Or, les différentes structures qui rendent le langage traditionnel apte à décrire le « temps de la doctrine » sont non seulement évoquées au niveau de l'exposé, mais déterminent également la diction du texte. Alternances, répétitions et circuits sont en effet à la fois *dits* et *faits*, de sorte que, apprenant les paroles poétiques, le public est amené à faire l'expérience du « temps de la doctrine ».

6. Cf. Bollack 1957, 49 : « *Das Materielle und das Zeitliche werden im selben Bilde gesehen.* »

## 2. Les structures discursives conformes au « temps de la doctrine »

J'ai repéré trois procédés discursifs significatifs touchant la représentation du « temps de la doctrine » : les propositions distributives actualisent le mouvement élémentaire alternant, les répétitions imitent leur parcours répétitif et les structures annulaires mettent en scène le circuit dessiné par les alternances répétées.

### *2.1. Propositions distributives*

Les descriptions du mouvement alternant des éléments sont souvent exposées dans des propositions distributives, une démarche discursive qui s'inscrit elle-même dans ce mouvement. C'est le cas par exemple des vers 7 *sq.* du fragment B 17/31 :

B 17/31

7 **ἄλλοτε μὲν** Φιλότητι συνερχόμεν' εἰς ἓν ἅπαντα,
8 **ἄλλοτε δ' αὖ** δίχ' ἕκαστα φορεύμενα Νείκεος ἔχθει.
. . .

7 « **Tantôt**, par Amour, se rencontrant tous dans l'un,
8 **Tantôt** emportés chacun au loin par la haine de Discorde ;
. . . »[7]

La même argumentation est exposée plus en détail dans le B 20/60 :

B 20/60

**ἄλλοτε μὲν** Φιλότητι συνερχόμεν' εἰς ἓν ἅπαντα
γυῖα, τὰ σῶμα λέλογχε βίου θαλέθοντος ἐν ἀκμῇ·
**ἄλλοτε δ' αὖτε** κακῇσι διατμηθέντ' Ἐρίδεσσι
5 πλάζεται ἄνδιχ' ἕκαστα περὶ ῥηγμῖνι βίοιο·
. . .

« **Tantôt**, sous l'action de l'Amour, se joignent, un, tous
Les membres, qui ont droit à leur corps, quand la Vie est en fleur ;
**Tantôt**, disjoints par Querelles, les méchantes,
5 Ils sont battus en pièces aux brisants de la Vie.
. . . »[8]

Ce texte, légèrement modifié, se trouve également en B 26/68 :

B 26/68

5 **ἄλλοτε μὲν** Φιλότητι συνερχόμεν' εἰς ἕνα κόσμον,
6 **ἄλλοτε δ' αὖ** δίχ' ἕκαστα φορούμενα Νείκεος ἔχθει,
. . .

7. Pour la transmission du fragment B 17/31, cf. *supra*, chap. 1, 4.1.

8. Le fragment B 20/60 est cité par Simplicius (*in Ph.* 1124.9) en guise d'illustration de la présence constante des deux forces cosmiques Amour et Haine.

5 « **Tantôt**, par Amour, se rencontrant tous pour faire le monde un,
6 **Tantôt** emportés chacun au loin par la haine de Discorde,
. . . »[9]

Par ce mode discursif, le fil narratif suit un mouvement alternant que les paroles imposent aux éléments, déterminés dans leur parcours par la double force Amour-Haine. Ce sont en effet des portions égales de texte et de temps de communication qui relatent en proportions analogues l'aller et le retour d'une oscillation élémentaire régulière. En général, la description d'un de ces parcours recouvre en outre une unité prosodique bien limitée – un ou deux hexamètres entiers – de sorte que le moment de renversement entre les deux mouvements complémentaires décrits coïncide dans le texte avec une fin de vers[10]. Se dessine ainsi une analogie entre unité textuelle et unité cosmique, confirmée par l'emploi de *κόσμος* au vers 5 du fragment que je viens de citer. Le terme *κόσμος*, qui évoque notamment ici l'unité des créatures dans le monde, s'emploie également dans un sens métaphorique pour désigner l'ensemble poétique[11]. Aussi me semble-t-il suggestif d'entendre dans les passages d'Empédocle une double référence, au cosmos physique d'un côté et à l'ensemble poétique de l'autre.

Cette analogie entre mouvement élémentaire et mouvement discursif amène l'énonciataire à suivre, pendant la réception des vers, un parcours analogue à celui que, d'après la doctrine enseignée, les éléments effectuent. Par ce recoupement, l'apprentissage des vers devient un événement « cosmologiquement » significatif. En suivant dans son imaginaire le parcours alternant des éléments, le public accomplit en effet lui aussi le passage paradoxal du multiple à l'un, voire de l'immortel au mortel et vice versa. Il acquiert par là l'expérience représentant la première étape de la connaissance du « temps de la doctrine ». Les propositions distributives ne sont cependant pas les seules structures qui, par l'ordre assigné à l'exposé, rendent significatif l'acte de la réception des vers.

Le deuxième attribut imparti en B 26/68 au mouvement élémentaire, sa nature répétitive, organise également le déroulement textuel et à travers lui l'expérience de l'apprentissage des vers.

9. Pour la transmission du fragment B 26/68, cf. *supra*, chap. 1, 4.1.

10. Le fait que le même énoncé légèrement modifié figure à plusieurs reprises dans le corpus qui nous est parvenu illustre en tant que tel le caractère répétitif imputé au mouvement élémentaire (cf. πάλιν, B 26/68, v. 9 ; αὖ, B 17/31, v. 8 et B 26/68, v. 5 ; αὖτε, B 20/60, v. 4).

11. Sur l'emploi de cette métaphore poétique, cf. Nünlist 1998, 90–97.

### 2.2. *Répétitions*

Le mouvement que la doctrine prête aux éléments n'est pas un simple « aller-retour », mais une alternance *répétée*. Les répétitions, un procédé qui permet de donner au discours un mouvement comparable à celui des éléments, sont nombreuses dans l'ensemble du corpus. En guise d'exemple, voici la première partie du fragment B 17/31 ainsi que les reprises qui se trouvent à la fois à l'intérieur du même fragment (indiquées en **gras**) et ailleurs dans le corpus (soulignées en pointillé) [12] :

B 17/31
**δίπλ' ἐρέω· τοτὲ μὲν γὰρ ἓν ηὐξήθη μόνον εἶναι** (= v. 15)
**ἐκ πλεόνων, τοτὲ δ' αὖ διέφυ πλέον' ἐξ ἑνὸς εἶναι·** (= v. 16)
δοιὴ δὲ θνητῶν γένεσις, δοιὴ δ' ἀπόλειψις·
τὴν μὲν γὰρ πάντων σύνοδος τίκτει τ' ὀλέκει τε,
**ἡ δὲ πάλιν διαφυ**ομένων δρυφθεῖσ' ἀποδρύπτει (cf. v. 9)
καὶ ταῦτ' **ἀλλάσσοντα διαμπερὲς οὐδαμὰ λήγει**, (cf. v. 11)
(cf. B 26/68, v. 11 : ᾗ δὲ τάδ' ἀλλάσσοντα διαμπερὲς οὐδαμὰ λήγει,)
**ἄλλοτε** μὲν Φιλότητι συνερχόμεν' εἰς ἓν ἅπαντα, (cf. v. 8 + 13)
(= B 20/60, v. 2 : ἄλλοτε μὲν Φιλότητι συνερχόμεν' εἰς ἓν ἅπαντα,)
(cf. B 26/68, v. 5 : ἄλλοτε μὲν Φιλότητι συνερχόμεν' εἰς ἕνα κόσμον,)
**ἄλλοτε** δ' αὖ δίχ' ἕκαστα φορεύμενα Νείκεος ἔχθει. (cf. v. 7 + 13)
(cf. B 26/68, v. 6 : ἄλλοτε δ' αὖ δίχ' ἕκαστα φορούμενα Νείκεος ἔχθει.)
(cf. B 20/60, v. 4 : ἄλλοτε δ' αὖτε κακῇσι διατμηθέντ' Ἐρίδεσσι [13])
**ᾗ δὲ πάλιν διαφύ**ντος ἑνὸς πλέον' ἐκτελέθουσι, (cf. v. 5)
(cf. B 26/68, v. 9 : ἠδὲ πάλιν διαφύντος ἑνὸς πλέον' ἐκτελέθουσι,)
τῇ μὲν γίγνονταί τε καὶ οὔ σφισιν ἔμπεδος αἰών.
(= B 26/68, v. 10 : τῇ μὲν γίγνονταί τε καὶ οὔ σφισιν ἔμπεδος αἰών·)
ᾗ δὲ δι**αλλάσσοντα διαμπερὲς οὐδαμὰ λήγει**, (cf. v. 6)
(cf. B 26/68, v. 11 : ᾗ δὲ τάδ' ἀλλάσσοντα διαμπερὲς οὐδαμὰ λήγει,)
ταύτῃ δ' αἰὲν ἔασιν ἀκίνητοι κατὰ κύκλον.
(= B 26/68, v. 12 : ταύτῃ δ' αἰὲν ἔασιν ἀκίνητοι κατὰ κύκλον.)
**ἀλλ'** ἄγε μύθων κλῦθι· μάθη γάρ τοι φρένας αὔξει. (cf. v. 7 + 8)
ὡς γὰρ καὶ πρὶν ἔειπα πιφαύσκων πείρατα μύθων
**δίπλ' ἐρέω. τοτὲ μὲν γὰρ ἓν ηὐξήθη μόνον εἶναι** (= v. 1)

12. Pour un catalogue plus complet des reprises dans le corpus d'Empédocle, cf. Wright 1981, 184. De Rubeis (1991, 87–93) relève de nombreuses répétitions dans le corpus et les considère comme les traces d'une argumentation où le poète complète par des renvois progressifs la pensée exposée précédemment. Bien que l'auteure soulève le fait que les passages mis ainsi en rapport les uns avec les autres appartiennent à différentes couches discursives, elle n'évalue pas le rapprochement entre le texte et la doctrine qui en résulte.

13. A l'écho phono-lexical qui détermine le début du vers s'ajoute à la fin un renvoi purement sémantique de Ἐρίδεσσι à Νείκεος.

ἐκ πλεόνων, τοτὲ δ' αὖ διέφυ πλέον' ἐξ ἑνὸς εἶναι (= v. 2)
...[14]

De plus petites unités textuelles sont reprises également dans beaucoup d'autres fragments. Ainsi le début du vers 13 (ἀλλ' ἄγε...) rappelle-t-il par exemple les débuts de nombreux autres vers du corpus:

**ἀλλ' ἄγ'** ἄθρει πάσῃ παλάμῃ, πῇ δῆλον ἕκαστον, (B 3/14, v. 9)
**ἀλλ' ἄγε**, τῶνδ' ὀάρων προτέρων ἐπὶ μάρτυρα δέρκευ, (B 21/63, v. 1)
**ἀλλ'** αὔτ' ἔστιν ταῦτα, δι' ἀλλήλων δὲ θέοντα (B 17/31, v. 33)
**ἄλλο** δέ τοι ἐρέω. φύσις οὐδενὸς ἔστιν ἁπάντων (B 8/53, v. 1)
**ἀλλὰ** μόνον μίξις τε διάλλαξίς τε μιγέντων (B 8/53, v. 3)
**ἀλλὰ** τορῶς ταῦτ' ἴσθι θεοῦ πάρα μῦθον ἀκούσας. (B 23/64, v. 11)
**ἀλλὰ** Σφαῖρος ἔην καὶ ἶσος †ἐστὶν αὐτῷ† (B 29/98, v. 3)
**ἀλλ' ὅ** γε πάντοθεν ἶσος <ἐὼν> καὶ πάμπαν ἀπείρων (B 28/95, v. 1)
**ἀλλή**λοις ἔστερκται ὁμοιωθέντ' Ἀφροδίτῃ. (B 22/231, v. 5)

On pourrait compléter à volonté cette énumération de renvois, car plus les unités textuelles prises en considération sont petites, plus les reprises sont nombreuses. La signification cosmologique de la répétition textuelle est particulièrement bien mise en évidence au sujet du groupe phonétique ἀλλ- qui renvoie à la notion même de la diversité (ἄλλος, ἄλλοτε, ἀλλάττειν etc.)[15]. Ce réseau d'« éléments textuels » inclut cependant aussi des termes extérieurs à ce champ étymologique, tels que par exemple l'adverbe ἀλλά.

Comme le mouvement élémentaire, le parcours textuel est donc à son tour traversé de répétitions. Mais il apparaît que ces reprises – parfois à la lettre – impliquent le plus souvent de petites modifications: ainsi, par exemple, ᾗ δὲ **διαλλάσσοντα** en B 17/31, v. 11 devient ᾗ δὲ **τάδ'** ἀλλάσσοντα en B 26/68, v. 11. Loin d'être le reflet d'un manque de précision – ou d'une variation accidentelle due à l'histoire de la transmission des vers – ce geste renvoie au contraire aux lois cosmologiques enseignées[16]. On se souvient en effet que la similitude est,

14. Pour la transmission du fragment B 17/31, cf. *supra*, chap. 1, 4.1. Parmi les « reprises internes », les vers 1 à 2 sont identiques aux vers 15 à 16; le début du vers 5 est rappelé au début du vers 9; et le vers 6 est, à partir du second mètre, repris au vers 11. La syllabe initiale est la même aux vers 7, 8 et 13. Quant aux échos extérieurs à ce même fragment, les plus importants renvoient au fragment B 26/68 ou au fragment B 20/60: le fragment B 26/68 reprend le vers 6 au vers 11, le vers 7 au vers 13, le vers 8 au vers 9 et les vers 10 à 12 aux vers 10 à 12 également. Le fragment B 20/60 répète, avec un vers intercalé, les vers 7 et 8 aux vers 2 et 4.

15. Cf. déjà Prier 1976, 129 *sq.*

16. Ce lien est déjà soulevé par Bollack (1957, 40).

d'après la doctrine élémentaire, un phénomène significatif, comme le fragment B 17/31 l'affirme explicitement :

B 17/31
33 ἀλλ' αὔτ' ἔστιν ταῦτα, δι' ἀλλήλων δὲ θέοντα
34 γίγνεται ἄλλοτε ἄλλα καὶ ἠνεκὲς **αἰὲν ὁμοῖα.**
...

33 « Ils sont, toujours mêmes, et courant au travers les uns des autres,
34 Deviennent les choses diverses, qui sont **toujours semblables.**
... »[17]

Cet enseignement est d'ailleurs immédiatement illustré dans ce distique par la structure phonique des paroles qui l'énoncent : par la reprise des mêmes groupes phonétiques – **ἀλλ' αὔτ'** ... **ταῦτα** ... **ἀλλή**λων ... **ἄλλο**τε **ἄλλα** – l'énoncé révèle en effet une grande quantité de différents propos !

Expert dans la doctrine des éléments, l'élève instruit perçoit dans les phénomènes similaires les traces d'un même mouvement élémentaire qui, passant de réunion à dispersion, engendre des mélanges constitutifs de créations plus ou moins similaires. Or, appliquée au texte poétique, cette lecture interprétative du monde évalue les reprises textuelles, qu'elles soient exactes ou similaires, comme l'expression d'un même mouvement élémentaire. L'enchaînement des vers exposés serait ainsi le reflet d'un parcours élémentaire répétitif au cours duquel des « créations textuelles » similaires voient régulièrement le jour. Ces créations textuelles sont donc des unités d'argumentation qui exposent et illustrent maintes fois, avec des variations plus ou moins importantes, les mêmes lois constitutives de la doctrine élémentaire[18].

17. Pour la transmission du fragment 17/31, cf. *supra*, chap. 1, 4.1.

18. Cette correspondance évoque la question de l'analogie exacte entre un élément et une entité textuelle déterminée. Ce problème, évoqué chez Empédocle, sera davantage discuté par les atomistes. Démocrite et Leucippe détermineront, selon Aristote (*Metaph.* 985b), une équivalence entre un atome et une lettre (στοιχεῖον) de manière à conclure que le langage est capable de représenter sans distorsion la réalité physique qu'il décrit. Cette conception est reprise plus tard par Lucrèce, qui désigne les atomes comme les lettres d'*elementa*. Empédocle ne va pas jusque là : si les fragments font d'une part souvent allusion au fait que le langage est incapable de représenter la réalité cosmique, la correspondance reste d'autre part assez floue, puisque la taille des entités textuelles auxquelles correspondraient les créatures varie entre une syllabe et deux hexamètres. Loin d'être inhérente au langage, la correspondance avec le monde sensible est donc soigneusement construite par l'auteur. Cf. à ce sujet les travaux de Burkert (1959 et 1970) ; Svenbro (1988, 194 *sq.*) et Sedley (1998, 39). Pour l'analogie entre lettre alphabétique et atome chez Démocrite, Leucippe et Lucrèce, cf. Armstrong 1995, 210–215, où on trouve également une mise au point bibliographique sur le sujet. A propos de l'histoire du terme στοιχεῖον, cf. Burkert 1959.

L'application au texte poétique en communication du processus répétitif constitutif de la structure cosmique fait même l'objet de deux commentaires explicites. Le premier passage, qui comprend moins d'un hexamètre, correspond au fragment B 25/20:

B 25/20 ... καὶ δὶς γὰρ ὃ δεῖ καλόν ἐστιν ἐνισπεῖν.

«... il est bon de dire, deux fois même, ce qu'il faut.»[19]

La répétition textuelle est élevée ici au niveau d'un principe méthodologique. L'assonance **ἐστὶν ἐνισπεῖν** illustre d'ailleurs aussitôt ce postulat sous forme d'un écho phonique[20].

La même idée est, je pense, énoncée au fragment B 24/22, même si l'image est légèrement différente:

B 24/22
1 κορυφὰς ἑτέρας ἑτέρῃσι προσάπτων
2 μύθων μήτε λέγειν ἀτραπὸν μίαν.

1 «Joignant les cimes l'une à l'autre,
2 Ne pas dire un seul chemin de mots.»[21]

La reprise est à nouveau ici présentée comme un principe discursif que la structure phono-lexicale illustre immédiatement par deux répétitions: ἑτέρῃσι (v. 1) dédouble ἑτέρας (v. 1), **ἀτραπὸν** (v. 2) renvoie à **προσάπτων** (v. 1) et l'assonance **μύθων** **μήτε** ... **μίαν** actualise, en triple écho, le parcours d'une cime à l'autre à travers le vers 2.

Aussi, comme le «discours alternant», les répétitions rendent le mouvement de la communication poétique conforme au mouvement élémentaire. Et l'analogie souligne une fois de plus le fait que l'événement en cours se déroule suivant les règles cosmologiques enseignées.

Un troisième mode discursif, l'agencement circulaire des paroles, s'inscrit dans la même procédure d'argumentation susceptible d'enseigner le concept du «temps de la doctrine».

19. Cet énoncé est transmis par Platon (*Grg.* 498e) comme un proverbe dont Empédocle serait l'auteur.

20. Une seconde sorte de répétition est peut-être également implicitée par la forme verbale δεῖ correspondant à la fois aux verbes «devoir» et «lier». Cf. à ce propos le commentaire de Bollack (1969b, 37).

21. Le fragment B 24/22 est transmis par Plutarque (*Moralia* 418c), qui évoque cet énoncé comme une sorte de maxime propre à illustrer sa propre démarche argumentative.

## 2.3. *Circuits/structures annulaires*

Parfois, le mouvement élémentaire n'est pas décrit comme un aller-retour, mais comme un cheminement circulaire. Comme ce mouvement fait l'objet de plusieurs récits, je vais les présenter avant de passer aux structures discursives qui sont elles-mêmes circulaires.

Je commence par un extrait du fragment B 17/31 :

**B 17/31**

ταῦτα γὰρ ἶσά τε πάντα καὶ ἥλικα γένναν ἔασι,
τιμῆς δ' ἄλλης ἄλλο μέδει, πάρα δ' ἦθος ἑκάστῳ,
ἐν δὲ μέρει κρατέουσι **περιπλομένοιο χρόνοιο**
καὶ πρὸς τοῖς οὔτ' ἄρ τι ἐπιγίγνεται οὐδ' ἀπολήγει·
εἴ τε γὰρ ἐφθείροντο διαμπερές, οὐκέτ' ἂν ἦσαν·
...

« Tous, Ils sont égaux et de même noblesse ;
Chacun règne avec d'autres honneurs, à chacun sa nature ;
Mais Ils dominent tour à tour **dans les cercles du temps**,
Rien ne s'ajoute à Eux, rien ne leur fait défaut.
S'Ils périssaient sans fin, Ils ne seraient plus.
... »[22]

Le cycle évoqué ici concerne la prédominance successive des différents genres élémentaires à l'intérieur de leurs composés. Ce déséquilibre interne se produit nécessairement, car chaque créature, pour se distinguer des autres, doit être basée sur un mélange différent[23]. Et pourtant, puisque tous les genres élémentaires sont en même temps équivalents entre eux (cf. v. 26), il doit y avoir également nécessairement prédominance successive à l'intérieur des assemblages particuliers[24].

Ce parcours de quatre étapes est à nouveau décrit comme un cycle temporel au début du fragment B 26/68 :

**B 26/68**

ἐν δὲ μέρει κρατέουσι **περιπλομένοιο κύκλοιο**
καὶ φθίνει εἰς ἄλληλα καὶ αὔξεται ἐν μέρει αἴσης.
...

22. Pour la transmission du fragment B 17/31, cf. *supra*, chap. 1, 4.1.

23. Seul fait exception le sang qui se distingue par un mélange à proportions égales, comme l'enseigne le fragment B 98/461.

24. Sur la signification de cet équilibre (δίκη), qui renvoie à la fois à la théorie médicale et à la politique, cf. Vlastos 1995, 62–64.

1 « Ils dominent tour à tour, **dans la course du cercle**,
2 Ils se perdent l'un dans l'autre, Ils croissent à leur tour, suivant la part reçue,
… »[25]

C'est en des termes presque identiques aux paroles du fragment B 17/31 que le premier vers de ce passage décrit le circuit engendré par la prédominance successive des quatre espèces d'éléments à l'intérieur de leurs composés. Au second vers, le texte mentionne encore un autre parcours, celui qui, formé par l'accomplissement successif de mélanges et de séparations, ne compte que deux étapes. L'analogie entre ces deux différents mouvements circulaires qui, d'après la doctrine, déterminent la vie cosmique, est mise en évidence par l'expression « d'une part … d'autre part » (ἐν μέρει … ἐν μέρει, v. 1 *sq.*)[26].

Le second parcours élémentaire évoqué, celui qui mène du mélange à sa dissociation, est également présenté comme un circuit en B 110/699 :

B 110/699 8 ἦ σ' ἄφαρ ἐκλείψουσι **περιπλομένοιο χρόνοιο**
9 σφῶν αὐτῶν ποθέοντα φίλην ἐπὶ γένναν ἱκέσθαι·
…

8 « Vite, Ils te quitteront **au retour du temps**,
9 Avides de rejoindre leur race aimée.
… »[27]

Les deux vers sont extraits d'un passage qui décrit le départ des éléments loin de celui qui, dans sa manière de percevoir le monde, ne les remarque pas. Ces

25. Pour la transmission du fragment B 26/68, cf. *supra*, chap. I, 4.1.

26. Par la réunion des deux expressions ἐν αἴσῃ (selon la loi) et ἐν μέρει … ἐν μέρει (d'une part … d'autre part), le texte réactualise la signification première de μέρος (la part accordée par le destin) et souligne ainsi le caractère fatal de la double alternance à laquelle est exposé chaque élément. La perte (cf. φθίνει, v. 2) d'un genre d'éléments survient, comme le texte le précise, lorsqu'ils se mélangent entre eux pour former une créature ; la croissance (cf. αὔξεται, v. 2) en revanche se fait lorsqu'ils se réunissent par espèce et mettent ainsi fin à la vie d'une créature. L'usage du vocabulaire contraste ainsi avec celui du fragment B 17/31, où le même verbe « augmenter » désigne le mouvement élémentaire inverse, à savoir le mélange des éléments, l'acte de création dans le monde (cf. ηὐξήθη, v. 1 et 15). Cette ambiguïté troublante du lexique s'explique par le fait qu'en B 26/68 le locuteur assume le point de vue des éléments particuliers, tandis qu'en B 17/31 il présente le même processus dans la perspective de l'homme, soit l'assemblage de nombreux éléments de différente nature. Ce changement de point de vue cause alors une sorte de contradiction qui souligne, je pense, le fait qu'Amour et Haine ne sont que deux aspects d'une même puissance. Le langage, porteur normalement d'un seul point de vue, produit en effet des contradictions dès qu'il doit représenter un même processus sous ses différents aspects.

27. Pour la transmission du fragment B 110/699, cf. *supra*, chap. IV, 3.

particules ne peuvent cependant quitter l'assemblage constitutif d'un individu qu'à l'intérieur du cycle temporel dominé par la Haine. Le parcours temporel, auquel cet extrait-ci fait allusion, est ainsi encore la suite des périodes dominées alternativement par Amour et par Haine.

Le passage suivant, le fragment B 30/126, mentionne encore le mouvement circulaire, mais à un autre propos :

**B 30/126**

1 αὐτὰρ ἐπεὶ μέγα Νεῖκος ἐνὶ μελέεσσιν ἐρέφθη
2 ἐς τιμάς τ' ἀνόρουσε **τελειομένοιο χρόνοιο**,
3 ὅς φιν ἀμοιβαῖος **πλατέος παρελήλαται ὅρκου**.

1 « Quand Discorde, puissante, l'emporta dans les membres
2 Et qu'elle s'élança sur les honneurs, **le temps s'accomplissant**,
3 Qui est tracé tout de leur long, **en lieu d'une large enceinte.** »[28]

Ces vers montrent que le texte tend à illustrer le paramètre temporel à l'aide du paramètre spatial. Le circuit évoqué ici – la formule τελειομένοιο χρόνοιο (v. 2) ne fait référence à la circularité que par écho à **περι**πλομένοιο χρόνοιο (cf. fr. B 110/699, v. 8) et à **περι**πλομένοιο **κύκλοιο** (cf. fr. B 26/68, v. 1) – concerne la prédominance alternante de la Haine et de l'Amour. Chaque phase de règne de l'Amour s'achève par une prise de pouvoir de la Haine, qui actualise alors à son tour ses « qualités distinctives » (τιμάς, v. 2[29]).

Les étapes successives de ce parcours sont présentées, après s'être refermées en une seule, comme une enceinte qui embrasse les deux pouvoirs alternativement prédominants. La circularité temporelle « effacée » dans l'expression τελειομένοιο χρόνοιο (v. 2) est donc d'autant plus mise en valeur par les propos spatiaux du vers suivant (πλατέος παρελήλαται ὅρκου, v. 3).

Ce terme ὅρκος, l'« enceinte », figure également au fragment B 115, mais dans un contexte qui semble tout autre :

**B 115**

1 ἔστι τι Ἀνάγκης χρῆμα, θεῶν ψήφισμα παλαιόν,
2 ἀίδιον, **πλατέεσσι** κατεσφρηγισμένον **ὅρκοις**·
3 εὖτέ τις ἀμπλακίῃσι φόνῳ φίλα γυῖα μιήνῃ,
4 ὅς καὶ ἐπίορκον ἁμαρτήσας ἐπομόσσῃ,
...

28. Le fragment B 30/126 est transmis par Aristote (*Metaph.* 1000b) ainsi que par Simplicius (*in Ph.* 1184.12) pour illustrer le fait qu'Amour et Haine jouent, selon la doctrine d'Empédocle, un rôle de même importance à l'intérieur de la vie cosmique.

29. C'est le même terme τιμή qui désigne, en B 17/31, v. 27, la qualité distinctive de chaque genre élémentaire particulier. Il est en effet indispensable que les entités engagées dans un circuit de prédominance successive et régulière – que ce soit les quatre espèces élémentaires ou les deux forces cosmiques – soient à la fois différentes entre elles et d'égale puissance.

« Il est un oracle de Nécessité, un décret des dieux, antique
Eternel, scellé par de **larges serments** :
Quand l'un, dans le manque, souille ses membres d'un meurtre,
Lui, qui [...] commet la faute en prononce le parjure,
... »[30]

L'« enceinte » (ὅρκος) désigne ici une contrainte morale à l'intérieur de laquelle un vieux serment est valable[31].

Après cette présentation des différents passages qui *décrivent* des parcours circulaires, je passe maintenant directement à ceux qui *mettent en œuvre*, au niveau de la structure discursive, des circuits.

Les répétitions textuelles relevées dans la section précédente se regroupent en effet souvent pour former une construction annulaire. En guise d'exemple, voici encore une fois le début du fragment B 17/31 :

B 17/31

**δίπλ' ἐρέω· τοτὲ μὲν γὰρ ἓν ηὐξήθη μόνον εἶναι**
**ἐκ πλεόνων, τοτὲ δ' αὖ διέφυ πλέον' ἐξ ἑνὸς εἶναι·**
δοιὴ δὲ θνητῶν γένεσις, δοιὴ δ' ἀπόλειψις·
τὴν μὲν γὰρ πάντων σύνοδος τίκτει τ' ὀλέκει τε,
**ἡ δὲ πάλιν διαφυομ**ένων δρυφθεῖσ' ἀποδρύπτει
καὶ ταῦτ' **ἀλλάσσοντα διαμπερὲς οὐδαμὰ λήγει,**
**ἄλλοτε** μὲν **Φιλότητι** συνερχόμεν' εἰς ἓν ἅπαντα,
**ἄλλοτε** δ' αὖ δίχ' ἕκαστα φορεύμενα **Νείκεος** ἔχθει.
**ᾗ δὲ πάλιν διαφύ**ντος ἑνὸς πλέον' ἐκτελέθουσι,
τῇ μὲν γίγνονταί τε καὶ οὔ σφισιν ἔμπεδος αἰών.
ᾗ δὲ **διαλλάσσοντα διαμπερὲς οὐδαμὰ λήγει,**
ταύτῃ δ' αἰὲν ἔασιν ἀκίνητοι κατὰ κύκλον.
ἀλλ' ἄγε μύθων κλῦθι· μάθη γάρ τοι φρένας αὔξει.
ὡς γὰρ καὶ πρὶν ἔειπα πιφαύσκων πείρατα μύθων
**δίπλ' ἐρέω. τοτὲ μὲν γὰρ ἓν ηὐξήθη μόνον εἶναι**
**ἐκ πλεόνων, τοτὲ δ' αὖ διέφυ πλέον' ἐξ ἑνὸς εἶναι**
...

« **Double ce que je vais dire : tantôt l'un croît pour seul être,**
**De plusieurs qu'il était, tantôt il se sépare encore et devient pluriel, d'un [qu'il fut.**
Double la naissance des choses mortelles, double leur dépérissement.
L'une, la rencontre de tous l'enfante et l'emporte à la fois,

30. Pour la transmission du fragment B 115, cf. *supra*, chap. III, 1.2.

31. Pour un commentaire plus détaillé de ce passage complexe, cf. *infra*, chap. V, 2.3. Une étude sur le lien entre les notions d'« enceinte » et de « serment » est proposée par Bollack (1958). Selon Kahn (1971, 8 et 15 *sq.*), ὅρκος forme, dans la mesure où il relie les domaines physique et religieux, un terme clé dans le corpus d'Empédocle.

**L'autre, dispersant**, se disperse, quand Ils se séparent à nouveau.
Et jamais **Ils ne cessent d'échanger leurs chemins** ;
**Tantôt**, par **Amour**, se rencontrant tous dans l'un,
**Tantôt** emportés chacun au loin par la haine de **Discorde** ;
**Et, quand l'un se sépare encore**, le multiple s'accomplit.
C'est comme cela qu'Ils deviennent, et la vie ne leur est pas donnée
[pour toujours ;
Mais pour autant que **jamais Ils ne cessent d'échanger leurs chemins,**
Ils sont toujours, immobiles, dans le cercle.
Mais allons, écoute ce récit : d'écouter, plus riche deviendra ta pensée.
Je te l'ai dit, quand j'éclairais les frontières de mon récit :
**Double ce que je vais dire : tantôt l'un croît pour seul être**
**De plusieurs qu'il était, tantôt il se sépare encore et devient pluriel, d'un**
**[qu'il fut,**
… »[32]

Le passage s'ouvre par un distique qui décrit le parcours élémentaire alternant entre la réunion, productrice d'une entité unique, et la séparation, source du multiple. Le mouvement élémentaire déterminé alternativement par Amour et par Haine est ensuite représenté comme un parcours éternellement réitéré. Cette image ouvre pour sa part sur la notion de circularité immobile.

Aussi l'ensemble de ces vers est-il structuré par des reprises superposées au déroulement linéaire du récit qui le complètent par une seconde argumentation. Le renvoi qui encadre la construction circulaire est fortement marqué par la répétition d'un distique entier (v. 1 *sq.* ; 15 *sq.*), à savoir par l'énoncé qui consiste en la règle cosmologique commentée quant à elle dans les vers exposés entre ces deux distiques.

L'écho suivant, moins facilement perceptible, regroupe deux membres de vers qui se suivent immédiatement dans la première occurrence, alors qu'un vers intermédiaire les sépare dans sa reprise (ἡ δὲ πάλιν διαφυομένων … ἀλλάσσοντα διαμπερὲς οὐδαμὰ λήγει, v. 5 *sq.* ; ᾗ δὲ πάλιν διαφύοντος … διαλλάσσοντα διαμπερὲς οὐδαμὰ λήγει, v. 9 et 11). L'énoncé mis en évidence par cet écho concerne toujours la séparation élémentaire, une notion complétée maintenant par la thèse de l'aller-retour éternellement reparcouru par les éléments. Il y a donc en tout quatre mentions du verbe διαφύειν, un terme constitutif de deux échos concentriques. Enoncé une seconde fois, ce mouvement est évalué comme une circularité immobile (cf. ἀκίνητοι κατὰ κύκλον, v. 12).

Enfin, le renvoi central comprend la répétition du mot initial de deux vers successifs, ainsi que la mention des deux forces cosmiques complémentaires

32. Pour la transmission du fragment B 17/31, cf. *supra*, chap. 1, 4.1.

(ἄλλοτε … Φιλότητι; ἄλλοτε … Νείκεος, v. 7 *sq.*). Le distique formé par cet écho expose le mouvement élémentaire de base, soit le parcours déterminé par les deux forces motrices. Placé au centre de la structure annulaire, le récit de cet aller-retour se recoupe avec la charnière de l'argumentation circulaire du texte, de sorte que le point d'inversion décrit (accompli par la course élémentaire) coïncide avec celui des paroles qui exposent ce récit. Une fois de plus, le texte se révèle ainsi être construit comme une sorte d'entité microcosmique. L'analogie entre le mouvement décrit et le mouvement de la description est en outre soulignée par les particules αὖ (v. 2 et 16) et πάλιν (v. 5 et 9) qui évoquent, à l'endroit où le texte se répète, le caractère répétitif du mouvement élémentaire. Il est finalement sans doute significatif que l'exhortation à être attentif intervienne au vers 13, c'est-à-dire entre la mention des termes « cercle » (κύκλον, v. 12) et « confins » (πείρατα, v. 14), qui insistent l'un comme l'autre sur la structure circulaire du déroulement cosmique, voire du déroulement textuel[33].

Une autre structure annulaire se trouve en B 26/68, dans un passage où le lien entre discours et récit est également très significatif:

**B 26/68**

ἐν δὲ μέρει κρατέουσι περιπλομένοιο **κύκλοιο**
καὶ φθίνει εἰς **ἄλλ**ηλα καὶ αὔξεται ἐν μέρει αἴσης.
αὐτὰ γὰρ ἔστιν ταῦτα, δι' ἀλλήλων δὲ θέοντα
**γίγνοντ'** ἄνθρωποί τε καὶ ἄλλων ἔθνεα θηρῶν
**ἄλλοτε** μὲν **Φιλότητι** συνερχόμεν' εἰς ἕνα κόσμον,
**ἄλλοτε** δ' αὖ δίχ' ἕκαστα φορούμενα **Νείκεος** ἔχθει,
εἰσόκεν **ἓν** συμφύντα τὸ πᾶν ὑπένερθε γένηται.
οὕτως ᾗ μὲν **ἓν** ἐκ πλεόνων μεμάθηκε φύεσθαι
ἠδὲ πάλιν διαφύντος ἑνὸς πλέον' ἐκτελέθουσι,
τῇ μὲν **γίγνονταί** τε καὶ οὔ σφισιν ἔμπεδος αἰών·
ᾗ δὲ τάδ' **ἀλλ**άσσοντα διαμπερὲς οὐδαμὰ λήγει,
ταύτῃ δ' αἰὲν ἔασιν ἀκίνητοι κατὰ **κύκλον**.

« Ils dominent tour à tour dans la course du **cercle**,
Ils se perdent **l'un dans l'autre**, Ils croissent à leur tour, suivant la part reçue,
Car Ils sont, toujours mêmes, mais en courant au travers l'un de l'autre
Ils **deviennent** les hommes et les bêtes des autres tribus,
**Tantôt**, par **Amour**, se rencontrant tous pour faire le monde un
**Tantôt** encore emportés chacun au loin par la haine de **Discorde**,
Jusqu'au jour où, mêlés en **un**, Ils s'abîment dans le tout.
D'un côté, Ils savent naître **un**, quand Ils étaient plusieurs,

33. La correspondance entre les niveaux cosmique et textuel est confirmée par une référence du vers 14 (πείρατα μύθων) à Hom. *Il.* 14.200 où on trouve, en fin de vers, l'expression πείρατα γαίης!

Et, en retour, l'Un se séparant, Ils en sortent en nombre.
De cette manière, Ils **deviennent**, et la vie ne leur est pas donnée pour toujours.
Mais pour autant que jamais Ils ne cessent **d'échanger** leurs chemins,
Ils sont toujours, immobiles, dans le **cercle**. »[34]

Ce passage, qui traite également du mouvement élémentaire, s'ouvre sur le récit du double circuit dans lequel s'accomplit le parcours de ces particules. D'une part, chaque élément l'emporte, à tour de rôle avec les trois autres, à l'intérieur des mélanges constitutifs de créatures (cf. v. 1). D'autre part, il est en même temps inscrit dans le parcours alternant entre mouvement de réunion et mouvement de dispersion (cf. v. 2). Ainsi une même particule fait-elle successivement partie de différentes créatures, étant donné que, subissant l'influence tantôt d'Amour tantôt de Haine, elle ne cesse de changer de configuration (cf. v. 3 *sq.*). Suit, en conclusion, un récit, exposé également en B 17/31, qui décrit le mouvement élémentaire d'abord comme un parcours éternellement répété et ensuite comme un circuit immobile (cf. v. 10–12).

L'anneau extérieur, formé par une reprise du terme « cercle », met bien en évidence l'analogie entre le mouvement discursif et le mouvement élémentaire décrit.

L'écho suivant repose sur une reprise d'ordre phonique et rapproche – en dehors de l'étymologie scientifique – la notion de réciprocité (cf. ἄλληλα, v. 2) de la notion de changement (ἀλλάσσοντα, v. 11). Les deux termes évoquent les paramètres propres au monde tel que le décrit la cosmologie traditionnelle, le premier par l'expression numérique, le second par celle de l'espace. Un autre concept typiquement lié au « monde des mortels » est le « devenir » ; il est mis en évidence par la reprise constitutive de l'anneau suivant (γίγνοντ', v. 4 ; γίγνονται, v. 10).

Le centre de la construction circulaire est formé quant à lui de deux reprises successives. La première décrit, comme en B 17/31, l'inversion du mouvement oscillatoire des éléments, tout en formant elle-même l'axe autour duquel « tourne » la structure annulaire (ἄλλοτε … ἄλλοτε, v. 5 *sq.*). L'autre partie constitutive de la reprise centrale illustre cette même position, à l'intérieur de la structure discursive, par le terme de « l'un » (ἕν … ἕν, v. 7 *sq.*). Au niveau discursif, cette « union » démarque également l'endroit où le texte commence à se refermer en une unité circulaire à l'aide de la structure annulaire. Il est par ailleurs significatif que les vers 5 à 6, qui forment ici une partie de l'anneau central, se retrouvent de manière identique dans le fragment B 17/31, dans lequel ils occupent alors égale-

34. Pour la transmission du fragment B 26/68, cf. *supra*, chap. 1, 4.1.

ment le centre d'une construction annulaire. A cette place doublement privilégiée correspond le contenu des paroles qui exposent le mouvement élémentaire, à savoir la pensée « centrale » à l'intérieur de la doctrine d'Empédocle. Αὖ (v. 6) et πάλιν (v. 9), qui se réfèrent au mouvement élémentaire, rappellent en même temps le caractère répétitif du parcours discursif exposant ce récit.

Un troisième passage représente d'une autre manière encore le lien entre le circuit élémentaire décrit et la description circulaire. Il s'agit d'un extrait du fragment B 35/201 :

B 35/201

αὐτὰρ ἐγὼ παλίνορσος ἐλεύσομαι ἐς πόρον ὕμνων
τὸν πρότερον κατέλ**εξ**α **λό**γῳ **λό**γον ἐ**ξο**χετεύων,
κεῖνον· ἐπεὶ Νεῖκος μὲν ἐνέρτατον ἵκετο βένθος
δίνης, ἐν δὲ μέσῃ Φιλότης στροφάλιγγι γένηται,
ἐν τῇ δὴ τάδε πάντα συνέρχεται ἓν μόνον εἶναι,
οὐκ ἄφαρ, ἀλλὰ θελημὰ συνιστάμεν' ἄλλοθεν ἄλλα.
**τῶν δέ τε μισγομένων χεῖτ' ἔθνεα μυρία θνητῶν·**
πολλὰ δ' **ἄμικτ'** ἔστηκε **κεραιομένοισιν ἐναλλάξ,**
**ὅσσ'** ἔτι **Νεῖκος** ἔρυκε μετάρσιον· οὐ γὰρ ἀμεμφέως
πω πᾶν ἐξέστηκεν ἐπ' ἔσχατα τέρματα κύκλου,
ἀλλὰ τὰ μέν τ' ἐνέμιμνε μελέων τὰ δέ τ' ἐξεβεβήκει.
ὅσσον δ' αἰὲν ὑπεκπροθέοι, **τόσον** αἰὲν ἐπῄει
ἠπιόφρων **Φιλότητος** ἀμεμφέος ἄμβροτος ὁρμή·
αἶψα δὲ θνήτ' ἐφύοντο τὰ πρὶν μάθον ἀθάνατ' εἶναι,
ζωρά τε τὰ πρὶν **ἄκρητα διαλλάξ**αντα κελεύθους·
**τῶν δέ τε μισγομένων χεῖτ' ἔθνεα μυρία θνητῶν**
παντοίαις ἰδέῃσιν ἀρηρότα, θαῦμα ἰδέσθαι.

« Pour moi, revenant sur mes pas, je prendrai la route des chants,
Celle que j'avais d'abord tracée, dérivant une parole d'une parole,
Celle-là même. Quand Discorde atteignit tout en bas le fond
Du tournoiement, Amour perce au centre du tourbillon ;
Là tous, ils s'assemblent pour n'être plus qu'un seulement,
Sans brusquerie, de bonne grâce, Ils s'unissent, venus chacun d'un autre côté.
**Et comme Ils se rencontraient, se répandaient les myriades de tribus [mortelles.**
Beaucoup, parmi les autres qui se **mêlaient**, restaient **en revanche purs**,
**Ceux que Discorde** retenait en haut ; car ce n'est pas sans défaut,
Ce n'est pas tout entière encore, qu'elle s'est retirée aux frontières du cercle.
Ici, elle résistait, là, elle était sortie des membres,
**A mesure qu'**elle s'échappait, partout la suivait,
Toute douceur, de l'irréprochable **Amour** l'immortel élan.
Aussitôt surgissait, mortel, ce qui d'abord avait appris l'immortalité,

Mêlé, ce qui d'abord était **pur, échangeant** leurs chemins.
**Et comme Ils se mélangeaient, se répandaient les myriades de tribus [mortelles,**
Ajustées à toute forme, merveille à voir. »[35]

Le passage s'ouvre sur une double remarque énonciative avant de décrire en deux élans successifs la scène d'une prise de pouvoir d'Amour au détriment de la Haine qui était en train de prédominer. Un premier récit plus général occupe les vers 3 à 6 et se conclut par une évaluation du processus au niveau du monde sensible : la prédominance d'Amour déclenche la naissance d'innombrables créatures. Cette « réunion-création », un processus qui est maintes fois mentionné dans le corpus, est ensuite décrite en détail : c'est par une prise de pouvoir progressive qu'Amour écarte peu à peu la Haine, depuis le centre jusqu'aux confins d'un espace circulaire, élargissant par là son règne. Plus Philotês progresse dans sa prise de pouvoir, plus elle s'approprie d'éléments supplémentaires, les réunit en mélanges, ce qui les soumet passagèrement à la mortalité des créatures qu'ils composent à ce stade. Ce dernier passage se conclut quant à lui par l'évocation de l'aspect merveilleux des innombrables créatures qui voient le jour sous la prédominance d'Amour.

L'intérêt particulier de ce fragment réside dans le fait qu'au discours à la forme circulaire s'ajoutent plusieurs commentaires sur ce même phénomène. C'est en effet sur une telle remarque que s'ouvre le passage retenu : le locuteur-énonciateur annonce son exposé, en parlant d'un sentier déjà établi par un parcours précédant (cf. παλίνορσος ἐλεύσομαι ἐς πόρον … τὸν πρότερον κατέλεξα, v. 1 *sq.*). Les paroles ainsi prononcées doivent donc former à leur tour un circuit argumentatif, précédé par (au moins) un parcours de même forme. Or, l'exposé qui est ainsi introduit traite non seulement du mouvement cosmique circulaire, mais se présente de plus sous la forme de plusieurs circuits discursifs. C'est ainsi que la sonorité des termes, qui décrivent l'activité du locuteur-énonciateur par une autre image immédiatement après, forme une petite structure annulaire : κατέλ**εξ**α **λό**γῳ **λό**γον **ἐξ**οχετεύων (v. 2)[36]. Il est par ailleurs significatif que la particule πάλιν, qui décrit ailleurs le mouvement élémentaire (B 17/31, v. 5 et 9 ; B 26/68, v. 9), désigne explicitement ici la nature du parcours discursif.

35. Pour la transmission du fragment B 35/201, cf. *supra*, chap. IV, 2.1.

36. Il est intéressant de rapprocher cette image du fragment B 3/14, dans lequel le locuteur-énonciateur invoque les dieux et les prie, par un verbe de la même famille, de « **verser** une source pure des bouches pieuses » (ἀλλὰ θεοὶ […] ἐκ δ' ὁσίων στομάτων καθαρὴν **ὀχετεύσατε** πηγήν, v. 1 *sq.*). Aussi le locuteur-énonciateur se présente-t-il en B 35/201, v. 2 comme celui qui actualise l'activité divine décrite en B 3/14.

Après cette première séquence d'évocation et d'actualisation de la circularité, le texte traite une seconde fois du même phénomène au niveau théorique, mais à l'intérieur de l'exposé cosmologique cette fois. Deux termes, renforcés par l'effet d'un enjambement, insistent successivement sur l'importance de ce mouvement (δίνης … στροφάλιγγι, v. 4) avant que, sous forme d'une grande structure annulaire (v. 7–16), il ne soit de nouveau *actualisé*.

Le renvoi extérieur de la construction circulaire est fortement marqué par l'exacte reprise d'un vers entier. Ce vers est consacré à la mention des créatures mortelles qui voient le jour grâce à la prise de pouvoir d'Amour (v. 7 et 16). Dans l'écho suivant, un seul mot renvoie à deux termes précédents : ἄκρητα (« non-mélangé », v. 15) fait écho à son synonyme ἄμικτα (« non-mélangé », v. 8) et rappelle en même temps – au niveau étymologique – son antonyme κεραιομένοισι (« mélangés », v. 8). Ainsi, la mention du terme ἄκρητα réunit et « mélange » en quelque sorte dans le texte les deux termes qu'il rappelle simultanément. Un troisième renvoi renforce finalement ce second anneau de la construction circulaire, en rappelant ἐναλλάξ (« inversement », v. 8) par διαλλάξαντα (« mélanger », v. 15). Si cet écho ne se manifeste pas clairement au niveau de la traduction des deux termes, il est néanmoins facilement perceptible pour le public d'Empédocle, puisque -αλλα- forme une unité phono-sémantique qui est fortement mise en valeur dans tout le corpus[37].

L'écho central est formé pour sa part par le renvoi de τόσον Φιλότητος (v. 12 *sq.*) à ὅσσ' … Νεῖκος (v. 9). Cette reprise souligne le développement du récit exposé, c'est-à-dire la prise de pouvoir par Amour au détriment de Haine. Les termes « frontières » et « cycle » (τέρματα κύκλου, v. 10) *évoquent* une troisième fois dans ce même fragment la circularité et soulignent l'analogie entre l'exposé et la structure discursive, en étant réunis et juxtaposés au centre de la construction annulaire.

L'énoncé conclusif, l'éloge des créatures issues de l'agencement élémentaire accompli sous le pouvoir de l'Amour, peut sans doute aussi se référer aux vers en communication si admirablement construits, puisqu'ils représentent eux-mêmes une de ces « créations merveilleuses ».

La longue tradition de l'expression θαῦμα ἰδέσθαι ainsi que son emploi dans les œuvres homériques et hésiodiques me semblent permettre de préciser la signification du passage d'Empédocle. Le sujet dont l'aspect provoque cette admiration est en effet soit une déesse, comme Aphrodite, soit un objet fabriqué par un dieu, notamment par Héphaistos. On peut évoquer le char d'Héra,

37. Cf. à ce sujet *supra*, chap. v, 2.2.

le bouclier d'Achille ou bien celui d'Héraclès, mais aussi la première femme, créée par plusieurs dieux. Aussi, lorsque l'expression se rapporte à un objet d'art, elle souligne l'aspect divin propre à ces créations miraculeuses. Dans l'œuvre d'Empédocle, cette référence à une origine divine se justifie explicitement par une invocation aux dieux[38].

Une autre correspondance entre circuits discursifs et circuits décrits apparaît dans un passage traditionnellement attribué aux *Καθαρμοί.* Voici le fragment B 115, dont j'ai brièvement cité un extrait dans la section précédente :

B 115
ἔστι τι Ἀνάγκης χρῆμα, θεῶν ψήφισμα παλαιόν,
ἀίδιον, πλατέεσσι κατεσφρηγισμένον ὅρκοις·
εὖτέ **τις** ἀμπλακίῃσι φόνῳ φίλα γυῖα μιήνῃ,
ὅς καὶ [...] ἐπίορκον ἁμαρτήσας ἐπομόσσῃ,
**δαίμονες** οἵ τε μακραίωνος λελάχασι βίοιο,
τρίς μιν μυρίας ὥρας **ἀπὸ μακάρων ἀλάλησθαι,**
φυομένους παντοῖα διὰ χρόνον εἴδεα θνητῶν
ἀργ**αλέας** βιότοιο μετ**αλλά**σσοντα κελεύθους.
**αἰθέριον** μὲν γάρ σφε μένος **πόντονδε** διώκει,
**πόντος** δ' ἐς χθονὸς οὖδας ἀπέπτυσε, γαῖα δ' ἐς αὐγὰς
ἠελίου φαέθοντος· ὁ δ' **αἰθέρος** ἔμβαλε δίναις·
**ἄλλ**ος δ' ἐξ **ἄλλ**ου δέχεται, στυγέουσι δὲ πάντες.
τὴν **καὶ ἐγὼ νῦν** εἰμι, φυγὰς **θεόθεν καὶ ἀλήτης,**
νείκεϊ μαινομένῳ πίσυνος.

« Il existe un oracle de la Nécessité, un décret des Dieux, antique,
Eternel, scellé par de larges serments :
Quand **l'un**, dans le manque, souille ses propres membres d'un meurtre,
Lui qui [...] commet la faute et prononce le parjure,
**Les démons**, qui ont eu pour lot de vivre une vie de longue durée,
Devraient **errer** trois myriades de saisons **loin des bienheureux**,
Croissant dans les formes diverses du mortel à travers le temps,
Qui **échangent**, l'un avec l'autre, les **durs** chemins de l'existence.
Car la force de **l'éther** les chasse vers la **mer**
Et la **mer** les recrache vers le sol de la terre, et Terre à l'éclat
Du soleil lumineux ; lui, les jette dans les tourbillons de **l'éther**.
**Chacun** les accueille à la suite de **l'autre**, tous les haïssent.

38. Aphrodite est l'objet d'un θαῦμα en Hom. *Od.* 8.366. Le char d'Héra est admiré en Hom. *Il.* 5.725, le bouclier d'Achille en Hom. *Il.* 18.549 et celui d'Héraclès en Hes. *Sc.* 318. La première femme est un θαῦμα ἰδέσθαι en Hes. *Th.* 575 et 581. Cf. à ce sujet FRONTISI-DUCROUX 1975, 73–77. L'invocation à l'inspiration ouvre le fragment B 3/14, discuté *supra*, chap. II, 1. VERNANT (1985, 407 *sq.*) suggère que le terme de θαῦμα désigne pour les philosophes un phénomène à expliquer, une sorte de défi intellectuel.

**Moi aussi, maintenant,** je vais aller ce chemin, **exilé du dieu et errant,**
Vassal de Haine la délirante. »[39]

Ces vers, qui sont agencés en cercle, exposent le contenu d'un vieux serment dont les paroles introductives précisent qu'il est « scellé par des larges enceintes ». Ce décret détermine la nature de la punition qui revient à ceux qui, sous l'emprise de la Haine, ont commis une faute. Le coupable est alors chassé par les forces élémentaires et contraint à une fuite qui l'amène à des errances circulaires sans issue.

La structure discursive se conforme à son tour à un parcours circulaire : au centre de la structure annulaire figure la mention répétée des deux forces élémentaires, eau et air (cf. αἰθέριον … πόντονδε, v. 9 ; πόντος … αἰθέρος, v. 10 *sq.*). Par un double écho phonique, le renvoi suivant évoque la pénible dispersion propre à ces errances (cf. ἀργ**αλέας** … μετ**αλλά**σσοντα, v. 8 ; **ἄλλ**ος … **ἄλλ**ου, v. 12). L'écho final est formé par la double évocation de l'errance loin du monde des divins (cf. ἀπὸ μακάρων ἀλάλησθαι, v. 6 ; θεόθεν καὶ ἀλήτης, v. 13).

Le récit de ce parcours sans issue rappelle les circuits qu'accomplissent les éléments chassés par la double force cosmique Amour-Haine. Le sujet évolue le long de l'exposition des vers : d'abord indéfini (τις, v. 3), il passe à δαίμονες (v. 5), et finit par inclure le locuteur-énonciateur lui-même (cf. καὶ ἐγὼ νῦν, v. 13). Or, reflété par le mode discursif circulaire, le mouvement des éléments et celui des démons reçoit indirectement un même statut[40].

Conditionnant la réception des vers dans leur enchaînement, la structure discursive détermine, comme on l'a vu, l'expérience de l'apprentissage. Dans le cas des récits qui décrivent les éléments en mouvement, cet ordre discursif enseigne au public, je le répète, que les paramètres spatio-temporels traditionnels ne sont que partiellement pertinents. Et c'est précisément l'agencement circulaire de l'enseignement qui amène le public à concevoir l'état d'immobilité auquel tendent tous ces parcours.

Or, ce même abandon du point de vue traditionnel est également suggéré à propos des errances circulaires qu'accomplissent les démons : tels les éléments, ces créatures tendent par la circularité de leur cheminement à une immobilité qui réduit en même temps leur diversité en une seule unité. C'est par une telle

39. Pour la transmission du fragment B 115, cf. *supra*, chap. II, 1.2.

40. Sur la proximité entre ces propos et l'exposé de la doctrine (notamment à travers la mention des différentes forces cosmiques), cf. SEDLEY 1989, 274 *sq.* et 1998, 8–10 ainsi que KAHN 1971, 8.

vision synthétique que le public peut alors surmonter les notions de la diversité marquée par la Haine pour adopter une perspective conforme à l'Amour.

Par les analyses que je viens d'exposer, j'ai pu montrer que les trois types de mouvements que la doctrine attribue aux éléments – l'aller-retour, la répétition et le parcours circulaire – caractérisent aussi le mouvement discursif de l'exposition poétique. Aussi l'enchaînement des paroles énoncées s'inscrit-il lui-même dans un parcours qui, en passant par l'alternance répétée, aboutit à la circularité, soit dans un procédé qui permet de tendre à cet état où mouvement et temps perdent leur signification : le cercle immobile (cf. B 17/31 et B 26/68, v. 12). Ne pouvant être décrit par le langage – prisonnier des paramètres traditionnels –, le « temps de la doctrine » se situe dans cet au-delà du temps. Grâce aux mouvements discursifs particuliers, le texte arrive néanmoins à communiquer à l'élève une expérience de ce temps de la doctrine. La forme du mouvement imputé au déplacement des éléments détermine en effet l'agencement même des paroles, et donc le déroulement de la communication des vers[41]. Le public qui entend les paroles rythmées d'après le mouvement des éléments retrace lui-même ainsi dans son imaginaire ces parcours alternants, répétitifs et circulaires. Chacun est alors amené à faire personnellement l'expérience d'un détachement progressif des paramètres spatio-temporels qui lui sont familiers (« temps traditionnel »). Il est amené par là à une vision synthétique qui culmine dans la notion de cercle immobile, un concept qui se construit pour ainsi dire au seuil du « temps de la doctrine ». Plusieurs passages attribuent explicitement ces mouvements au déroulement textuel et confirment l'importance de l'analogie entre mouvements élémentaire et discursif.

Dans un passage, le mouvement circulaire décrit et mis en discours concerne cependant non pas les éléments, mais les démons destinés à parcourir plusieurs vies humaines. L'abandon d'un regard fixé sur la diversité spatio-temporelle donne alors une autre teinte à l'expérience de l'allocuté-énonciataire : il est amené à percevoir sa propre vie de mortel dans le contexte plus vaste des réincarnations, ce qui relativise l'expérience de sa souffrance personnelle et lui permet d'adopter une attitude de perception synthétique, conforme au principe Amour. En outre, l'analogie entre le cycle élémentaire et le cycle des réincarnations trouve maintenant une confirmation dans les vers transmis par le *Papyrus de Strasbourg*.

41. Cf. Most 1999, 356 : « *In Empedocles* [...] *the frequent repetition of verses* [...] *serves to provide a textual analogy to the cycles of repetition within world history: Empedocles' poem non only describes such cycles, it also enhances them.* »

Ce document récemment publié contient, je le rappelle, plusieurs interventions de la main d'un second scribe qui modifie le texte par rapport aux sujets d'un mouvement circulaire décrit. Selon la première main, le texte décrit des « nous » engagés dans un mouvement circulaire, alors que, d'après la seconde main, les sujets qui circulent sont les éléments[42]. Il apparaît maintenant plus nettement que les deux leçons proposées sont en cohérence avec l'ensemble du corpus.

A ce propos, il convient finalement de citer le fragment B 59/501 :

B 59/501
αὐτὰρ ἐπεὶ κατὰ μεῖζον ἐμίσγετο **δαίμονι δαίμων**,
ταῦτά τε συμπίπτεσκον, ὅπῃ συνέκυρσεν ἕκαστα·
ἄλλα τε πρὸς τοῖς πολλὰ διηνεκῆ ἐξεγένοντο.

« Quand le **démon au démon** se fut plus largement mêlé
Ils tombaient l'un sur l'autre, comme Ils se trouvaient chacun,
Et d'autres, outre Ceux-là, sortirent en foule joints. »[43]

Le passage décrit un mouvement d'union, et ce récit rappelle nombre d'autres consacrés au parcours élémentaire tel qu'il se déroule lorsque les particules sont déterminées par Amour[44]. Or, les entités dont on affirme qu'elles se réunissent sont des démons, soit des sujets au nombre desquels se compte dans un autre passage le *je*-énonciateur lui-même[45]. Le terme de démon semble ainsi désigner les particules élémentaires et les éléments en tant que substance constitutive d'une créature[46]. Si c'est de cette manière que ces propos sont perçus, ils ne

42. Le problème est exposé *supra*, chap. III, 1.2. Ballew (1979, 58 *sq.*) évoque l'analogie entre le cycle élémentaire et le cycle des réincarnations. Elle met le mouvement cyclique en rapport avec Amour et y oppose le mouvement linéaire, assigné à son tour à Neikos. Ce constat reste sans conclusion puisque l'auteur ne me semble pas parvenir à voir que le mouvement circulaire n'est qu'une voie d'accès vers les paramètres spatio-temporels enseignés par la doctrine. La proposition d'Osborne (1987a, 124) d'identifier éléments et démons repose sans doute sur cette même observation. L'analogie éléments-démons est aussi suggérée par les nombreux passages d'Empédocle dans lesquels une qualité ou une action qui caractérise dans l'épopée une personne sont attribuées à un élément. Cf. à ce propos Capizzi 1987, 115–117.

43. Le fragment B 59/501 est transmis par Simplicius (*in Cael.* 587.20) en tant que description d'une prise de pouvoir d'Amour.

44. Cf. par exemple le fragment B 20/60, v. 2 *sq.*

45. Cf. le fragment B 115, cité *supra*, chap. III, 1.2.

46. Cette hypothèse se défend dans la mesure où, dans une série de passages, le texte suggère à l'élève-énonciataire de percevoir les créatures dans leur substance élémentaire. Cf. fr. B 35/201, v. 14 *sq.* et fr. B 21/63, v. 13 *sq.*

font alors que confirmer l'analogie entre le mouvement des éléments et celui des créatures le long de leur parcours à travers plusieurs vies successives[47].

Pour conclure ces réflexions sur le « temps de la doctrine », j'ajoute une dernière section consacrée aux références temporelles qui semblent aller à l'encontre de mon interprétation, dans la mesure où elles renvoient au texte en communication comme à un événement qui s'accomplirait conformément au « temps traditionnel », en suivant un déroulement linéaire.

## 3. Les références au « temps traditionnel »

Plusieurs références temporelles à l'intérieur du corpus renvoient au texte qui est regardé comme un déroulement linéaire délimité par un début et par une fin, une image qui correspond à la conception temporelle traditionnelle. Or, ces références vont apparemment à l'encontre du temps de la communication tel que les différentes structures discursives mises en évidence dans les pages précédentes l'évoquent conformément au « temps de la doctrine ».

J'examine successivement trois catégories de déictiques temporels : ceux qui renvoient au moment initial de l'énonciation (« au début »), ceux qui évoquent le moment présent (« maintenant ») et ceux qui se réfèrent à un moment précédent (« plus tôt »).

### *3.1. Références au moment initial de l'énonciation*

Deux passages, extraits des fragments B 6/150 et B 38/320, évoquent un moment initial de l'énonciation des vers :

**B 6/150**

1 τέσσαρα γὰρ πάντων ῥιζώματα **πρῶτον** ἄκουε·
2 Ζεὺς ἀργὴς Ἥρη τε φερέσβιος ἠδ' Ἀϊδωνεύς
3 Νῆστίς θ' ἣ δακρύοις τέγγει κρούνωμα βρότειον.

1 « **D'abord** les quatre racines du monde, écoute, les voici :
2 Zeus étincelant, Héra donneuse de vie, Aidôneus,
3 Nestis, qui, de ses larmes, fait couler la source mortelle. »[48]

47. L'histoire de la recherche concernant les démons est exposée *supra*, chap. II, 1.2.

48. Le fragment B 6/150 est transmis par de nombreuses sources, toujours à propos des noms de divinités qui sont ici attribués aux éléments. Aëtius (1.3.20) et Sextus Empiricus (*G.* 10.315) citent le passage entier. Tzetzès (*Alleg. Il.* 53.23) attribue les vers au premier livre des *Φυσικά*. Depuis l'Antiquité jusqu'à nos jours, les chercheurs avancent des arguments afin de déterminer quel genre d'éléments serait désigné par quel nom de divinité. Sur l'histoire du problème, cf. Cerri 2000, 208.

**B 38/320**
εἰ δ᾽ ἄγε τοι λέξω **πρῶθ᾽** ἥλιον †ἀρχήν†.
ἐξ ὧν δὴ ἐγένοντο τὰ νῦν ἐσορώμενα πάντα
Γαῖά τε καὶ Πόντος πολυκύμων ἠδ᾽ ὑγρὸς Ἀήρ
Τιτὰν ἠδ᾽ Αἰθὴρ σφίγγων περὶ κύκλον ἅπαντα.

« Viens, je te dirai **d'abord**, (posant ?) Soleil **au commencement**,
De quoi naquit toute chose que nous voyons aujourd'hui,
Terre et Mer houleuse, Air trempé d'eau,
Ether, le Titan, qui tient le monde dans son cercle. »[49]

Le fait qu'un début de l'énonciation des vers est mentionné deux fois suggère qu'il ne s'agit pas d'un commencement absolu. Il apparaît en effet que le début d'enseignement mis en scène dans les deux fragments *traite* aussi d'un début, c'est-à-dire des éléments présentés comme la base même du système cosmologique. Bien que, selon la construction syntaxique des deux passages, l'adverbe πρῶτον qualifie exclusivement l'acte de la communication mise en scène – une fois leur réception (πρῶτον ἄκουε, B 6/150) et une fois leur énonciation (λέξω πρῶτ᾽, B 38/320) –, il doit en même temps renvoyer à l'objet de ces discours initiaux, aux éléments « premiers » à l'intérieur du système enseigné. Cette double argumentation se confirme au niveau de l'ordre des mots du fragment B 6/150, où la juxtaposition des deux termes ῥιζώματα πρῶτον, « les racines d'abord », souligne ce recoupement entre temps de l'énonciation et temps du récit.

Manifestement soucieux de traiter des origines en premier, le locuteur-énonciateur semble suivre dans son exposé l'ordre conforme au temps du récit, en faisant un exposé scientifique dans lequel il commencerait par traiter de propos cosmogoniques. Cependant, comme il est deux fois question d'un début, cela suggère plutôt que des commentaires d'ordre cosmogonique figurent à différents moments de l'exposé, représentant ainsi l'un des sujets auxquels le locuteur-énonciateur revient quand il « re-parcourt des sentiers déjà tracés » (cf. B 35/201, v. 1 *sq.*). La présence des particules γὰρ et δὲ en début des deux passages cités (B 6/150, v. 1 ; B 38/320, v. 1) semblent d'ailleurs également le suggérer. Aussi, πρῶτον ne peut pas renvoyer au commencement absolu d'un exposé agencé suivant une ligne droite, mais doit évoquer un début relatif à une argumentation circulaire, consacrée aux fondements de la doctrine cosmologique[50].

49. Le fragment B 38/320 est transmis par Clément d'Alexandrie (*Strom.* 5.48) à propos du vers final qui accorde, à juste titre à son avis, une fonction de « liant cosmique » à l'élément air.

50. Si les éléments forment le fondement du récit cosmologique, on peut facilement imaginer qu'ils représentent un point de départ que tous les commentaires exposés dans le corpus – et non seulement la théorie cosmologique – pourraient compléter.

Un problème analogue se pose à propos de l'interprétation d'un commentaire de Plutarque introduisant la citation du fragment B 115 qu'il situe « au début de sa philosophie »[51]. Or, selon la valeur attribuée à cette indication temporelle, les chercheurs en ont déduit soit qu'il faut situer ces vers au début d'un des deux poèmes attestés, soit qu'ils énoncent seulement les principes de la doctrine d'Empédocle[52].

### *3.2. Références au moment présent de l'énonciation*

Une seconde catégorie de déictiques temporels renvoie au moment présent de l'énonciation. Cette référence est en fait beaucoup moins délicate à interpréter que celle qui renvoie au moment initial, puisque le « maintenant » est par définition relatif et ne renvoie pas à un système temporel particulier. Il est néanmoins instructif de brièvement étudier les trois passages qui évoquent un « maintenant ». La première occurrence de νῦν se trouve au début du fragment B 62/510 :

**B 62/510** 1 **νῦν** δ' ἄγ', ὅπως ἀνδρῶν τε πολυκλαύτων τε γυναικῶν
2 ἐννυχίους ὅρπηκας ἀνήγαγε κρινόμενον Πῦρ,
3 τῶνδε κλύ'· οὐ γὰρ μῦθος ἀπόσκοπος οὐδ' ἀδαήμων.
...

1 « Or voici **maintenant**, comment, des hommes et des femmes trempés [de pleurs,
2 Feu, se séparant, fit jaillir les pousses dans la nuit.
3 Ecoute ceci : mon récit ne manque pas de but ni n'est dénué de savoir.
... »[53]

La référence au moment présent de la communication en cours est ici particulièrement évidente dans la mesure où la particule se trouve à l'intérieur d'une exhortation explicitement adressée à l'allocuté-énonciataire (« écoute maintenant »)[54]. Mais il est aussi possible de passer du temps de l'énonciation au temps de l'énoncé et d'interpréter le νῦν comme une référence au moment présent à l'intérieur du parcours destiné à révéler la doctrine (« maintenant, à ce point de mon argumentation, écoute bien... »).

51. Cf. Plu. *Moralia* 607c.
52. Sur l'histoire de ce problème, cf. WRIGHT 1981, 270 *sq.*
53. Pour la transmission du fragment B 62/510, cf. *supra*, chap. III, 1.1.
54. Sur le rapport entre les marques énonciatives de personne, de temps et d'espace, cf. CALAME 2000a, 32.

La même triple valeur référentielle caractérise les deux autres occurrences de νῦν dans le corpus. La première se trouve au début du fragment B 38/320:

B 38/320
1 εἰ δ' ἄγε τοι λέξω πρῶθ' ἥλιον †ἀρχήν†
2 ἐξ ὧν δὴ ἐγένοντο τὰ **νῦν** ἐσορώμενα πάντα
...

1 «Viens, je te dirai d'abord, (posant?) Soleil au commencement,
2 De quoi naquit toute chose que nous voyons **maintenant**,
...»[55]

Le second passage significatif à cet égard figure au fragment B 71/450:

B 71/450
1 εἰ δέ τί σοι περὶ τῶνδε λιπόξυλος ἔπλετο πίστις,
2 πῶς Ὕδατος Γαίης τε καὶ Αἰθέρος Ἠελίου τε
3 κιρναμένων εἴδη τε γενοίατο χροιά τε θνητῶν
4 τοῖ' ὅσα **νῦν** γεγάασι συναρμοσθέντ' Ἀφροδίτη.

1 «Si ta foi, pour Eux que voici, n'avait matière où se fonder,
2 Savoir comment d'Eau, de Terre, d'Ether et de Soleil
3 Mêlés sont nées formes et couleurs de mortels,
4 Qui, toutes vivent **maintenant**, jointes par Aphrodite.»[56]

Dans les deux cas, le νῦν qualifie, au niveau de l'exposé scientifique, la forme actuelle des créatures, à savoir les assemblages élémentaires qui sont définis par opposition aux dispositions antérieures au sein du mouvement cosmique. En tant que références énonciatives, ces «maintenant» renvoient également au monde qui entoure l'élève-énonciataire au moment même de la réception des vers. En outre, les mêmes «maintenant» de la communication mise en scène se superposent facilement au «maintenant» de la communication vécue, de sorte que νῦν réunit par sa valeur référentielle trois différents paramètres temporels à la fois. La référence extra-textuelle est particulièrement suggestive pour le premier passage où le participe ἐσορώμενα, «ce qui est visible», qualifie le monde présent comme un objet perçu, nous invitant subtilement en tant qu'énonciataires à diriger notre regard sur les créatures qui nous entourent réellement. Ce glissement du temps de la communication mise en scène vers le temps de la communication «réellement» vécue, exerce une fonction didactique importante. Incité à reconnaître autour de lui l'image du cosmos tel que le représente la doctrine, le public va en effet s'assurer de la pertinence du savoir exposé et la confirmer à travers l'expérience du monde «réel» qu'il peut faire.

55. Pour la transmission du fragment B 38/320, cf. *supra*, chap. II, 1.1.
56. Pour la transmission du fragment B 71/450, cf. *supra*, chap. II, 1.1.

### 3.3. *Références à un moment antérieur de l'énonciation*

Un troisième groupe de déictiques temporels renvoie à un moment précédent l'exposition des vers. L'évocation d'un moment relativement antérieur convient aux modèles d'un exposé poétique, qu'il soit linéaire ou circulaire ; et c'est cette double valeur référentielle qui, on le verra, est source d'un geste argumentatif intéressant. Le premier passage est encore extrait du fragment B 17/31 :

**B 17/31** 1 δίπλ' ἐρέω· τοτὲ μὲν γὰρ ἓν ηὐξήθη μόνον εἶναι
. . . . . . .
14 ὡς γὰρ καὶ **πρὶν** ἔειπα πιφαύσκων πείρατα μύθων
15 δίπλ' ἐρέω. τοτὲ μὲν γὰρ ἓν ηὐξήθη μόνον εἶναι
...

1 « Double ce que je vais dire : tantôt l'un croît pour seul être
. . . . . . .
14 Et comme je l'ai dit **plus tôt**, quand j'éclairais les frontières de mon récit :
15 Double ce que je vais dire : tantôt l'un croît pour seul être
... »[57]

Ces vers figurent dans un passage qui, je le rappelle, en même temps décrit des mouvements circulaires et les actualise sous forme d'une structure annulaire. Dans ce contexte, le « plus tôt » renvoie alors tout naturellement à la première occurrence de l'anneau extérieur de cette structure.

La deuxième évocation d'un moment antérieur figure en B 35/201, dans un passage qui est également organisé par des renvois circulaires :

**B 35/201** 1 αὐτὰρ ἐγὼ παλινόρσος ἐλεύσομαι ἐς πόρον ὕμνων
2 τὸν **πρότερον** κατέλεξα
...

1 « Pour moi, revenant sur mes pas, je prendrai la route des chants,
2 Celle que j'avais tracée **plus tôt,**
... »[58]

57. Pour la transmission du fragment B 17/31, cf. *supra*, chap. I, 4.1. La structure annulaire est discutée *supra*, chap. V, 2.3.

58. Pour la transmission du fragment B 35/201, cf. *supra*, chap. IV, 2.1. L'agencement circulaire du passage est discuté *supra*, chap. V, 2.3. Le même mouvement est attribué en B 100/551 au sang (αἷμα ... παλίνορσον ἐπάξειε), soit à l'organe de la pensée (cf. αἷμα γὰρ περικάρδιόν ἐστι νόημα, B 105/520, v. 3). Le cheminement accompli par le locuteur-énonciateur rappelle le parcours élémentaire si souvent décrit dans l'exposé cosmologique. Pour les références à ces passages, cf. BECKER 1937, 47.

Le « plus tôt » se rapporte à nouveau ici très clairement à la structure discursive, dans la mesure où les paroles en question introduisent directement le renvoi extérieur de la construction annulaire.

La dernière référence à un moment précédent figure au début du fragment B 21/63 :

**B 21/63**

1 ἀλλ' ἄγε, τῶνδ' ὀάρων **προτέρων** ἐπὶ μάρτυρα δέρκευ,
2 εἴ τι καὶ ἐν **προτέροισι** λιπόξυλον ἔπλετο μορφῇ,
...

1 « Mais viens, à mes confidences **précédentes** ajoute pour témoins,
2 L'ensemble manquerait-il de matière en ces chants **primordiaux**,
... »[59]

Le début de ce fragment, que j'ai discuté de façon détaillée dans le contexte de l'étude du langage d'amour, renvoie même à deux reprises à un temps antérieur, en se référant à une conception temporelle linéaire. En même temps, le locuteur-énonciateur évoque également une communication poétique en parcours circulaires, en proposant d'ajouter un complément matériel (cf. λιπό-**ξυλον**, v. 2) à ce qu'il a déjà exposé. Cette expression correspond en effet entièrement à l'idée d'un exposé se déroulant dans plusieurs parcours qui reviennent exactement au même point de départ pour réexposer – sous un éclairage différent – la même doctrine. Grâce à ces variations, le locuteur-énonciateur diminuerait ainsi le risque d'une lacune – d'un « manque de matière » – qui pourrait intervenir au cours du déroulement de son argumentation.

Ainsi, l'étude des différents déictiques temporels relevés dans le texte m'amène à la conclusion que toutes ces références, qui peuvent renvoyer à un parcours discursif linéaire unique, à une représentation conforme au « temps traditionnel », conviennent également à l'idée d'un exposé en circuits réitérés. Le texte ne s'oppose à aucun égard en effet à ce que l'acte de la communication des vers soit inscrit dans un cadre temporel conforme à la doctrine.

De plus, cette possibilité de référence aux deux systèmes cosmologiques opposés comporte, comme je l'ai montré au sujet des énoncés métaphoriques, une portée didactique. Nous sommes en effet amenés, en tant que lecteurs-auditeurs, à accomplir nous-mêmes, au moment de la réception du poème, le

59. Pour la transmission et une première citation du fragment B 21/63, cf. *supra*, chap. II, I.I. Les termes μορφή et λιπόξυλον suggèrent que le poème en communication doit être considéré comme un ensemble élémentaire, comme une création qui, du point de vue de la doctrine, est analogue aux êtres humains évoqués par exemple en B 137, v. 1 (**μορφὴν** δ' ἀλλάξαντα πατὴρ φίλον υἱὸν ἀείρας).

passage du système temporel habituel à celui que le texte nous propose ; et l'acte d'interpréter un langage qui nous est familier à l'aide de nouveaux concepts représente déjà l'application du savoir cosmologique enseigné.

L'apprentissage s'effectue ainsi une fois de plus non seulement au niveau de la réception intellectuelle, mais également sous forme d'une expérience vécue. C'est encore l'expression poétique sophistiquée des vers qui, constitutive de ces liens significatifs entre doctrine et acte de la communication en cours, confère à l'apprentissage une dimension pragmatique. Cette conclusion, qui vaut pour toutes les analyses exposées jusqu'ici, me conduit au terme de mon propre parcours interprétatif.

Le chapitre suivant – étape finale de cette étude – proposera une évaluation des thèses avancées compte tenu de la nature de l'œuvre perdue et des circonstances de sa communication.

CHAPITRE VI

# L'ŒUVRE D'EMPÉDOCLE : FORME ET MODE DE LA COMMUNICATION

J'en arrive maintenant au chapitre conclusif, dans lequel je récapitulerai d'abord les principaux résultats auxquels je suis arrivée dans les chapitres précédents ; cela me donnera l'occasion de prendre position face au débat scientifique actuel.

J'enchaînerai ensuite sur un commentaire du plus long passage du corpus que nous possédons, le fragment B 17/31, que je compléterai par le fragment a du *Papyrus de Strasbourg*. Celui-ci me permettra d'illustrer une dernière fois mon propos et de préciser quel est, dans cette perspective, l'intérêt de ce document vieux de deux millénaires qui, je le rappelle, s'est récemment ajouté au corpus d'Empédocle.

J'avancerai finalement quelques suggestions concernant la forme « originale » de l'œuvre perdue, un problème lié à la question des circonstances extra-textuelles qui pourraient avoir convenu à la communication des vers d'Empédocle.

## 1. Récapitulation des thèses majeures

Les analyses textuelles exposées dans les chapitres précédents m'ont amenée à développer deux thèses principales sur lesquelles je vais maintenant revenir pour préciser la position qu'elles m'ont conduite à prendre au sein du débat scientifique actuel.

*1.1. Le texte conçu comme entité microcosmique*

Différents traits discursifs – échos phoniques, références étymologiques et particularités au niveau de la structure syntaxique – accordent, comme on l'a vu, aux paroles d'Empédocle une structure analogue à celle qui, d'après la doctrine enseignée, caractérise le cosmos dans son ensemble [1].

Cette correspondance entre paroles prononcées et doctrine enseignée m'induit à qualifier le texte d'unité microcosmique et éclaire notamment le rôle de l'élève-énonciataire. Au moment de la réception des vers, ce dernier est confronté au déchiffrement d'un système cosmique de taille réduite, un travail pour lequel le texte lui fournit des instructions précises : il l'exhorte à s'y appliquer à l'aide de tous ses sens et à évaluer ses impressions par rapport à la théorie cosmologique enseignée. Or, cette même attitude doit également convenir à l'interprétation du monde extra-textuel, une unité macrocosmique analogue quant à sa structure au poème en communication. L'élève-énonciataire doit ainsi affronter le monde qui l'entoure en appliquant tous ses sens de la même manière que lors de l'écoute du texte, évaluant par là ses impressions d'après les lois cosmologiques. Le rapprochement entre les mondes intra- et extra-textuels va même encore plus loin : la réception des vers poétiques non seulement *prépare* l'élève à déchiffrer le monde qui l'entoure, mais l'*amène* également *à faire* immédiatement ce déchiffrement. Lorsque l'élève-énonciataire est par exemple exhorté à regarder la peau dure de certains animaux pour y voir une preuve de la pertinence de la doctrine enseignée, il peut se référer non seulement à l'image des conques évoquées dans le texte, mais également aux conques « réelles » qui vivent dans le monde qui l'entoure. Ces recoupements entre les mondes intra- et extra-textuels, un procédé rhétorique qui augmente la puissance persuasive d'un discours, se trouvent fréquemment dans les textes grecs archaïques. Ils se construisent autour d'un mot à référence énonciative, c'est-à-dire autour d'un terme qui peut, en plus de sa fonction à l'intérieur du récit fictionnel, se rapporter également au contexte extra-textuel [2].

Dans le passage d'Empédocle que je viens d'évoquer, le lien entre le monde fictionnel intra-discursif et le monde « réel » extra-discursif est assuré par l'incitation de l'énonciataire à « voir ». Entendue dans sa double référence, cette

1. Pour l'évaluation des structures phoniques, cf. *supra*, chap. I, 3 (fr. B 8/53) et chap. IV, 1.4 (fr. B III/12). L'argumentation par référence étymologique est discutée *supra*, chap. I, 3 (ὀξυμελής et ὀξυβελής) et II, 1 (αρ-), tandis que la signification cosmologique des structures syntaxiques fait l'objet du chap. V, 2.

2. Ce mécanisme discursif est décrit en détail par CALAME (2000b, 44–46).

exhortation fait coïncider la réception de la doctrine avec sa première application, à savoir la première expérience de déchiffrer le monde d'après les lois de la doctrine, et accorde ainsi à l'événement de la communication une dimension supplémentaire.

En dehors de ces précisions sur l'activité de l'élève-énonciataire, la découverte de la structure microcosmique du poème fournit également des indications qui concernent la structure de l'œuvre d'Empédocle dont le temps ne nous a laissé qu'un recueil de fragments isolés. Au moment de la communication des vers, le récit devait en effet se dérouler de manière analogue à la vie cosmique telle que le poète la décrit, soit comme étant déterminée successivement par les deux forces cosmiques opposées. Evoquant fréquemment cette alternance cosmique, le texte s'accorde autrement dit à ce même rythme, comme il apparaît clairement au fragment B 20/60 :

B 20/60

**ἄλλοτε μὲν Φιλότητι συνερχόμεν' εἰς ἓν ἅπαντα**
**γυῖα, τὰ σῶμα λέλογχε βίου θαλέθοντος ἐν ἀκμῇ·**
*ἄλλοτε δ' αὖτε κακῇσι διατμηθέντ' Ἐρίδεσσι*
*πλάζεται ἄνδιχ' ἕκαστα περὶ ῥηγμῖνι* **βίοιο·**
…

**« Tantôt, sous l'action de l'Amour, se joignent, un, tous**
**Les membres, qui ont droit à leur corps, quand la Vie est en fleur ;**
*Tantôt, disjoints par Querelles, les méchantes,*
*Ils sont battus en pièces aux brisants de la* **Vie.**
… »[3]

De même en B 35/201 :

B 35/201

… *ἐπεὶ Νεῖκος μὲν ἐνέρτατον ἵκετο βένθος*
*δίνης*, **ἐν δὲ μέσῃ Φιλότης στροφάλιγγι γένηται,**
**ἐν τῇ δὴ τάδε πάντα συνέρχεται ἓν μόνον εἶναι,**
**οὐκ ἄφαρ, ἀλλὰ θελημὰ συνιστάμεν' ἄλλοθεν ἄλλα.**
**τῶν δέ τε μισγομένων χεῖτ' ἔθνεα μυρία θνητῶν·**
*πολλὰ δ' ἄμικτ' ἕστηκε κεραιομένοισιν ἐναλλάξ,*
*ὅσσ' ἔτι Νεῖκος ἔρυκε μετάρσιον· οὐ γὰρ ἀμεμφέως*
*πω πᾶν ἐξέστηκεν ἐπ' ἔσχατα τέρματα κύκλου,*
*ἀλλὰ τὰ μέν τ' ἐνέμιμνε μελέων τὰ δέ τ' ἐξεβεβήκει.*
*ὅσσον δ' αἰὲν ὑπεκπροθέοι*, **τόσον αἰὲν ἐπῄει**
**ἠπιόφρων Φιλότητος ἀμεμφέος ἄμβροτος ὁρμή·**
**αἶψα δὲ θνήτ' ἐφύοντο τὰ πρὶν μάθον ἀθάνατ' εἶναι,**

3. Pour la transmission du fragment B 20/60 cf. *supra*, chap. v, 2.1. J'indique en **gras** les paroles qui décrivent le monde déterminé par Amour, et en *italique* celles qui le décrivent dans la phase de prédominance de la Haine.

ζωρά τε τὰ πρὶν ἄκρητα διαλλάξαντα κελεύθους·
τῶν δέ τε μισγομένων χεῖτ' ἔθνεα μυρία θνητῶν
παντοίαις ἰδέῃσιν ἀρηρότα, θαῦμα ἰδέσθαι.

« ... *Quand Discorde atteignit tout en bas le fond*
*Du tournoiement*, **Amour perce au centre du tourbillon ;**
**Là tous, Ils s'assemblent pour n'être plus qu'un seulement,**
**Sans brusquerie, de bonne grâce, Ils s'unissent, venus chacun d'un autre côté.**
**Et comme Ils se rencontraient, se répandaient les myriades de tribus [mortelles.**
*Beaucoup, parmi les autres qui se mêlaient, restaient en revanche purs,*
*Ceux que Discorde retenait en haut ; car ce n'est pas sans défaut,*
*Ce n'est pas toute entière encore, qu'elle s'est retirée aux frontières du cercle.*
*Ici, elle résistait, là, elle était sortie des membres,*
*A mesure qu'elle s'échappait, partout la suivait,*
**Toute douceur, de l'irréprochable Amour l'immortel élan.**
**Aussitôt surgissait, mortel, ce qui d'abord avait appris l'immortalité,**
**Mêlé, ce qui d'abord était pur, échangeant leurs chemins.**
**Et comme Ils se mélangeaient, se répandaient les myriades de tribus [mortelles,**
**Ajustées à toute forme, merveille à voir.** »[4]

Cette observation de prime abord banale peut servir de critère à la reconstruction de l'œuvre entière, un problème qui ne cesse de préoccuper les spécialistes d'Empédocle. D'après les passages conservés, la majorité du texte était consacrée à la situation cosmique où Amour et Haine sont de force équivalente, soit au résultat d'une évolution cosmogonique qui, grâce à son équilibre interne, paraît apte à assurer au cosmos une existence durable. Je suppose donc qu'une même alternance linéaire déterminait aussi la trame et la structure discursive de la plupart des vers perdus. On aurait alors affaire à un récit essentiellement linéaire, consacré à l'état cosmique présent et rythmé par des épisodes qui traitent de l'une ou de l'autre des deux forces cosmiques opposées. C'est cette conclusion qui me fait douter de l'exactitude des reconstructions comme celle avancée récemment par M. Primavesi et A. Martin, dans laquelle l'état cosmologique exprimé ne constituerait qu'un stade passager d'une suite de différentes étapes cosmiques successives.

4. Pour la transmission du fragment B 35/201, cf. *supra*, chap. IV, 2.1. En plus de ces récits qui traitent de l'une ou de l'autre des deux forces cosmiques, se trouvent également des remarques « neutres ». Il s'agit notamment de commentaires concernant le système cosmique dans son ensemble, sa dimension temporelle ou la nature des éléments perçus en dehors du déroulement de la vie cosmique. Pour des exemples, cf. *infra*, chap. VI, 2 lors de la discussion du fragment B 17/31 prolongé par *PStrasb.* fr. a.

Sur la base du papyrus qu'ils ont édité, les deux chercheurs proposent un modèle cyclique en deux étapes : pendant deux étapes Amour s'empare peu à peu du pouvoir sur les éléments. Au cours de cette évolution naissent des créatures de plus en plus réussies (double étape zoogonique), jusqu'au moment où le monde s'efface devant Sphairos qui réunit tous les éléments. Puis, suite à un incident non déterminé, cette harmonie se casse, Haine regagne du pouvoir et une seconde zoogonie en deux étapes commence. Cette fois, les créatures élémentaires vivent leur existence comme un douloureux périple marqué par la menace d'une Haine de plus en plus importante. C'est pendant la quatrième étape cosmique, c'est-à-dire en pleine période de décadence et peu avant le triomphe de la Haine, que les deux auteurs situent le moment évoqué dans les fragments[5].

Avant de préciser mes réticences face à ce modèle de reconstruction, j'aimerais auparavant introduire ma seconde thèse, à savoir le résultat de mon analyse des fragments telle qu'elle est exposée dans les chapitres précédents.

### *1.2. La préférence pour l'Amour cosmique*

Le locuteur-énonciateur décrit le système cosmique d'un point de vue partial dans la mesure où il présente Amour comme une force positive et accorde à la Haine des attributs négatifs :

B 35/201 13 **ἠπιόφρων Φιλότητος ἀμεμφέος** ἄμβροτος ὁρμή·
...

13 « Toute **douceur**, de l'**irréprochable Amour** l'immortel élan.
... »

B 122 2 *Δῆρίς θ' αἱματόεσσα* καὶ **Ἁρμονίη θεμερῶπις,**
...

2 « *Dispute sanglante*, **Harmonie, le regard sévère,**
... »

B 17/31 18 *Νεῖκός τ' οὐλόμενον*
...

18 « Et *la funeste Haine*
... »

5. Cette théorie est exposée en détail dans Martin/Primavesi 1999, 87–97. Pour un aperçu détaillé également de l'histoire de la question, voir Martin/Primavesi 1999, 53–86.

B 20/60 4 *κακῇσι … Ἐρίδεσσι*
…

4 « … *Querelles, les méchantes,*
… »[6]

Selon l'évaluation explicite des forces cosmiques qu'il donne, le *je*-énonciateur se présente lui-même comme un allié de Philotês et invite régulièrement son interlocuteur à la même prise de position cosmique. L'acte de la communication des vers dans son ensemble devait en effet se dérouler dans une ambiance « amoureuse » à laquelle l'allocuté-énonciataire est incité à collaborer.

Cet aspect subjectif de l'enseignement permet de faire quelques déductions. Il apparaît en effet que la doctrine accorde une place à la volonté de l'individu. Celui-ci est par conséquent libre de se conformer ou à l'une ou à l'autre des deux forces cosmiques opposées. Ce détail est significatif pour la reconstruction de l'œuvre, puisqu'il révèle que les passages consacrés à la théorie physiologique et ceux qui traitent de l'attitude des humains sont complémentaires. Il y a autrement dit cohérence entre tous les fragments du corpus, qu'ils traitent de la théorie cosmologique ou de propos éthiques[7]. Ce lien a d'ailleurs été récemment confirmé par les fragments du *Papyrus de Strasbourg*. Tous les passages réunis sur ce document – dont une partie traite du système cosmique en général et une autre du destin des mortels – font partie d'une œuvre qui s'intitulerait *Sur la nature*. La plupart des savants en ont déduit que les deux titres transmis par la tradition – *Περὶ Φύσεως* et *Καθαρμοί* – se réfèrent à un seul et même poème d'Empédocle. Cette conclusion, qui me paraît imprudente, s'explique par l'histoire d'un débat scientifique qui se poursuit depuis plus d'un siècle déjà. Voici brièvement maintenant les arguments avancés dans le cadre de cette discussion.

A en croire les témoignages, Empédocle était l'auteur d'au moins neuf œuvres différentes appartenant à divers genres littéraires. Ne sont attestés aujourd'hui, par les vers qui leur sont explicitement attribués, plus que deux poèmes, intitu-

6. Pour la transmission du fragment B 35/201, cf. *supra*, chap. IV, 2.1; pour celle du fragment B 122, *supra*, chap. II, 1.1; pour celle du fragment B 17/31, *supra*, chap. I, 4.1, et pour celle du fragment 20/60, *supra*, chap. V, 2.1.

7. Il s'agit de souligner cette absence de contradiction qui est en soi naturelle, car l'idée d'une opposition radicale entre les deux volets de l'œuvre d'Empédocle a longtemps conditionné le regard des chercheurs. Je reviendrai, un peu plus loin, sur cet aspect de l'histoire des études d'Empédocle.

lés respectivement *Sur la nature* et *Purifications*[8]. Les passages attribués à l'un ou à l'autre poème peuvent ensuite être complétés par une série de vers qui, à l'intérieur des sources – et probablement aussi dans les textes à la disposition des auteurs anciens qui les citent – figuraient dans le même contexte. Restent toutefois une majorité de fragments dont on ignore le contexte et qui pourraient provenir de n'importe quel poème hexamétrique d'Empédocle[9]. Les chercheurs attribuent d'ordinaire à l'un ou l'autre des deux poèmes attestés tous les fragments qui sont à leur disposition. La discussion tourne alors principalement autour de deux thèses : certains avancent l'hypothèse selon laquelle une partie des fragments du corpus appartiendraient au *Περὶ Φύσεως* et le reste aux *Καθαρμοί*. D'autres défendent au contraire l'idée que les vers subsistants proviennent d'un poème unique. En dehors des titres, la discussion se fonde sur deux autres critères : le contenu dont traitent les vers et la diversité des allocutés-énonciataires auxquels sont adressées les paroles.

L'hypothèse selon laquelle les fragments proviendraient de deux poèmes distincts s'est notamment imposée par l'édition des présocratiques de H. Diels et W. Kranz, et prédomine dans les études jusqu'aux années quatre-vingts environ. La distinction est fondée sur une divergence du contenu – physique d'un côté et religieux de l'autre. On attribuait au poète une évolution personnelle : ou bien, déçu par la magie, il se serait tourné vers les sciences physiques, ou bien, converti à la métaphysique, il aurait perdu son intérêt pour la recherche scientifique[10]. Il y a en même temps eu des savants – tels W. Nestle et F. M. Cornford – qui ont, dès le début du siècle passé, cherché à saisir les liens d'une compatibilité entre les fragments consacrés à ces deux domaines qui sembleraient de prime abord être distincts[11].

8. Le témoignage principal à ce propos est D. L. 8.54–77 (A 1 DK 1951). A part les *Καθαρμοί* et le *Περὶ Φύσεως*, ce dernier attribue encore à Empédocle une œuvre médicale *(Ἰατρικὸς λόγος)*, une œuvre politique *(Πολιτικοὶ λόγοι)*, une œuvre rhétorique *(Ῥητορική)*, une œuvre sur l'histoire perse (*Περσικά* ou *Ξέρξου διάβασις*), des tragédies, un *Hymne à Apollon (Προοίμιον ἐς Ἀπόλλωνα)* ainsi que des épigrammes. Pour un commentaire plus détaillé de ce catalogue, cf. Wright 1981, 17–21. Au sujet du *Ἰατρικὸς λόγος*, cf. Vegetti 1998.

9. Cette réflexion a été conduite notamment par Solmsen (1980) qui attribue quatre fragments (B 131–134 DK) à l'*Hymne à Apollon* et par Sider (1982) qui défend l'appartenance du fragment B 134 aux *Περσικά*.

10. La première hypothèse est soutenue par Bidez (1894, 160–174) ; la seconde est proposée par Diels (1898) et reprise par von Wilamowitz-Möllendorff (1929, 508–510).

11. Cf. Nestle 1906 ; Cornford 1912, 224 et 240–242. Il est sans doute juste que l'idée d'une opposition entre cosmologie et religion reflète davantage l'esprit du xix^e^ siècle que celui de la Grèce archaïque, comme le suggèrent Guthrie (1965, 125) et Kahn (1971, 7).

En dehors des titres anciens et du double contenu, H. Diels soutient l'existence de deux poèmes distincts par l'hypothèse que le *Περὶ Φύσεως* serait destiné à un seul élève, Pausanias, tandis que les *Catharmes* s'adresseraient à un public multiple, les amis d'Empédocle, des habitants d'Agrigente. Ce critère de la diversité des allocutés est repris par des éditeurs ultérieurs qui y voient tantôt le reflet de différentes occasions de communication, tantôt celui de deux genres littéraires distincts[12]. Les défenseurs de la thèse du poème unique n'ont cependant pas manqué de mettre en question la pertinence de cet argument. Ainsi N. Van der Ben propose-t-il en 1975 l'édition d'un «*Proem of Empedocles Peri Physios*» dans lequel figurent, en plus des passages physiques, une majorité des vers attribués jusqu'alors aux *Catharmes*[13]. Tout en soutenant la distinction de deux poèmes, l'auteur réunit autrement dit en une seule œuvre des vers adressés à Pausanias et aux «amis d'Agrigente»[14], amorçant en quelque sorte par là l'abandon définitif de la distinction entre les deux poèmes.

C'est C. Osborne qui, en 1987, avance la thèse que tous les fragments proviennent d'un poème unique et propose d'interpréter *Περὶ Φύσεως* et *Καθαρμοί* comme deux titres désignant un seul et même poème. Quant aux adresses multiples, cet auteur refuse, à la suite de N. Van der Ben, l'argument qu'elles forment un critère valable pour fonder l'opposition entre deux poèmes distincts[15]. La thèse de C. Osborne, bien qu'elle n'ait pas été suivie dans tous ses détails par tous les chercheurs, a fortement influencé les études du texte d'Empédocle publiées par la suite[16].

12. La première thèse est défendue par Zuntz (1971, 184), la seconde par Gallavotti (1975, xvi–xxv).

13. L'auteur fonde sa thèse sur un passage de Tzetzès qui attribue le fragment B 134 à un livre III du *Περὶ Φύσεως*. Il situe dans le même contexte le fragment B 115, ce qui l'amène à déplacer également, à cause des adresses au pluriel, vingt-neuf autres fragments qui, d'après l'édition de DK 1951, appartiendraient aux *Catharmes*.

14. Le choix se justifie par rapport aux *Travaux* d'Hésiode où le *je* s'adresse tantôt au *tu*/Persès, tantôt aux rois. Sur ce sujet récurant dans toute la poésie grecque archaïque, cf. Calame 2000a, 34–36. Au sujet du texte d'Empédocle en particulier, cf. Obbink 1993, 64 *sq.*

15. Cf. Osborne 1987a et b. L'auteur propose d'établir la cohérence de tous les passages en identifiant les amis énonciataires des *Catharmes* avec les ignorants qui, dans le poème *Sur la nature*, sont présentés comme des contre-exemples à Pausanias. Kahn (1971, 16) relève pour sa part, sans adhérer à la thèse de l'œuvre unique, que c'est la même importance qui revient, dans tous les fragments, au conflit entre Amour et Haine.

16. A noter surtout Inwood (1992), qui présente dans son édition tous les fragments comme provenant d'un seul poème. Sedley (1998, 2–8) défend néanmoins la thèse des deux œuvres. Il s'appuie à la fois sur le critère des titres et sur la nature discursive des textes. Mais c'est surtout sur la base d'une comparaison avec l'œuvre de Lucrèce qu'il propose de percevoir le *Περὶ Φύσεως*

En résumé, il apparaît que les trois critères distingués plus haut – les titres, le contenu et les adresses – ont été intégrés dans l'argumentation des deux thèses opposées :

| | DEUX POÈMES DISTINCTS | UN POÈME UNIQUE |
|---|---|---|
| TITRES | deux titres désignant deux poèmes | deux titres désignant un même poème |
| CONTENU | hétérogène → deux poèmes | hétérogène mais compatible |
| ALLOCUTÉS | multiples → deux poèmes | multiples à l'intérieur d'un même poème |

Malgré son aspect aporétique, le débat autour de cette question se poursuit. Le commentaire qui accompagne l'édition du *Papyrus de Strasbourg* en est d'ailleurs fortement empreint, dans la mesure où les auteurs présentent les nouveaux documents comme un témoignage d'une « interpénétration » des approches physique et démonologique (p. 90). Si cette observation confirme sans doute l'hypothèse d'une grande compatibilité entre tous les énoncés d'Empédocle quant à leur contenu, rien ne prouve toutefois que le contenu forme le critère déterminant en ce qui concerne l'éventuelle distinction entre plusieurs œuvres[17]. D. Sedley s'est appuyé sur cet argument pour proposer de redéfinir deux œuvres distinctes sur fond de leur nature discursive : les *Catharmes* seraient un ensemble de prescriptions rituelles alors que le *Περὶ Φύσεως* serait un récit narratif. D'après ce critère, l'évocation des démons ne serait pas réservée aux *Purifications*, comme il est traditionnellement admis, mais figurerait dans les deux poèmes. Alors que le *je*-énonciateur se présenterait dans le poème physique comme un démon déchu, il apparaîtrait cependant dans les *Purifications* comme un démon devenu dieu. Quelle que soit la pertinence de cette redéfinition des deux œuvres aujourd'hui perdues, il ne fait aucun doute que D. Sedley a réussi à donner une nouvelle orientation à une discussion devenue stérile. Pour ma part, je retiens pour le moment que tous les fragments sont compatibles du point de vue du contenu, sans pour autant exclure que les deux titres transmis par la tradition se réfèrent à deux enseignements distincts.

Le fait que le *je*-énonciateur présente le système cosmique d'un point de vue partial permet en outre de préciser le statut du poème en communication. J'ai montré que l'enseignant énonciateur affiche son affinité pour Philotês et suggère

comme un récit consacré à l'exposition de la doctrine cosmologique, tandis que les *Καθαρμοί* correspondraient à un recueil d'avertissements rituels.

17. Je me réfère à SEDLEY 1998.

à l'élève-énonciataire d'adopter une même attitude face au système cosmique dont il fait partie. Pour effectuer ce rapprochement de la force cosmique créatrice, le texte indique un seul et même cheminement pour le *je*-enseignant et pour le *tu*-élève : l'acte de la communication poétique en cours. Le *je* s'assimile à Philotês dans son rôle de créateur énonciateur, alors que le *tu*-élève s'en approche quand il se conforme aux directives de réception énoncées dans le texte. Ce lien direct entre l'acte de la communication des vers et le statut cosmologique des personnes qui y participent se trouve d'ailleurs explicitement confirmé au fragment d du *Papyrus de Strasbourg*. Dans ces vers, le *je* encourage son interlocuteur, je le rappelle, à reprendre en sa compagnie l'enseignement poétique. Il échappera ainsi à l'influence de la Haine cosmique[18].

Le même raisonnement trouve une expression plus discrète dans l'agencement discursif du texte. Le récit évoque volontiers de manière alternée, comme on l'a vu à la section précédente, les deux situations cosmiques opposées. C'est ce rythme alternant qui souligne l'analogie entre récit et cosmos. Or, il arrive qu'une remarque concernant l'acte de l'enseignement en cours s'insère dans ce rythme alternant et y figure à la place d'une description du monde placé sous l'égide de l'Amour, ou plutôt en tant qu'illustration de ce même état cosmique. Voici le fragment B 110/699 :

B 110/699
**εἰ γάρ καί σφ' ἀδινῇσιν ὑπὸ πραπίδεσσιν ἐρείσας**
**εὐμενέως καθαρῇσιν ἐποπτεύεις μελέτῃσι,**
**ταῦτα δέ σοι μάλα πάντα δι' αἰῶνος παρέσονται·**
**ἄλλα τε πόλλ' ἀπὸ τῶνδε κτήσεαι· αὐτὰ γὰρ αὔξει**
**ταῦτ' εἰς ἦθος ἕκαστον, ὅπῃ φύσις ἐστὶν ἑκάστῳ.**
*εἰ δὲ σύ γ' ἀλλοίων ἐπορέξεαι, οἷα κατ' ἄνδρας*
*μυρία δειλὰ πέλονται ἅ τ' ἀμβλύνουσι μερίμνας,*
*ἦ σ' ἄφαρ ἐκλείψουσι περιπλομένοιο χρόνοιο*
*σφῶν αὐτῶν ποθέοντα φίλην ἐπὶ γένναν ἱκέσθαι·*
**πάντα γὰρ ἴσθι φρόνησιν ἔχειν καὶ νώματος αἶσαν.**

**« Si, prenant appui sur ton cœur robuste,**
**Tu les contemples encore avec ferveur, en de purs exercices,**
**Ils seront là, tous, présents à tes côtés, au long de ta vie**
**Et Ils t'en accorderont d'autres, sans nombre. Seuls, Ils font croître**
**Toute chose en sa nature, selon la force donnée à chacune.**
*Mais si tu convoites les choses toujours nouvelles qu'on voit parmi les hommes,*
*Les misères innombrables qui émoussent le souci,*
*Vite, Ils te quitteront au retour du temps,*

18. Cf. *supra*, chap. III, 1.2 à III, 3.

*Avides de rejoindre leur race aimée.*
**Sache que tous ont leur sens et leur part de pensée.** » [19]

L'ensemble du passage est directement adressé à l'allocuté-énonciataire. Les cinq premiers vers le décrivent – sous forme d'une hypothèse – dans une attitude conforme au principe cosmique Amour. S'enchaîne aux vers 6 à 9 – toujours sur un mode conditionnel – le récit de la situation inverse. C'est finalement au vers 10 qu'une instruction directement adressée à l'élève remplace en quelque sorte le retour à un autre récit qui le représenterait à nouveau dans la situation cosmique déterminée par Amour. Du moment que l'élève sait que, poussés par leur pensée, tous les éléments tendent à rejoindre les autres particules de leur race (cf. ἴσθι…, v. 10), il va en effet vouloir éviter ce processus en se conformant au principe de la force cosmique Amour. La situation hypothétique décrite aux vers 2 à 8 deviendra alors réalité [20].

Or, comme je l'ai fait remarquer plus haut, non seulement le principe cosmique Amour doit déterminer l'attitude de l'allocuté-énonciataire par le biais de l'apprentissage, mais le *je* se présente lui-même comme étant imprégné par cette force [21]. C'est pourquoi les remarques énonciatives concernant la personne de l'énonciateur peuvent équivaloir, à l'intérieur de la suite alternante des exposés, à des évocations de la situation cosmique marquée par la prédominance de l'Amour.

C'est en tout cas de cette manière que j'interprète les vers introductifs du fragment B 35/201 :

B 35/201

**αὐτὰρ ἐγὼ παλίνορσος ἐλεύσομαι ἐς πόρον ὕμνων**
**τὸν πρότερον κατέλεξα λόγῳ λόγον ἐξοχετεύων,**
**κεῖνον·** *ἐπεὶ Νεῖκος μὲν ἐνέρτατον ἵκετο βένθος*
*δίνης,* **ἐν δὲ μέσῃ Φιλότης στροφάλιγγι γένηται,**
**ἐν τῇ δὴ τάδε πάντα συνέρχεται ἓν μόνον εἶναι,**
**οὐκ ἄφαρ, ἀλλὰ θελημὰ συνιστάμεν' ἄλλοθεν ἄλλα.**
**τῶν δέ τε μισγομένων χεῖτ' ἔθνεα μυρία θνητῶν·**
. . . . . .
*ὅσσον δ' αἰὲν ὑπεκπροθέοι,* **τόσον αἰὲν ἐπῄει**

19. Pour la transmission et une première discussion du passage, cf. *supra*, chap. IV, 3.

20. Pour l'interprétation du vers 10 de ce passage, cf. BOLLACK 1969b, 584 *sq.* Il est par ailleurs remarquable que le texte représente l'acquisition même du savoir comme une période où l'allocuté-énonciataire ressent encore les peines liées à l'existence déterminée par la Haine. Le fragment B 114 est très explicite sur ce point : ce n'est qu'une fois qu'il dispose du savoir cosmologique enseigné que l'élève-énonciataire jouit des privilèges liés à une vie guidée par Amour.

21. Cette hypothèse repose notamment sur l'analyse de la métaphore du « char-poème » que le *je*-créateur conduit à l'exemple de la force cosmique Amour (cf. *supra,* chap. II, 1).

ἠπιόφρων Φιλότητος ἀμεμφέος ἄμβροτος ὁρμή·
αἶψα δὲ θνήτ' ἐφύοντο τὰ πρὶν μάθον ἀθάνατ' εἶναι,
ζωρά τε τὰ πρὶν ἄκρητα διαλλάξαντα κελεύθους·
τῶν δέ τε μισγομένων χεῖτ' ἔθνεα μυρία θνητῶν
παντοίαις ἰδέῃσιν ἀρηρότα, θαῦμα ἰδέσθαι.
...

« Pour moi, revenant sur mes pas, je prendrai la route des chants,
Celle que j'avais d'abord tracée, dérivant une parole d'une parole,
Celle-là même. *Quand Discorde atteignit tout en bas le fond*
*Du tournoiement*, Amour perce au centre du tourbillon ;
Là, tous Ils s'assemblent pour n'être plus qu'un seulement,
Sans brusquerie, de bonne grâce, Ils s'unissent, venus chacun d'un autre côté.
Et comme Ils se rencontraient, se répandaient les myriades de tribus [mortelles.
. . . . . . .
*A mesure qu'elle s'échappait*, partout la suivait,
Toute douceur, de l'irréprochable Amour l'immortel élan.
Aussitôt surgissait, mortel, ce qui d'abord avait appris l'immortalité,
Mêlé, ce qui d'abord était pur, échangeant leurs chemins.
Et comme Ils se mélangeaient, se répandaient les myriades de tribus [mortelles,
Ajustées à toute forme, merveille à voir.
... »[22]

L'ensemble du fragment expose quatre récits consacrés alternativement à des descriptions du monde déterminé soit par Amour soit par Haine. L'introduction dans laquelle le *je* se décrit lui-même dans son activité d'énonciateur précède cette suite de récits. La manière dont le locuteur-énonciateur est représenté le laisse cependant clairement apparaître comme étant influencé par Amour. D'une part, un renvoi étymologique entre παλίν**ορσος** (v. 1) et **ὁρμή** (v. 13) suggère qu'il suit dans son activité le même mouvement que Philotês lorsqu'elle accomplit son propre parcours. Il est d'autre part représenté comme une personne qui conduit une matière liquide (cf. ἐξοχετεύων, v. 2). Cette procédure rappelle l'engendrement des créatures mortelles mis en œuvre par le principe cosmique Amour (cf. χεῖτ', v. 7 et 18)[23]. Ainsi les paroles qui introduisent ce

22. Pour la transmission du fragment B 35/201, cf. *supra*, chap. IV, 2.1.

23. La communication poétique en cours est également rapprochée de l'écoulement d'un liquide dans l'invocation à l'inspiration qui ouvre le fragment B 3/14 (cf. ἐκ δ' ὁσίων στομάτων ὀχετεύσατε πηγήν, v. 2). Il s'agit là d'une métaphore poétique courante dans la poésie grecque archaïque, discutée par Nünlist (1998, 178–205). Dans le corpus d'Empédocle, l'écoulement d'un liquide est plus particulièrement associé à la croissance physique (cf. B 111/12, v. 8 ; B 21/63, v. 6 et B 65/647), ce qui souligne encore une fois l'aspect créateur de l'activité du poète-énonciateur.

fragment remplacent-elles, voire représentent-elles un récit consacré au monde déterminé par Philotês. Elles ajoutent alors par là un élément préalable à la chaîne formée par la succession alternée des tableaux consacrés au monde dans ses deux états opposés [24].

Tous ces passages témoignent d'une volonté de représenter l'acte poétique en cours comme un événement qui rapproche d'un contexte de vie plus favorable déterminé par Amour tous ceux qui y participent. Cette conclusion me ramène au problème de la reconstruction de l'œuvre perdue, une discussion laissée en suspens quelques pages plus haut. Elle ajoute en effet un argument supplémentaire contre l'hypothèse d'un récit qui se conclurait sur une prise de pouvoir définitive par la Haine. Cette idée, chère aux défenseurs du double cycle cosmique, priverait en effet de signification tous les traits discursifs apparemment destinés à renforcer la puissance de l'Amour cosmique. Selon mon point de vue, le récit perdu devait cependant être consacré essentiellement à l'état cosmique présent, permettant ainsi à l'élève-énonciataire de s'approcher par son attitude du principe cosmique Amour. C'est en effet cet élément qui est à mon avis la fonction centrale de l'enseignement.

Cette évaluation cosmologique de l'acte de la communication des vers détermine également ma conception des démons. L'identité et le statut des sujets ainsi désignés font l'objet de plusieurs hypothèses que j'ai discutées plus haut [25]. En B 115, le *je*-énonciateur se compte lui-même parmi des démons, des sujets malheureux qui, s'étant conformés au principe de la Haine, sont condamnés à errer malheureux et exclus de la compagnie des dieux pour plusieurs vies mortelles [26]. Or, d'après le résultat de mon analyse, cette image doit être rapprochée d'autres passages où le *je*-énonciateur se représente comme un simple mortel. Par le biais de ces récits le texte souligne, je le rappelle, que la communication de la doctrine enseignée permet à l'élève-énonciataire de se libérer du pouvoir maléfique de la Haine. Je pense donc que l'exposé du fragment B 115, étant inscrit dans la suite des récits consacrés alternativement aux deux états cosmiques opposés, devait

24. La même auto-évaluation cosmologique explique, d'après ce que je suppose, les énoncés où le locuteur-énonciateur se représente comme un dieu. Supérieur aux hommes souffrants qui, d'après les récits, vivent clairement sous le règne de la Haine, il leur semble divin, puisqu'il a su entrer sous l'influence de la force cosmique inverse. Les fragments B 112 et B 113 sont à ce sujet explicites. Il y a cependant aussi des passages où, s'associant aux ignorants qui subissent les souffrances du régime de la Haine, le locuteur-énonciateur se représente lui-même dans cette condition cosmique défavorable. C'est le cas notamment des fragments B 115, B 118, B 120 et peut-être du début de *PStrasb.* fr. d.

25. Cf. *supra*, chap. III, 1.2.

26. Le passage est cité et discuté *supra*, chap. V, 2.3.

se situer entre deux évocations du monde déterminé par Amour[27]. Il pourrait ainsi servir de prélude à l'une de ces remarques qui affirment l'effet guérisseur de l'événement poétique apte à éloigner aussi bien le *je*-énonciateur que son public mortel des circonstances décrites en B 115, pour les rapprocher du bonheur d'une vie déterminée par Amour, un état proche de celui dont jouissent les dieux[28].

Pour illustrer une dernière fois ces diverses hypothèses, je propose maintenant un survol du plus long passage du corpus, le fragment B 17/31, suivi du fragment a du *Papyrus de Strasbourg*[29].

## 2. Les structures constitutives de l'argumentation

Voici les soixante-huit vers successifs résultant de la jonction du fragment B 17/31, et des fragments a(i) et a(ii) du *Papyrus de Strasbourg*[30] :

B 17/31 et *PStrasb.* fr. a :

δίπλ' ἐρέω· **τοτὲ μὲν γὰρ ἓν ηὐξήθη μόνον εἶναι**
**ἐκ πλεόνων,** *τοτὲ δ' αὖ διέφυ πλέον' ἐξ ἑνὸς εἶναι·*
**δοιὴ δὲ θνητῶν γένεσις,** *δοιὴ δ' ἀπόλειψις·*
**τὴν μὲν γὰρ πάντων σύνοδος τίκτει τ' ὀλέκει τε,**
*ἡ δὲ πάλιν διαφυομένων δρυφθεῖσ' ἀποδρύπτει*
καὶ ταῦτ' ἀλλάσσοντα διαμπερὲς οὐδαμὰ λήγει,
**ἄλλοτε μὲν Φιλότητι συνερχόμεν' εἰς ἓν ἅπαντα,**
*ἄλλοτε δ' αὖ δίχ' ἕκαστα φορεύμενα Νείκεος ἔχθει.*
*ᾗ δὲ πάλιν διαφύντος ἑνὸς πλέον' ἐκτελέθουσι,*
τῇ μὲν **γίγνονταί** *τε καὶ οὔ σφισιν ἔμπεδος αἰών.*
ᾗ δὲ διαλλάσσοντα διαμπερὲς οὐδαμὰ λήγει,
ταύτῃ δ' αἰὲν ἔασιν ἀκίνητοι κατὰ κύκλον.
ἀλλ' ἄγε μύθων κλῦθι· μάθη γάρ τοι φρένας αὔξει.

27. Une trace d'un tel récit se trouve probablement au début du fragment B 115, v. 3, sous forme de l'adjectif φίλα.

28. On aurait alors une argumentation similaire à celle de *PStrasb.* fr. d, v. 4–10, discutée *supra*, chap. III, 1.2 et III, 3. Avec cette interprétation, je rejoins l'opinion d'Osborne (2000, 344 *sq.*), qui identifie les démons avec les éléments qui, tantôt isolés, tantôt réunis sous forme d'une créature, subissent la détermination des deux forces cosmiques opposées.

29. Dans le cadre de cette étude, il est impossible d'aborder les questions liées à l'état fragmentaire du papyrus ; c'est pourquoi je me réfère au texte en ne retenant qu'un nombre restreint de restitutions proposées par les éditeurs.

30. J'ai noté en **gras** les énoncés qui se réfèrent à une situation déterminée par l'Amour et en *italique* ceux qui se réfèrent à une situation déterminée par la Haine. Les paroles répétées à l'intérieur du fragment sont soulignées en pointillé et les énoncés à référence énonciative sont soulignés en ondulé.

ὡς γὰρ καὶ πρὶν ἔειπα πιφαύσκων πείρατα μύθων
δίπλ' ἐρέω. **τοτὲ μὲν γὰρ ἓν ηὐξήθη μόνον εἶναι**
**ἐκ πλεόνων**, *τοτὲ δ' αὖ διέφυ πλέον' ἐξ ἑνὸς εἶναι*
Πῦρ καὶ Ὕδωρ καὶ Γαῖα καὶ Ἠέρος ἄπλετον ὕψος,
Νεῖκός τ' οὐλόμενον δίχα τῶν ἀτάλαντον ἁπάντῃ
**καὶ Φιλότης ἐν τοῖσιν ἴση μῆκός τε πλάτος τε.**
τὴν σὺν νόῳ δέρκευ μηδ' ὄμμασιν ἧσο τεθηπώς·
**ἥτις καὶ θνητοῖσι νομίζεται ἔμφυτος ἄρθροις,**
**τῇ τε φίλα φρονέουσι καὶ ἄρθμια ἔργα τελοῦσι**
**Γηθοσύνην καλέοντες ἐπώνυμον ἠδ' Ἀφροδίτην·**
**τὴν** *οὔ τις μετ' ὅσοισιν ἑλισσομένην δεδάηκε*
*θνητὸς ἀνήρ·* σὺ δ' ἄκουε λόγου στόλον οὐκ ἀπατηλόν.
ταῦτα γὰρ ἶσά τε πάντα καὶ ἥλικα γένναν ἔασι,
τιμῆς δ' ἄλλης ἄλλο μέδει, πάρα δ' ἦθος ἑκάστῳ,
ἐν δὲ μέρει κρατέουσι περιπλομένοιο χρόνοιο
καὶ πρὸς τοῖς οὔτ' ἄρ τι **ἐπιγίγνεται** οὐδ' *ἀπολήγει·*
εἴ τε γὰρ *ἐφθείροντο* διαμπερές, οὐκέτ' ἂν ἦσαν·
τοῦτο δ' **ἐπαυξήσειε** τὸ πᾶν τί κε καὶ πόθεν ἐλθόν;
πῇ δέ κε κὴρ' *ἀπόλοιτο*, ἐπεὶ τῶνδ' οὐδὲν ἐρῆμον;
ἀλλ' αὔτ' ἔστιν ταῦτα, δι' ἀλλήλων δὲ θέοντα
**γίγνεται ἄλλοτε ἄλλα** καὶ ἠνεκὲς αἰὲν ὁμοῖα.
[—⏕—⏕—⏑ συνερχό]μεθ' εἰς ἕνα κόσμον,
[—⏕—⏕—⏕— *πλέ]ον' ἐξ ἑνὸς εἶναι,*
[—⏕—⏕—⏕— ὅ]σα τ' ἔσσετ' ὀπ̣ίσσω·
[—⏕—⏕—⏕—⏕] **ἠδὲ γυναῖκες**
**[θ]ηρές τ' οἰωνο̣ί̣ [⏕] ὑ̣δατοθρ̣[έμμονες ——]**
**[κ]αί τε θεοὶ δολιχα[ίων]ες τιμῆσ[ι ⏑——]**
*[Ἔ]ν τῆι δ' ἀΐσσοντα [διαμπ]ε̣ρ̣ὲς οὐδ*[⏕——]
*[π]υ̣κνῆισιν δίνηισ̣[ιν* ⏑—⏕—⏕] τ̣[—×]
*[ν]ω̣λ̣εμές, οὐδέ πο[τ'* —⏕—⏕—⏕—×]
[—] οἱ δ' αἰῶνες π̣ρότερ[οι ⏕—⏕—×]
[—] τ̣ούτων μετ̣αβῆνα̣[ι ⏑—⏕—⏕—×]
*[πά]ντηι δ' ἀΐσσο̣ντα̣* [διαμπ]ερὲς οὐδ[αμὰ ——]
[—] *τε γὰρ̣ ἠέλιος* τ[⏕]̣ν̣[—⏕—⏕—×]
[—] *μὴ τῆιδε γέμο̣υ̣*[⏕—⏕—⏕—×]
[—] *τε τι τῶν ἄλλων̣* [⏕—⏕—⏕—×]
[—]*λ̣ὰ̣ μεταλλάσσον̣*[⏕]*ε̣ι̣ κύκλωι̣* [⏑——]
[—⏑] *τε μὲν γὰρ̣ γαι*[⏑] *α̣τη θέει ἠέλ̣[ιο* —]
[—⏑] *τ' ὅσην δὴ κα[ὶ ν]υν ἐπ' ἀνδρ̣άσι τ* [—⏕——]
[—⏑]ο̣ὕτως τάδ[ε π]άντα δι' ἀλλήλων [—⏕——]
[—⏑] *υς τ[ε] ἄλλ*[⏕—]*ε̣ τ̣όπους πλαγ*[—⏕——]
[—⏕—] **μ̣ε̣σάτους τ̣'** [⏕]ρ̣χόμεθ' ἓν μ̣[⏕——]
[—⏑]ε̣ *δὴ Νεῖκος* [⏑ *ὑ]περ̣βατὰ βέντ[εα* ——]
*δ[ίνη]ς*, **ἐν δὲ μέσ̣[ηι] Φ[ιλ]ότης στρο̣φά̣**[—⏕——]
**ἐν [τῆι] δὴ τάδε πάν̣τα συνέρχεται ἓν** [⏕——]
[—]**δ̣ε δ'** ὅπως μὴ μοῦνον ἀν' οὔατα [—⏕——]

[—◡] μευ ἀμφὶς ἐόντα κλύων [ν]ημερτ[⏓——]
[δεί]ξω σοι **καὶ ἀν' ὅσσ(ε) ἵνα μείζονι σώμ[⏓——]**
**[π]ρῶτον μὲν ξύνοδόν τε διάπτυξίν τ[⏓——]**
**ὁσ[σ]α τε νῦν ἔτι λοιπὰ πέλει τούτοιο τ[◡——]**
**τοῦτο μὲν [—] θηρῶν ὀριπλάγκτων ἀγ[⏓——]**
**τοῦτο δ' ἀν' ἀ[⏓]πων δίδυμον φύμα [—⏓——]**
**ῥιζοφόρων γέννημα καὶ ἀμπελοβάμ[⏓——]**
ἐκ τῶν ἀψευδῆ κόμισαι φρενὶ δείγματα μ[——]
ὄψει γὰρ ξύνοδόν τε διάπτυξίν τε γενέθλη[ς].

« Double ce que je vais dire : **tantôt l'un croît pour seul être,**
**De plusieurs qu'il était,** *tantôt il se sépare et devient pluriel, d'un qu'il fut.*
**Double la naissance des choses mortelles,** *double leur dépérissement.*
**L'une, la rencontre de tous l'enfante et l'emporte à la fois,**
*L'autre, dispersant, se disperse, quand Ils se séparent à nouveau.*
Et jamais Ils ne cessent d'échanger leurs chemins ;
**Tantôt, par Amour, se rencontrant tous dans l'un,**
*Tantôt emportés chacun au loin par la haine de Discorde* ;
*Et quand l'un se sépare encore, le multiple s'accomplit.*
C'est comme cela qu'Ils **deviennent**, et *la vie ne leur est pas donnée pour toujours* ;
Mais pour autant que jamais Ils ne cessent d'échanger leurs chemins
Ils sont toujours, immobiles, dans le cercle.
Mais allons, écoute ce récit : d'écouter, plus riche deviendra ta pensée.
Je te l'ai dit, quand j'éclairais les frontières de mon récit :
Double ce que je vais dire : **tantôt l'un croît pour seul être**
**De plusieurs qu'il était,** *tantôt il se sépare et devient pluriel, d'un qu'il fut,*
Feu, Eau et Terre, et les cimes de l'Air, immenses,
*Et la funeste Haine, séparée d'Eux, les vaut bien partout,*
**Et l'Amitié, qui est en Eux, leur est égale en longueur et en largeur.**
Elle, regarde-la avec ta pensée, ne reste pas là, les yeux éblouis,
**Elle qu'honorent les hommes, plantée dans leurs jointures ;**
**Par elle, ils méditent l'amour, ils accomplissent les œuvres qui joignent,**
**L'appelant de son nom de Gêthosyne et d'Aphrodite.**
*Personne ne l'a reconnue, comme elle tournoie dans les yeux,*
*Pas un mortel* ; mais toi écoute l'équipée de ces paroles sûres.
Tous, Ils sont égaux et de même noblesse ;
Chacun règne avec d'autres honneurs, à chacun sa nature ;
Mais Ils dominent tour à tour dans les cercles du temps,
Rien ne **s'ajoute** à Eux, rien ne leur *fait défaut.*
S'Ils *périssaient* sans fin, Ils ne seraient plus.
Ce tout, qu'est-ce qui viendrait **l'accroître** ? Surgissant d'où ?
Le moyen qu'il *meure* ? Ils sont partout.
Ils sont, toujours mêmes, et courant au travers les uns des autres,
**Deviennent les choses diverses,** qui sont toujours pareilles.
[...] nous nous réunissons en un tout ordonné unique
[...] *que le multiple naît à partir de l'un*

[…] tout ce qui sera ensuite
[…] **et les femmes**
**Les bêtes et les oiseaux** […] **que nourrit l'eau**
**Et les dieux longévifs, les premiers par le rang**
*Sous le pouvoir de celle-ci, Ils jaillissent perpétuellement et ne* […]
*Dans des tournoiements serrés* […]
*Sans interruption jamais* […]
[…] *des vies précédentes* […]
[…] *de ceux-ci changer* […]
*Jaillissant partout perpétuellement Ils ne cessent jamais*
[…] *car le soleil* […]
[…] *ne pas être chargé* […]
[…] *et quelque chose des autres*
[…] *changeant* […] *dans le cercle* […]
[…] *car la terre* […] *court* […] *soleil*
[…] *autant que maintenant parmi les hommes* […]
[…] *tous ceux-ci, les uns à travers les autres* […]
[…] *chassé dans des lieux* […]
[…] **du milieu** […] nous nous réunissons en un
[…] *la Haine les profondeurs les plus extrêmes* […]
*Du tournoiement,* **mais au milieu** […] Amour […] **tourbillon**
**Sous son pouvoir tout se réunit en un**
[…] afin que non seulement par les oreilles
[…] en m'écoutant […] **ce qui est autour** […] **vrai**
Je vais montrer pour toi aussi par les yeux […] **afin que** […] **meilleur**
**Mais d'abord réunion et déploiement**
**Autant que maintenant encore Ils restent, de cet** […]
**(Ceci) d'une part** […] **des bêtes qui errent dans les montagnes**
**(Ceci) d'autre part dans la race double** […]
**Le fruit des** […] **qui portent des racines et** […] **de vignes** […]
**De ceux-ci,** acquiers pour ta pensée des preuves sans faute […]
Car tu verras la réunion et le déploiement de la race. »[31]

Grâce à sa longueur, ce passage permet de reconnaître les différentes structures qui traversent et caractérisent la suite de l'exposé. Une première répartition résulte de l'alternance entre les énoncés théoriques et les illustrations. Le texte expose quatre fois, en les résumant en un seul distique, un principe théorique de base (th) qui est ensuite suivi d'un commentaire illustrant ce même savoir

31. Les vers 1–34 correspondent au fragment B 17/31 que je cite d'après l'édition de Bollack (1969a). Pour la transmission de ces vers, cf. *supra*, chap. I, 2.1. Pour le texte transmis sur le *Papyrus de Strasbourg*, je me réfère à l'édition de Martin/Primavesi (1999), tout en suivant la démarche décrite *supra*, chap. II, 1.1. Les vers 35–68 correspondent à *PStrasb.* fr. a(i), v. 6–9, et fr. a(ii), v. 1–30.

cosmologique sous différents points de vue (I–IV). Représentée d'une manière schématique, cette structure se résume comme suit :

| | | |
|---|---|---|
| **th 1** | (v. 1 *sq.*) | mouvement cosmique/alternance un-multiple |
| I | (v. 3–14) | explication de **th 1** : |
| | | – mouvement cosmique/vie mortelle |
| | | – temps cosmique/temps de la vie mortelle |
| **th 1'** | (v. 15 *sq.*) | mouvement cosmique/alternance un-multiple |
| II | (v. 17–34) | explication de **th 1'** : |
| | | – nature des six entités constitutives du cosmos |
| | | – organisation interne du système cosmique |
| **th 2** | (v. 35 *sq.*) | mouvement de *nous*/alternance un-multiple |
| III | (v. 37–54) | explication de **th 2** : |
| | | – dimension temporelle du système cosmique |
| | | – brève description du monde déterminé par Amour |
| | | – longue description du monde déterminé par Haine |
| **th 3** | (v. 55 *sq.*) | mouvement de *nous*/alternance un-multiple |
| IV | (v. 57–68) | (début d' ?) explication de **th 3** : |
| | | – longue description du monde déterminé par Amour |

En dehors de cette succession entre énoncés théoriques et illustrations, se trouvent également des reprises (soulignées en pointillé), souvent circulaires, qui délimitent des unités textuelles et des étapes argumentatives d'une plus ou moins grande indépendance. Il me paraît à cet égard significatif que la fin du texte de B 17/31, telle qu'elle est transmise par Simplicius, coïncide avec la fin d'une étape argumentative soulignée par la fermeture d'une structure annulaire. J'en déduis que les unités textuelles, telles qu'elles sont citées par les doxographes, correspondent souvent à des unités argumentatives dont l'indépendance relative se prête à la citation[32].

Une autre structure alternante plus ou moins continue apparaît au niveau des récits qui sont consacrés aux états cosmiques déterminés par les deux forces opposées, Amour (**gras**) et Haine *(italique).*

Toutes ces structures rythment ainsi la suite d'un exposé consacré à la disposition cosmique présente, où Amour et Haine sont équivalentes en force, ce qui assure une succession régulière des réunions et des dispersions élémentaires. Il me paraît probable que le reste du récit aujourd'hui perdu traitait de cette même disposition cosmique, à propos de laquelle le texte nous dit qu'elle est

32. Cf. à ce propos la remarque de Most (1999, 350) : « *These philosophers devoted greater care to individual formulations than to large-scale organizational structures. For in any case their particular utterances are carefully crafted and memorably phrased.* »

indispensable autant à la perception qu'à la réflexion[33]. Or, si le texte évoque par moment des états cosmiques antérieurs, ceux-ci ont de l'intérêt non pas pour eux-mêmes, mais en vue de l'état actuel du monde dont ils expliquent la mise en place et justifient le caractère durable[34]. Cette observation trouve une confirmation dans le distique initial du fragment B 38/320 :

B 38/320
1 εἰ δ' ἄγε τοι λέξω πρῶθ' ἥλιον †ἀρχήν†
2 **ἐξ ὧν δὴ ἐγένοντο** τὰ νῦν ἐσορώμενα **πάντα**
…

1 « Viens, je te dirai d'abord, (posant ?) Soleil au commencement,
2 **De quoi naquit toute chose que** nous voyons maintenant,
… »[35]

qui évoque, au niveau d'une évolution cosmogonique, le soleil comme l'entité primordiale. Cette ancienneté du soleil est cependant immédiatement mise en rapport avec l'état actuel du monde qui est clairement évoqué par la référence énonciative « que nous voyons maintenant » (τὰ νῦν ἐσορώμενα, v. 2). Or, si l'argumentation semble en quelque sorte faire défaut au niveau de l'évolution du récit, elle est focalisée sur les marques énonciatives. Ces références relient régulièrement, on l'a vu, l'exposé cosmologique au *hic et nunc* et intègrent ainsi la situation de communication en cours dans l'argumentation cosmologique. Tous ces renvois, qu'il s'agisse de directives de réception directement adressées à l'élève-énonciataire ou d'évocations d'un élément constitutif de la situation de communication poétique, devaient donc conduire le public à prendre une attitude de réception textuelle et cosmique conforme au principe Amour. Aux vers 1, 14 et 15, le *je*-énonciateur fait référence à sa propre activité dont la double structure évoque l'analogie avec le déroulement de la vie cosmique entière. Par ce biais, l'enseignant-énonciateur se présente lui-même comme le créateur d'un microcosme textuel, soit pour ainsi dire comme l'épigone de Philotês, la créatrice divine. Les vers 13, 21, 25 et 59–61 renvoient quant à eux à la démarche de réception conforme au principe cosmique Amour, une attitude qui, je le répète, sollicite tous les sens et l'activité d'un esprit prêt à évaluer la signification cosmologique des impressions perçues. Aux vers 35 et 55, il y a référence à la fois

33. Cette règle cosmique est affirmée au fragment B 107/532, qui est discuté *supra*, chap. II, 1.2.

34. En ce qui concerne l'affirmation que la situation cosmique présente est destinée à perdurer, cf. fr. B 21/63, v. 9 ; B 17/31, v. 28–37 et B 16/118.

35. Pour la transmission du fragment B 38/320, cf. *supra*, chap. V, 3.1.

au *je*-énonciateur et à son allocuté-énonciataire. Ces *nous* sont décrits dans un mouvement conforme à la force d'Amour, une disposition cosmique inhérente à l'activité poétique en cours. Au vers 52 enfin, l'état cosmique inverse est évoqué, le texte disant que c'est la Haine qui règne actuellement parmi les hommes. Cette remarque qui, contrairement aux attentes, ne relie pas la situation présente à l'état cosmique favorable, s'explique dans les vers suivants où les participants à la communication en cours sont présentés comme se distinguant de ces mortels malheureux qui n'ont pas accès à l'enseignement de l'énonciateur.

Un apport important du *Papyrus de Strasbourg* réside ainsi, selon mon point de vue, dans le fait que pour la première fois nous avons maintenant accès à un passage suffisamment long pour que la nature discursive du texte devienne apparente. Le document confirme autrement dit l'hypothèse que la structure argumentative cumulative rend le texte conforme au rythme de la vie cosmique entière telle que la décrit la doctrine enseignée. L'analogie, qui transforme la réception des paroles poétiques en un acte qui est lui-même cosmologiquement significatif, accorde une importance première à l'acte de la communication des vers. C'est en effet à ce moment, mis en évidence par les nombreuses références énonciatives qui ancrent régulièrement le récit exposé dans le *hic et nunc*, que l'apprentissage se transforme pour l'élève-énonciateur en une première application du savoir communiqué. Or, si l'ensemble du texte d'Empédocle aujourd'hui perdu se conformait, comme je le pense, à cette structure argumentative cumulative, la recherche d'un ou de deux récits originaux deviendrait simplement futile. Peu importe en effet le déroulement particulier de ce ou de ces récits à reconstruire ; leur signification est toujours fondée sur les ancrages dans le *hic et nunc* qui, dans tous les vers qui nous sont parvenus, soulignent la signification cosmologique de la situation présente. Autrement dit, on a de bonnes raisons de croire qu'il en était de même avec tous les passages aujourd'hui perdus, quel que soit le déroulement exact de l'intrigue exposée. C'est donc pour toutes ces raisons qu'il convient d'étudier avant tout l'effet de la fréquente intégration du contexte extra-textuel dans l'exposé narratif, un mécanisme assuré par les références énonciatives[36].

L'importance qui revient aux circonstances de la communication des vers m'amène à la section finale de la présente étude. Elle sera consacrée à une série

36. Calame (1996d, 181 *sq.*) illustre cette démarche à propos de plusieurs récits des *Travaux* d'Hésiode.

de réflexions concernant le ou plutôt les contextes concrets qui auraient pu convenir à la performance des vers d'Empédocle.

## 3. Possibles contextes de communication des vers d'Empédocle

La dimension énonciative est constitutive de l'argumentation dans toute la poésie grecque archaïque[37]. Ce constat me ramène aux propos exposés en introduction, dans lesquels j'ai déjà soulevé l'importance de l'appartenance des vers d'Empédocle à la tradition des poèmes d'occasion. Or nous savons que les contextes rituels prévus pour la communication de cette poésie étaient relativement limités. On récitait des vers soit à l'occasion de fêtes publiques célébrées régulièrement en honneur d'un dieu ou d'un héros, soit à l'occasion de fêtes particulières privées, c'est-à-dire dans le cadre de banquets, de cultes funéraires ou d'interventions médicales[38].

Plusieurs de ces différents contextes imaginables pour la communication des vers d'Empédocle sont même attestés par les sources anciennes[39]. Ainsi, selon Diogène Laërce et Athénée, un certain Cléomène aurait récité les *Catharmes* à Olympie, c'est-à-dire dans le cadre de la plus importante fête panhellénique célébrée en honneur de Zeus[40].

Un autre contexte est évoqué par un passage des *Argonautiques* d'Apollonius de Rhodes[41], texte qui met les paroles d'Empédocle dans la bouche d'Orphée, qui les entonne pour apaiser une dispute. Chez Jamblique, la figure d'Empédocle apparaît dans des circonstances similaires[42]. Il est représenté dans le rôle

37. Je me réfère à Calame (2000a, 31 *sq.*) : « ... la poésie grecque, en particulier à l'époque "archaïque", se définit dans son essence comme une poésie de circonstance ; commandée pour une circonstance festive spécifique, chaque composition est destinée à un public précis. Et de cette destination l'énoncé poétique porte de nombreuses marques quand il ne coïncide pas lui-même avec la description et le récit de la mise en scène rituelle et sociale qui en justifie la production et qui sert de cadre à son exécution ! De là l'intérêt tout particulier de la perspective énonciative pour la compréhension d'une littérature qui, jusqu'à Hérodote en tout cas et en dépit de l'abandon progressif de la forme poétique au profit de la prose, est profondément dépendante des pratiques signifiantes qui entourent sa production. » Cf. aussi Ford 1997, 400 *sq.*

38. Pour un commentaire plus détaillé de l'éventail des différents contextes de la communication poétique en Grèce archaïque, cf. Calame 1996c.

39. Sur le fait que les sources anciennes confirment l'hypothèse d'une poésie destinée à la performance orale, cf. Herington 1985, 3 *sq.*

40. Cf. D. L. 8.63 et Ath. 14.620d, avec le commentaire de Nieddu (1984, 235).

41. Cf. A. R. 1.492–515, passage évoqué *supra*, chap. iv, 5.3.

42. Je me réfère à Iamb. *VP* 113, passage discuté *supra*, chap. iv, 5.3.

d'un « rhapsode-guérisseur » dont la récitation d'un passage (cette fois homérique) détourne un jeune homme d'une attaque de folie. Ces deux scènes, qui illustrent si bien l'effet envisagé par la poésie d'Empédocle – celui de libérer ses auditeurs d'un état cosmique déterminé par Neikos –, placent donc les paroles ou la personne d'Empédocle au centre d'un acte de guérison [43]. Ceci rejoint les hypothèses avancées par certains chercheurs qui rapprochent le poète d'Agrigente des médecins-guérisseurs ou des savants orphico-pythagoriciens [44].

Les circonstances archéologiques de la découverte du *Papyrus de Strasbourg* suggèrent à leur tour un autre contexte de performance, celui d'un culte funéraire. Comme le papyrus a été découpé et a servi à la fabrication d'un support de couronne funéraire, il pourrait en effet avoir été un « outil » que l'on donnait aux défunts en vue d'une suite heureuse de leur existence [45].

Plusieurs traits de la poésie d'Empédocle nous permettent d'imaginer un autre type encore de performance de ces vers : le cadre d'un banquet, que l'importance de la notion de Philotês à l'intérieur du récit exposé pourrait soulever. A cette thématique s'ajoutent les traces d'une intention de séduire de la part du locuteur-énonciateur : la situation d'enseignement mise en scène, de même que l'évocation explicite d'un allocuté par son nom propre. Tous ces traits rappellent les *Theognidées*, vers sans doute destinés à être communiqués dans le cadre du banquet [46].

43. Ces récits de guérison se réfèrent non seulement aux « Purifications », l'un des titres que la tradition a donné aux vers d'Empédocle, mais aussi au fragment B 3/14, où le *je* demande aux dieux de lui inspirer « une source de paroles pures » (καθαρὴν ὀχετεύσατε πηγήν, v. 2). Le fragment est cité et commenté *supra*, chap. II, 1.2.

44. La première thèse est avancée par VEGETTI (1998), la seconde par RIEDWEG (1995) et, pour une partie des fragments (pour les *Catharmes*), par SEDLEY (1998). CERRI (2000) rattache à son tour la communication des *Origines* à un rituel à mystères en honneur de Perséphone.

45. Vu les fréquentes références eschatologiques dans les vers écrits sur le papyrus, cette hypothèse défendue par MOST (1997, 130) me paraît très séduisante. Elle trouve en outre un appui dans le parallèle du *Papyrus de Derveni*, dont la combustion rituelle sur le bûcher du défunt témoigne également d'une destruction rituelle d'un texte dans le cadre funéraire. Cf. à ce propos CALAME 1995, 16.

46. Sur les traits séducteurs des vers d'Empédocle, cf. *supra*, chap. II, 4. Pour l'hypothèse que les *Travaux* d'Hésiode étaient destinés à être communiqués dans le cadre du banquet, cf. CALAME 1995, 19. Si la situation d'enseignement mise en scène dans les vers d'Empédocle convient particulièrement à une performance dans le cadre d'un symposium, elle serait significative dans les autres circonstances évoquées également, car toutes comportent une dimension didactique. Cf. à ce propos CALAME 2000b, 245.

Il apparaît aussi qu'en dehors des contextes de communication attestés par les sources anciennes, d'autres circonstances rituelles sont suggérées par le texte lui-même.

En plus de la structure cumulative de l'exposé, cette diversité de contextes de performance attestés par les anciens ou insinués par les paroles transmises me semble suggérer que le texte a été actualisé sous forme de plusieurs versions différentes. Plutôt que d'avancer des hypothèses supplémentaires concernant la reconstruction d'une ou de deux œuvres originales, versions que je ne nie pas avoir pu exister, je suggère pour ma part que, dans la pratique, ces textes ont existé sous forme d'un répertoire de vers à disposition des énonciateurs. Ceux-ci auraient alors, conformément à l'occasion et au contexte prévus pour leur performance, puisé dans ce répertoire et actualisé les passages adaptés à la situation présente. Dans le corpus qui nous est parvenu, il y a une série de vers, comme les fragments B 17/31 ou B 26/68, qui exposent les principes de base de la doctrine cosmologique, alors que d'autres se réfèrent à l'application de cette théorie dans toutes sortes de domaines de la vie : le fragment B 111/12 évoque par exemple la doctrine dans un contexte de guérison ; les fragments B 11/57, B 15/58, B 110/699, B 115 et d'autres encore font référence à la mort et à la possibilité d'accéder à une nouvelle vie. Avec ses nombreuses allusions à l'amour et à la séduction, ainsi que par la présence de la notion de mélange, les fragments B 21/63 et B 22/231 pourraient quant à eux évoquer le contexte d'un banquet.

Je postule donc que, selon le contexte prévu pour la communication, un énonciateur réunissait un nombre plus ou moins grand de vers consacrés d'une part à l'exposition des principes cosmologiques, et d'autre part à une illustration de cette même théorie, illustration qu'il choisissait selon le contexte particulier (funéraire, symposiaque etc.) de sa propre performance[47].

Cette conception très souple du texte permet de mieux expliquer l'existence des variantes textuelles : celles-ci devraient simplement être considérées comme des variantes d'une adaptation du texte au contexte particulier de sa communication. Le cas du *Papyrus de Strasbourg*, pour lequel ce phénomène a récemment

47. Avec cette interprétation, je rejoins l'opinion de Rossi qui démontre dans quelle mesure le modèle d'une œuvre « littéraire » à forme unique ne convient pas aux textes grecs archaïques en général (1994, 39). Trois ans plus tard, c'est à propos des *Travaux* d'Hésiode qu'il arrive à la conclusion suivante (1997, 11) : « *Ma invece di espungere e invece di riconoscere lo status di variante d'autore, la possibilità che resta, e che è in accordo con la natura della composizione e della pubblicazione dell'epica, è quella di riconoscere in sezioni ripettitive la natura di "sezione alternative", che potevano servire a diverse recitazioni in diverse occasioni.* »

suscité de vives discussions, illustre bien la situation. L'introduction d'un *nous* comme sujet d'un cheminement assigné ailleurs dans le corpus aux éléments pourrait en effet s'expliquer par le contexte funéraire auquel ces vers semblent avoir été destinés. Cette modification, qui par ailleurs ne trahit pas la doctrine – les éléments et les démons peuvent en effet accomplir des parcours analogues –, met en évidence l'aspect eschatologique du texte[48].

Pour ce qui est de la suite de l'histoire du texte, j'imagine qu'un certain nombre d'unités mises en scène avaient été fixées par écrit à divers stades, citées et recopiées, parfois pourvues ensuite de titres appropriés, soit au contexte de la performance, soit au contenu du texte[49]. Le *Papyrus de Strasbourg* serait alors le témoignage d'une telle copie particulière. Ainsi, il ne serait pas étonnant non plus de retrouver un même passage – selon le modèle de performance à l'origine du texte – tantôt sous le titre de *Περὶ Φύσεως*, tantôt sous celui de *Καθαρμοί*[50]. Ce modèle rapprocherait à nouveau, mais cette fois au niveau de l'histoire du texte, les vers d'Empédocle des *Théognidées*, où le grand nombre de passages similaires à l'intérieur du corpus pourrait être le reflet de différentes versions d'une même poésie qui, même si elle existait déjà dans des écrits, aurait évolué avec chaque nouvelle performance[51]. On peut aussi penser aux *Travaux* d'Hésiode, dont le texte qui nous est familier doit à son tour correspondre à l'une des nombreuses versions qui ont vu le jour, sans qu'il soit possible d'identifier aujourd'hui un « récit original » qui fasse sens[52].

48. Pour l'interprétation de la première personne du pluriel dans le *Papyrus de Strasbourg*, cf. *supra*, chap. III, 1.2. La conception très souple du texte d'Empédocle telle que je la propose pourrait également expliquer les importantes divergences que l'on observe au niveau des différentes sources d'un même passage, comme, par exemple, au fragment B 115 où les deux sources principales divergent en ce qui concerne le nombre et l'ordre des vers.

49. La définition des *Catharmes* comme *« set of purificatory pronouncements »*, proposée par SEDLEY (1989, 275) correspondrait à son tour à l'une des innombrables situations de communication possibles.

50. Sur la nature tardive du titre *Περὶ Φύσεως*, cf. HADOT 1990. Ce dernier démontre de surcroît, à la suite d'autres chercheurs, que le terme φύσις dans le contexte d'Empédocle, ne renvoie pas à « la nature », mais plutôt à un programme méthodologique qui consiste à étudier les phénomènes par rapport à leur genèse et à leur disparition, ainsi que les causes de ces processus.

51. Pour cette interprétation des *Théognidées*, cf. NAGY 1985, 47–50.

52. Cf. à ce propos LAMBERTON (1988, 36 et 145–158) et ROSSI (1997) qui explique cet état du texte hésiodique comme le témoignage d'un état de composition que le corpus homérique, tel qu'il est à notre disposition, a déjà modifié. Il me semble donc possible que le grand nombre d'énoncés directement adressés à l'allocuté-énonciataire – une structure discursive qui conduit à qualifier ces trois corpus de « poésie didactique » – est dû à l'état provisoire des vers qui nous sont parvenus.

Pour conclure, j'aimerais revenir sur l'aspect didactique des vers d'Empédocle. L'enseignement explicite et les nombreuses allusions à un élève-énonciataire font de l'œuvre du savant d'Agrigente l'un des premiers exemples de la poésie didactique en Grèce ancienne. L'hypothèse d'un répertoire de vers destinés à être communiqués dans différents contextes rituels ne s'oppose en rien à cette observation, car, au moment et dans le contexte d'une communication orale, toute poésie grecque ancienne semble s'inscrire dans un acte didactique. C'est ce qui ressort du rapprochement entre fiction, modelage et éducation qu'explicite Platon. Ce rapprochement montre en effet le lien étroit qui existait pour les Grecs entre activité poétique et éducation. Un autre reflet de cette conception d'une poésie naturellement éducative remonte à Aristote, qui perçoit dans sa *Poétique* le plaisir inhérent à la communication poétique comme l'un des moteurs de son effet didactique[53]. En admettant que toute poésie destinée à la performance orale avait dans l'imaginaire des anciens un caractère didactique, les vers d'Empédocle, tout comme ceux de Parménide ou les *Travaux* d'Hésiode, seraient simplement des textes particulièrement explicites relativement à cet aspect.

Un aperçu des métaphores de l'enseignement dans les textes anciens permet peut-être de se faire une idée du passage d'une poésie naturellement didactique à un genre littéraire didactique. Dans une étude consacrée aux métaphores de l'enseignement, I. Sluiter évoque les images de l'initiation, du chemin vers la connaissance, de la vision et de la guérison. Or, en tout cas deux de ces métaphores (initiation et guérison) rappellent les différents contextes extra-textuels relatifs à la communication des vers d'Empédocle. Les deux autres en revanche (la vision et le chemin vers la connaissance) figurent déjà dans le corpus du poète d'Agrigente en tant que métaphores de l'enseignement. Je suggère donc que, les siècles passant, au cours du passage progressif de la communication orale vers la réception-lecture, les références aux différents contextes rituels prévus comme cadre à la communication poétique sont devenues des métaphores. Celles-ci forment alors pour nous des traces d'anciennes références au contexte rituel et, dans le cas qui nous occupe, à la nature didactique de la communication première de ces poésies. D'après cette hypothèse, les vers d'Empédocle contiendraient donc une partie de références « réelles » à la nature didactique de la performance orale,

53. Sur le genre de la poésie didactique et sur son histoire, voir Glei 1999. Pour les attestations anciennes sur le lien entre poésie et enseignement, cf. Pl. *R.* 376 *sq.* et Arist. *Po.* 1448 b5–27 avec le commentaire de Calame (2000b, 39 *sq.*).

mais aussi une partie de références passées au niveau des métaphores, un état qui refléterait bien le statut intermédiaire de ces textes composés peu avant la mise en place d'une culture de lecture.

# BIBLIOGRAPHIE


## I. Editions des fragments d'Empédocle

Bollack, J. (1965) — *Empédocle*, I : *Introduction à l'ancienne physique*, Paris.
(1969a) — *Empédocle*, II : *Edition et traduction des fragments et des témoignages*, Paris.
(1969b) — *Empédocle*, III : *Les « Origines », commentaires 1 et 2*, Paris.
(2003) — *Empédocle, Les purifications : un projet de paix universelle*, Paris.

DK 1951 = Diels, H. et Kranz, W. (1951) — *Die Fragmente der Vorsokratiker*, Bd. I, Berlin.

Dumont, J.-P. (1988) — *Les écoles présocratiques*, Paris.

Gallavotti, C. (1975) — *Empedocle, poema fisico e lustrale*, Milano.

Inwood, B. (1992) — *The Poem of Empedocles*, a text and translation with an introduction by B. Inwood, Toronto/Buffalo/London.

Martin, A. et Primavesi, O. (1999) — *L'Empédocle de Strasbourg*, Strasbourg/Berlin/New York.

Van der Ben, N. (1975) — *The Proem of Empedocles' "Peri physios". Towards a New Edition of all the Fragments : Thirty-one Fragments*, Amsterdam.

Wright, M. R. (1981) — *Empedocles : The Extant Fragments*, edition with an introduction, commentary and concordance by M. R. Wright, New Haven/London.

## II. Editions des autres textes anciens cités avec traduction

Bérard, V. (éd.) (1924) — *Homère : L'Odyssée, « poésie homérique »*, texte établi et traduit par V. Bérard, Paris.

Brisson, L. et Segonds, A. Ph. (éd.) (1996) — *Jamblique : Vie de Pythagore*, introduction, traduction et notes par L. Brisson et A. Ph. Segonds, Paris.

Conche, M. (éd.) (1996) — *Parménide : Le Poème, fragments*, texte grec, traduction, présentation et commentaire par M. Conche, Paris.

Dupont-Roc, R. et Lallot, J. (éd.) (1980) — *Aristote : La poétique*, texte grec avec une traduction et des notes de lecture par R. Dupont-Roc et J. Lallot, Paris.

Humbert, J. (éd.) (1936) — *Homère : Hymnes*, texte établi et traduit par J. Humbert, Paris.

Irigoin, J. *et al.* (éd.) (1993) — *Bacchylide : Dithyrambes – Epinicies – Fragments*, texte établi par J. Irigoin et traduit par J. Duchemin et L. Bardollet, Paris.

Kassel, R. et Austin, C. (éd.) (1983) — *Poetae comici Graeci*, vol. IV, Berlin.

Louis, P. (éd.) (1982) — *Aristote : Météorologiques*, texte établi et traduit par P. Louis, Paris.

Mazon, P. (éd.) (1937) — *Homère : Iliade*, texte établi et traduit par P. Mazon, avec la collaboration de P. Chantraine, P. Collart et R. Langumier, Paris.

(1951) — *Hésiode: Théogonie – Les travaux et les jours – Le bouclier*, texte établi et traduit par P. Mazon, Paris.
Puech, A. (éd.) (1922) — *Pindare*, I: *Pythiques*, Paris.
(1923) — *Pindare*, III: *Néméennes*, Paris.
(1961) 3e éd. — *Pindare*, IV: *Isthmiques*, Paris (1923[1]).

## III. Dictionnaires/ouvrages généraux

Canto-Sperber, M. *et al.* (1997) — *Philosophie grecque*, Paris.
Chantraine, P. (1968–1980) — *Dictionnaire étymologique de la langue grecque: histoire des mots*, Paris.
Frisk, H. (1970) — *Griechisches etymologisches Wörterbuch*, Bd. II, Heidelberg.
(1972) — *Griechisches etymologisches Wörterbuch*, Bd. III, Heidelberg.
*LfgrE* 1955 = Snell, B. et Erbse, H. (1955) — *Lexikon des frühgriechischen Epos*, Göttingen.
*LIMC* 1992 = Ackermann, H. C. *et al.* (1992) — *Lexicon Iconographicum Mythologiae Classicae*, Bd. IV, Zürich/München.
*LSJ* 1968 = Liddell, H. G. et Scott, R. (1968) 9e éd. — *Greek-English Lexicon*, new edition completed, revised and augmented by H. S. Jones, Oxford (1843[1]).
Saïd, S., Trédé, M. et Le Boulluec, A. (1997) — *Histoire de la littérature grecque*, Paris.

## IV. Etudes particulières

Armstrong, D. (1995) — « The Impossibility of Metathesis: Philodemus and Lucretius on Form and Content in Poetry », dans Obbink D. (éd.), *Philodemus and Poetry: Poetic Theory and Practice in Lucretius, Philodemus and Horace*, Oxford/New York, 210–232.
Ballew, L. (1979) — *Straight and Circular. A Study of Imagery in Greek Philosophy*, Assen.
Becker, O. (1937) — *Das Bild des Weges und verwandte Vorstellungen im frühgriechischen Denken*, Berlin.
Benveniste, E. (1966) — *Problèmes de linguistique générale*, vol. I, Paris.
(1974) — *Problèmes de linguistique générale*, vol. II, Paris.
Bérard, C. *et al.* (1984) — *La Cité des Images: religion et société en Grèce ancienne*, Paris/Lausanne.
Bertrand, D. (1985) — *L'espace et le sens: « Germinal » d'Emile Zola*, préface de H. Mitterand, Paris/Amsterdam.
Bidez, J. (1894) — *La biographie d'Empédocle*, Gand.
Bollack, J. (1957) — « Die Metaphysik des Empedokles als Entfaltung des Seins », *Philologus* 101, 30–54.
(1958) — « Styx et serments », *REG* 71, 1–35.
(2001) — « "Voir la Haine". Sur les nouveaux fragments d'Empédocle », *Methodos* 1, 173–185.
Braswell, B. K. (1988) — *A Commentary on the Fourth Pythian Ode of Pindar*, Berlin/New York.
Bremer, D. (1980) — « Aristoteles, Empedokles und die Erkenntnisleistung der Metapher », *Poetica* 12, 350–376.

Bremer, J. M. (1994) — *Hidden Futures: Death and Immortality in Ancient Egypt, Anatolia, the Classical, Biblical and Arabic-Islamic World*, Amsterdam.

Bremmer, J. N. (1983) — *The Early Greek Concept of the Soul*, Princeton.

Brillante, C. (1992) — « Il cantore e la Musa nell'epica greca arcaica », *Rudiae* 4, 5–37.

Brisson, L. (1990) — « Mythes, écriture, philosophie », dans Mattéi J.-F. (éd.), *La naissance de la raison en Grèce: actes du congrès de Nice, mai 1987*, Paris, 49–58.

Buchheim, T. (1985) — « Maler, Sprachbildner. Zur Verwandtschaft des Gorgias mit Empedokles », *Hermes* 113, 417–429.

Burkert, W. (1954) — « ΣΤΟΙΧΕΙΟΝ. Eine semasiologische Studie », *Philologus* 103, 167–197.

(1962) — *Weisheit und Wissenschaft: Studien zu Pythagoras, Philolaos und Platon*, Nürnberg.

(1969) — « Das Proömium des Parmenides und die Katabasis des Pythagoras », *Phronesis* 14, 1–30.

(1970) — « La genèse des choses et des mots. Le papyrus de Derveni entre Anaxagore et Cratyle », *EPh* 25, 443–455.

Calame, C. (1987) — « Le sujet de l'énonciation. Quelques réflexions liminaires », *Cahiers DLSL* 4, 5–16.

(1991) — « Quand dire c'est faire voir: l'évidence dans la rhétorique antique », *EL* 4, 3–22.

(1995) — « Invocations et commentaires "orphiques": transpositions funéraires de discours religieux », dans Mactoux M.-M. et Geny E. (éd.), *Discours religieux dans l'antiquité: actes du colloque, Besançon, 27–28 janvier 1995*, Paris, 11–30.

(1996a) — *L'Eros dans la Grèce antique*, Paris.

(1996b) — « Montagne des Muses et Mouseia: la consécration des *Travaux* et l'héroïsation d'Hésiode », dans Hurst A. et Schachter A. (éd.), *La montagne des Muses, Recherches et rencontres* 7, Genève, 43–56.

(1996c) — « Feste, riti e forme poetiche », dans Settis S. (éd.), *I Greci*, II: *Una storia greca*, 1: *Formazione*, Torino, 471–496.

(1996d) — « Le proème des *Travaux* d'Hésiode, prélude à une poésie d'action », dans Blaise F. *et al.* (éd.), *Le métier du mythe. Lectures d'Hésiode*, Villeneuve d'Ascq, 169–189.

(1997a) — « Figures of Sexuality and Initiatory Transition in the Derveni Theogony and its Commentary », dans Laks A. et Most G. W. (éd.), *Studies on the Derveni Papyrus*, New York, 65–80.

(1997b) — « Diction formulaire et fonction pratique dans la poésie mélique archaïque », dans Létoublon F. (éd.), *Hommage à Milman Parry: le style formulaire de l'épopée homérique et la théorie de l'oralité poétique*, Amsterdam, 215–222.

(1999) — « Performative Aspects of the Choral Voice in Greek Tragedy: Civic Identity in Performance », dans Goldhill S. et Osborne R. (éd.), *Performance Culture and Athenian Democracy*, Cambridge/New York, 125–153.

(2000a) — *Le récit en Grèce ancienne*, Paris.

(2000b) — *Poétique des mythes dans la Grèce antique*, Paris.

(2000c) — « Temps du récit et temps du rituel dans la poétique grecque: Bacchylide entre mythe, histoire et culte », dans Darbo-Peschanski C. (éd.), *Constructions du temps dans le monde grec ancien*, Paris, 395–412.

Calzolari, A. (1984) — « Empedocle, frr. 2 e 3 Diels-Kranz », *SCO* 34, 71–81.

Capizzi, A. (1987) — « Trasposizione del lessico omerico in Parmenide ed Empedocle. Osservazioni su un problema di metodo », *QUCC* 54, 107–118.

Càssola, F. (1975) — *Inni Omerici*, Milano.

CERRI, G. (1999) — *Parmenide di Elea: Poema sulla natura*, introduzione, testo, traduzione e note di G. CERRI, Milano.

(2000) — « Il poema di Empedocle "Sulla natura" ed un rituale siceliota », dans CANNATÀ FERA M. et GRANDOLINI S., *Poesia e religione in Grecia: studi in onore di G. A. Privitera*, Napoli, 205–212.

COMOTTI, G. (1989) — *Music in Greek and Roman Culture*, translation by R. V. MUNSON, Baltimore/London (éd. orig. : *La musica nella cultura greca e romana*, Torino, 1979).

CORNFORD, F. M. (1912) — *From Religion to Philosophy: a Study in the Origins of Western Speculation*, London.

DARBO-PESCHANSKI, C. (1987) — *Le discours du particulier: essai sur l'enquête hérodotéenne*, Paris.

DETIENNE, M. (1962) — *Homère, Hésiode et Pythagore: poésie et philosophie dans le pythagorisme ancien*, Bruxelles.

(1963) — *La notion de « Daïmôn » dans le pythagorisme ancien: de la pensée religieuse à la pensée philosophique*, Paris.

(1967) — *Les maîtres de vérité dans la Grèce archaïque*, Paris.

(1989) — *L'écriture d'Orphée*, Paris.

DETIENNE, M. et VERNANT, J.-P. (1974) — *Les ruses de l'intelligence. La « mètis » des grecs*, Paris.

DIELS, H. (1898) — « Über die Gedichte des Empedokles », *Sitzungsberichte der Königlich Preussischen Akademie der Wissenschaften zu Berlin* 1, 396–415.

DODDS, E. R. (1977) — *Les Grecs et l'irrationnel*, Paris (éd. orig. : *The Greeks and the Irrational*, Berkeley, 1959).

DYER, R. R. (1964) — « Ὄαρ and ὄαρος », *Glotta* 42, 29–38.

EITREM, S. (1991) — « Dreams and Divination in Magical Ritual », dans FARAONE Ch. et OBBINK D. (éd.), *Magika Hiera: Ancient Greek Magic and Religion*, New York, 175–187.

ERREN, M. (1990) — « Die Anredestruktur im archaischen Lehrgedicht », dans VON KULLMANN W. et REICHEL M. (éd.), *Der Übergang von der Mündlichkeit zur Literatur bei den Griechen*, Tübingen, 185–197.

FAUSTI, D. (1988) — « Su alcuni problemi empedoclei », *ASNP* 10, 363–382.

FINNEGAN, R. (1988) — *Literacy and Orality. Studies in the Technology of Communication*, Oxford.

FÖRSTEL, K. (1979) — *Untersuchungen zum homerischen „Apollonhymnos"*, Bochum.

FORD, A. (1988) — « The Classical Definition of ΡΑΨΩΙΔΙΑ », *CPh* 83, 300–307.

(1997) — « Epic as Genre », dans MORRIS I. et POWELL B. (éd.), *A New Companion to Homer*, Leiden/New York/Köln, 396–414.

FRÄNKEL, H. (1960) 2ᵉ éd. — *Wege und Formen frühgriechischen Denkens, Literarische und philosophiegeschichtliche Studien*, München ($1955^1$).

FRITZ, K. von (1938) — *Philosophie und sprachlicher Ausdruck bei Demokrit, Plato und Aristoteles*, New York.

(1968) — « Die Rolle des ΝΟΥΣ (1943/1945/1946) », dans GADAMER H.-G. (éd.), *Um die Begriffswelt der Vorsokratiker*, Darmstadt, 246–363.

FRONTISI-DUCROUX, F. (1975) — *Dédale: mythologie de l'artisan en Grèce ancienne*, Paris.

GAGARIN, M. (1999) — « The Orality of Greek Oratory », dans MACKAY E. A. (éd.), *Signs of Orality: the Oral Tradition and its Influence in the Greek and Roman World*, Leiden/Boston/Köln, 163–180.

Gemelli Marciano, M. L. (1990) — *Le metamorfosi della tradizione: mutamenti di significato e neologismi nel Peri physeos di Empedocle*, Bari.

(2000) — « Alain Martin, Olivier Primavesi : L'Empédocle de Strasbourg », *Gnomon* 72, 389–400.

Gentili, B. (1990) — « Die pragmatischen Aspekte der archaischen griechischen Dichtung », *A&A* 36, 1–17.

(1995) — *Poesia e pubblico nella Grecia antica : da Omero al V secolo*, Roma/Bari.

Gentili, B. *et al.* (1995) — *Pindaro : Le Odi*, II : *Le Pitiche*, introduzione, testo critico e traduzione di B. Gentili, Roma/Milano.

Gernet, L. (1982) — « Les origines de la philosophie », dans *Anthropologie de la Grèce antique*, Paris, 239–258 (= *Bulletin de l'enseignement du Maroc* 183, 1945).

Glei, R. F. (1999) — « Lehrgedicht », dans Cancik H. et Schneider H. (éd.), *Der Neue Pauly* 7 (Lef-Men), Stuttgart/Weimar, 26–31.

Graf, F. (1985) — *Griechische Mythologie : eine Einführung*, München/Zürich.

Guthrie, W. K. C. (1965) — *A History of Greek Philosophy*, II : *The Presocratic Tradition from Parmenides to Democritus*, Cambridge/London.

Hadot, P. (1990) — « Remarques sur les notions de phusis et de nature », dans Brague R. et Courtine J.-F. (éd.), *Herméneutique et ontologie : mélanges en hommage à Pierre Aubenque*, Paris, 1–15.

Havelock, E. A. (1963) — *Preface to Plato*, Oxford.

(1996) — *Alle origini della filosofia greca : una revisione storica*, introduzione, revisione e note a cura di Th. Cole, Roma/Bari.

Heinimann, F. (1965) 2e éd. — *Nomos und Physis : Herkunft und Bedeutung einer Antithese im griechischen Denken des 5. Jahrhunderts*, Basel (1945[1]).

Herington, J. (1985) — *Poetry into Drama : Early Tragedy and the Greek Poetic Tradition*, Berkeley/Los Angeles.

Hershbell, J. P. (1968) — « Empedocles' Oral Style », *CJ* 63, 351–357.

(1970) — « Hesiod and Empedocles », *CJ* 65, 145–161.

Iacobacci, G. (1993) — « Orfeo argonauta, Apollonio Rodio 1, 494–511 », dans Masaracchia A. (éd.), *Orfeo e orfismo : atti del seminario nazionale (Roma-Perugia 1985–1991)*, Roma, 77–92.

Ilievski, P. H. (1993) — « The Origin and Semantic Development of the Term Harmony », *ICS* 18, 19–29.

Kahn, Ch. (1971) — « Religion and Natural Philosophy in Empedocles' Doctrine of the Soul », dans Anton J. P. et Kustas G. L. (éd.), *Essays in Greek Philosophy*, New York, 3–37 (= *AGPh* 42, 1960, 3–35).

Kerbrat-Orecchioni, C. (1980) — *L'énonciation : de la subjectivité dans le langage*, Paris.

Kingsley, P. (1995) — *Ancient Philosophy, Mystery, and Magic : Empedocles and Pythagorean Tradition*, Oxford/New York.

Kirk, G. S. (1990) — *The Iliad : a Commentary*, II : *Books 5–8*, general ed. G. S. Kirk, Cambridge/London.

Konstan, D. (1993) — « Foreword : To the Reader », *MD* 31, 11–22.

Laks, A. (1983) — *Diogène d'Apollonie : la dernière cosmologie présocratique*, édition, traduction et commentaire des fragments et des témoignages par A. Laks, Lille.

(1994) — « Substitution et connaissance : une interprétation unitaire (ou presque) de la théorie aristotélicienne de la métaphore », dans Furley D. et Nehamas A. (éd.), *Aristotle's*

*Rhetoric: Philosophical Essays. Proceedings of the Twelfth Symposium Aristotelicum*, Princeton, 283–305.

(2002) — « Reading the Readings. Further remarks on the new Empedocles », dans CASTON V. et GRAHAM D. W. (éd.), *Presocratic Philosophy: Essays in Honour of Alexander Mourelatos*, Aldershot, 127–137.

LAMBERTON, R. (1988) — *Hesiod*, New Haven/London.

LECLERC, M.-C. (1993) — *La parole chez Hésiode: à la recherche de l'harmonie perdue*, Paris.

LEWIS, J. M. (1985) — « Eros and the Polis in Theognis, Book II », dans FIGUEIRA T. J. et NAGY G. (éd.), *Theognis of Megara. Poetry and the Polis*, Baltimore, 197–222.

LINCOLN, B. (1986) — *Myth, Cosmos and Society: Indo-European Themes of Creation and Destruction*, Cambridge Massachusetts/London.

LLOYD, G. E. R. (1993) — *Pour en finir avec les mentalités*, traduit de l'anglais par F. REGNOT, Paris (éd. orig.: *Demystifying Mentalities*, Cambridge/New York, 1990).

LONG, A. A. (1966) — « Thinking and Sense-Perception in Empedocles. Mysticism or Materialism? », *CQ* 16, 256–276.

LONSDALE, S. H. (1994–1995) — « Homeric Hymn to Apollo: Prototype and Paradigm of Choral Performance », *Arion* 3, 25–40.

MARTIN, R. P. (1989) — *The Language of Heroes: Speech and Performance in the « Iliad »*, Ithaca/London.

MARTINELLI, F. (1987) — « Fra Omero e Pindaro: Parmenide poeta », dans CAPIZZI A. et CASERTANO G. (éd.), *Forme del sapere nei Presocratici*, Roma, 169–185.

MAUDUIT, C. (1999) — « Les miracles d'Empédocle ou La naissance d'un thaumaturge », *BAGB* 4, 289–309.

MEULI, K. (1935) — « Scythica », *Hermes* 70, 121–176.

MOST, G. W. (1997) — « The Fire next Time: Cosmology, Allegoresis, and Salvation in the Derveni Papyrus », *JHS* 117, 117–135.

(1999) — « The Poetics of Early Greek Philosophy », dans LONG A. A. (éd.), *The Cambridge Companion to Early Greek Philosophy*, Cambridge, 332–362.

MÜLLER, D. (1974) — *Handwerk und Sprache: Die sprachlichen Bilder aus dem Bereich des Handwerks in der griechischen Literatur bis 400 v. Chr.*, Meisenheim am Glan.

NAGY, G. (1974) — *Comparative Studies in Greek and Indic Meter*, Cambridge Mass.

(1979) — *The Best of the Achaeans: Concepts of the Hero in Archaic Greek Poetry*, Baltimore/London.

(1982) — *Pindar's Homer: the Lyric Possession of an Epic Past*, Baltimore/London.

(1985) — *Theognis of Megara*, Baltimore/London.

(1990) — *Greek Mythology and Poetics*, Ithaca/London.

(2000) — *La poésie en acte. Homère et autres chants*, Paris.

NESCHKE, A. (1993) — « Thales oder das Problem des Anfangs der Philosophie », dans NEUMEISTER Ch. (éd.), *Antike Texte in Forschung und Schule. Festschrift für Willibald Heilmann zum 65. Geburtstag*, Frankfurt/Main, 39–55.

NESTLE, W. (1906) — « Der Dualismus des Empedokles », *Philologus* 65, 545–557.

NIEDDU, G. F. (1984) — « Testo, scrittura, libro nella Grecia arcaica e classica: note e osservazioni sulla prosa scientifico-filosofica », *Scrittura e civiltà* 8, 213–261.

NÜNLIST, R. (1998) — *Poetologische Bildersprache in der frühgriechischen Dichtung*, Stuttgart.

OBBINK, D. (1993) — « The Addresses of Empedocles », *MD* 31, 51–98.

Osborne, C. (1987a) — *Rethinking Early Greek Philosophy: Hippolytus of Rome and the Presocratics*, London.
(1987b) — « Empedocles recycled », *CQ* 37, 24–50.
(1997) — « Was Verse the Default Form for Presocratic Philosophy? », dans Atherton C. (éd.), *Form and Content in Didactic Poetry*, Bari, 23–35.
(2000) — « Rummaging in the Recycling bins of Upper Egypt (a dicussion of L'Empédocle de Strasbourg) » *Oxford Studies in Ancient Philosophy* 18, 329–356.
Pavese, C. (1972) — *Tradizioni e generi poetici della Grecia archaica*, Roma.
Prier, R. A. (1976) — *Archaic Logic: Symbol and Structure in Heraclitus, Parmenides and Empedocles*, The Hague/Paris.
Pucci, P. (1996) — « Auteur et destinataire dans les Travaux d'Hésiode », dans Blaise F. *et al.* (éd.), *Le métier du mythe. Lectures d'Hésiode*, Villeneuve d'Ascq, 191–210.
Rath, I. W. (1992) — « Die griechische Polis als Bezugsrahmen des vorsokratischen Denkens: ein Versuch der sozial-historischen Verankerung », *QUCC* 42, 63–81.
Richards, I. A. (1936) — *The Philosophy of Rhetoric*, New York/London.
Ricœur, P. (1975) — *La métaphore vive*, Paris.
(1983) — *Temps et récit*, I: *L'intrigue et le récit historique*, Paris.
Riedweg, Ch. (1995) — « Orphisches bei Empedokles », *A&A* 41, 34–59.
Rocchi, M. (1989) — *Kadmos e Harmonia: un matrimonio problematico*, Roma.
Rohde, E. (1928) — *Psyché: le culte de l'âme chez les Grecs et leur croyance à l'immortalité*, éd. française par A. Reymond, Paris (éd. orig.: *Psyche: Seelenkult und Unsterblichkeitsglaube der Griechen*, Tübingen, 1893).
Romilly, J. de (1973) — « Gorgias et le pouvoir de la poésie », *JHS* 93, 155–162.
Rossi, L. E. (1994) — « L'epica greca fra oralità e scrittura », dans Montanari E. *et al.* (éd.), *Reges et proelia. Orizzonti e atteggiamenti dell'epica antica*, Como, 29–43.
(1997) — « Esiodo, le opere e i giorni: un nuovo tentativo di analisi », dans Montanari F. et Pittaluga S. (éd.), *Posthomerica*, I: *Tradizioni omeriche dall'Antichità al Rinascimento*, Genova, 7–22.
Rubeis, G. M. de (1991) — « Ripetizioni nel *Περὶ Φύσεως* di Empedocle », *SCO* 41, 87–93.
Rudhardt, J. (1986) — *Le rôle d'Eros et d'Aphrodite dans les cosmogonies grecques*, Paris.
Ruocco, E. (1987) — « Daimon, Sphairos, Ananke. Psicologia e teologia in Empedocle », dans Capizzi A. et Casertano G. (éd.), *Forme del sapere nei Presocratici*, Roma, 187–221.
Sedley, D. (1989) — « The Poems of Empedocles and Lucretius », *GRBS* 30, 269–296.
(1998) — *Lucretius and the Transformation of Greek Wisdom*, Cambridge.
Segal, C. (1974) — « Eros and Incantation. Sappho and Oral Poetry », *Arethusa* 7, 139–160.
(1989) — *Orpheus: the Myth of the Poet*, Baltimore/London.
(1993) — « L'homme grec, spectateur et auditeur », dans Vernant J.-P. (éd.), *L'homme grec*, Paris, 239–276.
Sider, D. (1982) — « Empedocles' Persika », *AncPhil* 2, 76–78.
(1984) — « Empedocles B 96 (462 Bollack) and the Poetry of Adhesion », *Mnemosyne* 36, 14–24.
Simondon, M. (1982) — *La mémoire et l'oubli dans la pensée grecque jusqu'à la fin du* v*e* *siècle avant J.-C.: psychologie archaïque, mythes et doctrines*, Paris.
Snell, B. (1978) — *Der Weg zum Denken und zur Wahrheit: Studien zur frühgriechischen Sprache*, Göttingen.

SLUITER, I. (1999) — « Commentaries and the Didactic Tradition », dans MOST G. (éd.), *Commentaries*, Göttingen, 173–205.

SOLMSEN, F. (1980) — « Empedocles' Hymn to Apollo », *Phronesis* 35, 219–227.

STEINRÜCK, M. (1997) — *Kranz und Wirbel: Ringkompositionen in den Büchern 6–8 der Odyssee*, Hildesheim.

STRAUSS CLAY, J. S. (1989) — *The Politics of Olympus: Form and Meaning in the Major Homeric Hymns*, Princeton NJ.

SVENBRO, J. (1988) — *Phrasikleia: Anthropologie de la lecture en Grèce ancienne*, Paris.

THOMAS, R. (1992) — *Literacy and Orality in Ancient Greece*, Cambridge.

TRÉPANIER, S. (2004) — *Empedocles. An Interpretation*, New York/London.

VAN GRONINGEN, B. A. (1956) — « Le fragment III d'Empédocle », *C&M* 17, 41–61.

(1971) — « Empédocle, poète », *Mnemosyne* 24, 169–188.

VEGETTI, M. (1996) — « Iatròmantis. Previsione e memoria nella Grecia antica », dans BETTINI M. (éd.), *I signori della memoria e dell'oblio. Figure della comunicazione nella cultura antica*, Firenze, 65–81.

(1998) — « Empedocle "medico e sofista" », *Elenchos* 19 (2), 345–359.

VERNANT, J.-P. (1985) — *Mythe et pensée chez les Grecs*, Paris.

(1991) — « Aspects mythiques de la mémoire », dans VERNANT J.-P. et VIDAL-NAQUET P. (éd.), *La Grèce ancienne*, II: *L'espace et le temps*, Paris, 15–46 (= *Journal de Psychologie* 56, 1959, 1–29).

VLASTOS, G. (1995) — « Equality and Justice in Early Greek Cosmologies », dans GRAHAM D. W. (éd.), *Studies in Greek Philosophy*, vol. I, Princeton, 57–88 (= *CP* 42, 1947, 156–178).

WALSH, G. B. (1984) — *The Varieties of Enchantment: Early Greek Views of the Nature and Function of Poetry*, Chapel Hill/London.

WEST, M. L. (1966) — *Hesiod Theogony*, ed. with prolegomena and commentary by M. L. WEST, Oxford.

WILAMOWITZ-MÖLLENDORFF, U. von (1929) — « Die Katharmoi des Empedokles », *SPAW* 27, 626–661.

WÖHRLE, G. (1993a) — *Anaximenes aus Milet: die Fragmente zu seiner Lehre*, Stuttgart.

(1993b) — « War Parmenides ein schlechter Dichter? Oder Zur Form der Wissensvermittlung in der frühgriechischen Philosophie », dans KULLMANN W. et ALTHOFF J. (éd.), *Vermittlung und Tradierung von Wissen in der griechischen Kultur*, Tübingen, 167–180.

WRIGHT, M. R. (1998) — « Philosopher Poets: Parmenides and Empedocles », dans ATHERTON C. (éd.), *Form and Content in Didactic Poetry*, Bari, 1–22.

ZUNTZ, G. (1971) — *Persephone: Three Essays on Religion and Thought in Magna Graecia*, Oxford.

# INDEX DES PASSAGES

Les chiffres renvoient aux pages. Entre parenthèses sont indiqués les vers cités dans les passages en question. Lorsqu'il n'y a pas d'indication de vers, le passage est cité en entier.

echo ἠχώ

Collection de l'Institut d'Archéologie et des Sciences de l'Antiquité de l'Université de Lausanne

**ECHO** est une collection dirigée par l'Institut d'Archéologie et des Sciences de l'Antiquité (IASA) de l'Université de Lausanne. Elle présente les travaux conduits dans le cadre de l'IASA dans le domaine de l'histoire ancienne, de l'épigraphie et de la numismatique grecques et romaines, de l'archéologie, de la littérature, philologie et philosophie antiques. Des actes de colloques, des cycles de conférences, des thèses de doctorat, des travaux de jeunes chercheurs ou d'enseignants universitaires y prennent place, soulignant ainsi le caractère dynamique, multidisciplinaire et international des recherches menées à l'IASA.

**Ouvrages parus**

Vol. 1 Regula Frei-Stolba et Kristine Gex, éd.: Recherches récentes sur le monde hellénistique. Actes du colloque international organisé à l'occasion du 60e anniversaire du Pierre Ducrey (Lausanne, 20–21 novembre 1998). pp. 320, 2001. ISBN 3-906758-47-8

Vol. 2 Regula Frei-Stolba, Anne Bielman et Olivier Bianchi, éd.: Les femmes antiques entre sphère privée et sphère publique. Actes du Diplôme d'Etudes Avancées, Universités de Lausanne et Neuchâtel, 2000–2002. pp. XVIII, 315, 2003. ISBN 3-906770-62-1

Vol. 3 François Spaltenstein et Olivier Bianchi, éd. / Martin Steinrück et Alessandra Lukinovich, dir.: Autour de la césure. Actes du colloque Damon des 3 et 4 novembre 2000. pp. XXIII, 215, 2004. ISBN 3-03910-230-3

Vol. 4 Olivier Bianchi et Olivier Thévenaz, éd. / Philippe Mudry, dir.: *Mirabilia* – Conceptions et représentations de l'extraordinaire dans le monde antique. Actes du colloque international, Lausanne, 20–22 mars 2003. pp. XII, 342, 2004. ISBN 3-03910-433-0

Vol. 5 Annette Rosenfeld-Löffler: La poétique d'Empédocle. Cosmologie et métaphore. XI, 200 pp. 2006. ISBN 3-03910-659-7

Printed by
CPI books GmbH, Leck

FSC
www.fsc.org
MIX
Papier | Fördert gute Waldnutzung
FSC® C083411

Kolibri 360 GmbH
Ferdinand-Jühlke-Straße 7
99095 Erfurt, Deutschland
produktsicherheit@kolibri360.de